총기백과사전

개정판

SMALL ARMS : VISUAL ENCYCLOPEDIA

총기백과사전

마틴 도허티 저 양혜경 옮김

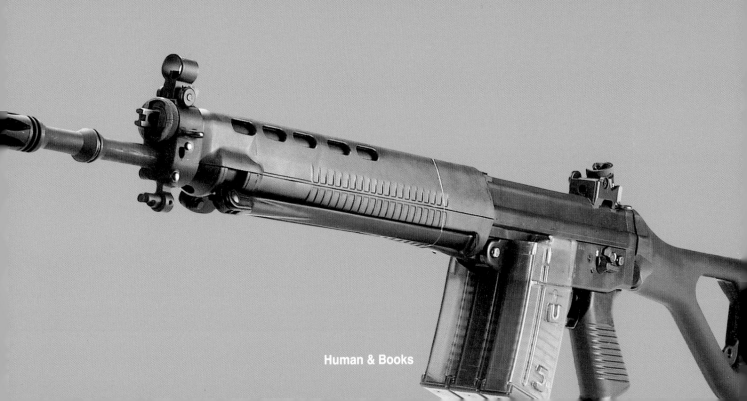

Human & Books

일러두기

- 본문은 한글 표기를 원칙으로 하되, 원문 확인이 필요할 경우 영어와 한글을 병기했다.
- 총기명이나 부품명은 한글 명칭으로 통일하는 것을 원칙으로 했으나, 일부 널리 통용되는 영어식 표기는 그대로 사용했다.
- 추가 설명이 필요한 전문 용어는 괄호 안에 간단한 해설을 덧붙여 병기했으며 '편집자 주' 같은 별도 문구는 삽입하지 않았다.
- 시대별 또는 분야별로 개별 총기를 찾아볼 수 있도록 권말에 '총기 색인'을 마련했으며, 그중 저자가 상세 해설을 덧붙인 총기는 볼드체로 강조했다.

개정판

총기백과사전

마틴 도허티 지음
양혜경 옮김

개정판 1쇄 발행 | 2022. 12. 1.

발행처 | **Human & Books**
발행인 | 하응백
출판등록 | 2002년 6월 5일 제2002-113호
서울특별시 종로구 삼일대로 457 1409호(경운동, 수운회관)
기획 홍보부 | 02-6327-3535, 편집부 | 02-6327-3537, 팩시밀리 | 02-6327-5353
이메일 | hbooks@empas.com

ISBN 978-89-6078-762-9 03390

차례

서문

화약의 발명은 인류 역사에 가장 심오한 변화를 일으킨 요인 중 하나다. 흑색 화약을 사용한 대포는 요새화된 성(城)을 무력화시키고 해전(海戰)의 양상을 전변시켰다. 더 가벼운 무기, 즉 소형 무기들은 개인간의 결투는 물론 전투에서도 마찬가지로 대변동을 야기했다.

이러한 변화가 갑작스레 이뤄진 것은 아니었으니, 전쟁터에서 무장한 기병대원이 빗발치는 총알세례를 받으며 즉각 쫓겨난 것은 아니라는 말이다. 초기 화약 무기들은 신뢰하기도 어려웠고 그다지 효과적이지도 않았다. 당시만 해도 화승식 머스킷총의 탄환에 맞설 갑옷을 만드는 게 전적으로 가능했다. 르네상스 시기 갑옷은 대체로 소형 무기를 상대로 근거리에서 시험했음을 보여주는 성능 표지(標識)들을 갖고 있다.

소형 무기들의 주된 장점은 사용하기 쉽고 값싸다는 점이었다. 갑옷 입은 기사들을 무장시켜 전투에 내보내려면 수년간의 훈련과 막대한 비용이 드는데, 소형 무기를 갖춘다면 그에 상응하는 전투력을 구축하는데 며칠이면 충분했다. 전투에서 그 가치가 증명된 소형 무기들은 꾸준히 실험과 개량 과정을 거쳤다. 처음에는 화약에 불을 붙이는 더 낫고 신뢰할 만한 방법에 노력이 집중되었다. 이러한 노력은 바퀴식 방아쇠와 화승총에 이어 마침내 뇌관의 개발로 이어졌다. 더불어 폭약의 발달로 총기 측면의 팬 속에 있는 화약에 불꽃을 일으켜 점화시키는 일도 사라졌다.

저인망 어선인 영국 트롤선 승무원들이 리-엔필드 소총 초기모델의 사용법을 익히고 있다. 1939년.

풀 메탈 재킷

분리된 뇌관은 일체형 카트리지와 순금속제 카트리지를 가능케 했는데, 이는 무기 개발에 혁명을 일으켰다. 이후로 총알을 내보내는 발사체들은 부드러워 쉽게 손상되는 판지나 직물 카트리지 대신 견고한 일체형 유니트로 대체되었다. 탄약 운반이 더 용이해지고 작동방식은 더 다양해졌다. 현대의 소형 무기는 금속 카트리지 위주로 제작되는데 이로써 총알은 기계적으로 탄창에서 약실로 이동해 발사되며 오작동 역시 현저히 감소되었다. 이제 탄환은 조금도 흩어지지 않은 채 탄약 클립이나 벨트에 채워져 스피드로더로 이동한 뒤 차례로 장전된다. 일체형 카트리지는 총기의 현대화를 가능케 한 결정적 요인이다.

유형과 기능

총기 설계자들은 경험을 통해 수많은 종류의 총기를 고안해 냈고, 그 대부분이 하나 이상의 유형으로 명확하게 분류된다. 하지만 개중에는 경계를 건너뛰는 것도 있다. 가령 전자동 권총은 기관단총인가 아니면 권총인가? 기관단총으로 분류되면서도 소총 구경의 탄환을 쏘아대는 총기는 또 어떤가? 이처럼 총기를 분류하는 데는 분명 문제가 따른다.

하지만 총기의 기능은 명확하게 구분할 수 있다. 권총만 지닌 채 큰 전투에 나서려는 사람은 없겠지만, 백업 총기로서 또는 만약의 경우를 대비해 간편하게 소지하려 한다면 권총은 탁월한 선택이 될 수 있다. 그와 달리 작은 새를 사냥하는데 기관단총은 적절한 선택이 될 수 없을 것이다.

성공적으로 설계된 총기는 대개 특정 기능을 충족시키거나 또는 유사한 성격을 지닌 광범위한 기능을 충족시킨다. 두 개의 전혀 다른 총기들이 동일한 전술적 임무에 부합할 수는 있지만, 단지 부합하는 것을 넘어 그러한 임무에 제대로 들어맞는 것이 훨씬 더 중요하다.

이에 따라 새로운 개념이 도입되고 과거의 개념이 귀환하는 등 총기의 개량과 혁신은 간단없이 지속된다. 어쩌면 이 순간 화약 또는 일체형 카트리지의 도입만큼이나 심오한 발전단계를 이미 거쳤을 수 있으며, 그에 따라 미래의 소형화기들은 오늘날의 것들과 완전히 달라질 수도 있다.

M107(M82A1 바렛) 앤티-머티어리엘 anti-materiel 소총으로 무장한 미 육군 저격병들이 적의 활동을 지켜보고 있다. 아프가니스탄, 2009.

초기 소형 무기

화약 무기들은 고대 중국에서 맨처음 개발되었다. 관 속에 든 조약돌이 효과적으로 화염을 분출한다는 사실이 실험으로 밝혀졌는데, 이는 결과적으로 조약돌이 불에 비해 광범위한 영역에서 효율적인 무기가 될 수 있음을 깨닫게 했다.

16세기부터 소형 무기는 급속히 유럽 전장을 지배하여, 육탄전 장비를 갖춘 부대들의 보조수단을 넘어 주력 군사 무기로 등극했다. 그럼에도 초기 소형 무기들은 재장전에 너무 많은 시간을 소모하는 등 그다지 신뢰하기 어려운 무기였다.

그림 19세기 초 그림의 한 장면으로, 미국 민병대원들이 원주민과 싸우고 있다. 아메리카 원주민들이 머스켓총 사격에 능숙했음을 알 수 있다.

중세기(中世紀) 권총 Medieval Handguns

초기 유럽의 소형 무기는 핸드캐논(손대포) 또는 핸드건(권총)이었는데, 근본적으로 손잡이에 짧은 활강통을 장착한 것이다. 발사체는 짧은 사정거리에 비해 지나치게 무거운 데다 말할 수 없이 부정확했다. 이러한 현상은 부분적으로 권총에 관련된 모든 기술이 부정확했다는 사실에 기인한다. 발사체는 짧은 총열에 엉성하게 끼워진 데다 정교하게 제작되지도 않았고 게다가 상당히 구부러진 채였다. 실탄을 장전하기 전에 상당량의 화약이 총열 속으로 쏟아졌는데, 그 양도 제각각이었고 품질도 마찬가지였으며 따라서 화력도 그때그때 달랐다.

총열
총열은 짧고 기준이 될 주물이 없었다. 가늠장치는 이러한 살상무기에 별 의미 없는 존재였다.

점화구
발포는 도화선을 점화구에 대는 과정으로 이루어지는데, 신뢰성은 당연히 떨어진다.

손잡이
무기는 핸드그립이나 개머리판 없이 단순한 장대 위에 장착되었다.

제원	
개발 국가 :	헝가리
개발 연도 :	1400
구경 :	18mm
작동방식 :	화약
무게 :	3.6kg
전체 길이 :	1.2m
총열 길이 :	600mm
총구(포구) 속도 :	91m/sec
탄창 :	단발
사정거리 :	7m

무기는 끝부분이 무거운 막대를 겨누는 방식으로 조준한 다음 도화선을 점화구에 갖다 대서 발사한다. 이때 무기를 든 병사는 나뭇가지나 다른 병사에 의지해야만 했는데, 그런 어떠한 접근도 정확성을 담보주지 않았다.

나무 손잡이(또는 방향키) 위에 장착된 조악한 강철관에서 현대 소총의 모형이라 불릴 만한 무기에 이르기까지 디자인은 꽤 다양했다. 총열 밑의 후크는 사격할 수 있도록 총기의 균형을 잡아주었다. 병사들은 이 무기를 자루나 방어시설 위에 올려 놓고 후크를 지지대 바깥 가장자리로 잡아당겨야 했다. 권총은 주로 포위공격용으로 사용했는데, 이는 야전에서 쓸 경우 재장전 시간이 너무 길어 적군의 접근과 공격에 취약할 수밖에 없기 때문이다.

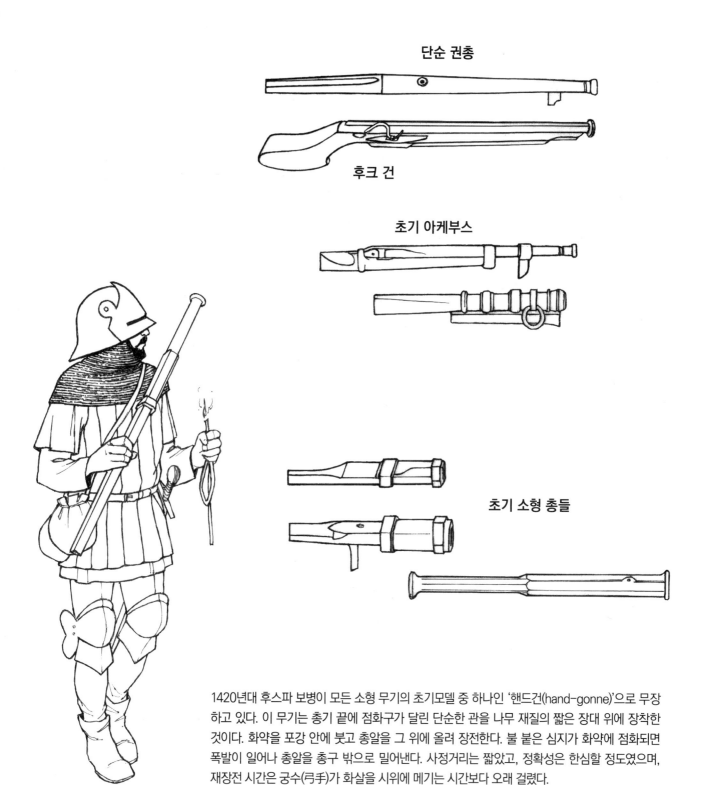

단순 권총

후크 건

초기 아케부스

초기 소형 총들

1420년대 후스파 보병이 모든 소형 무기의 초기모델 중 하나인 '핸드건(hand-gonne)'으로 무장하고 있다. 이 무기는 총기 끝에 점화구가 달린 단순한 관을 나무 재질의 짧은 장대 위에 장착한 것이다. 화약을 포강 안에 붓고 총알을 그 위에 올려 장전한다. 불 붙은 심지가 화약에 점화되면 폭발이 일어나 총알을 총구 밖으로 밀어낸다. 사정거리는 짧았고, 정확성은 한심할 정도였으며, 재장전 시간은 궁수(弓手)가 화살을 시위에 메기는 시간보다 오래 걸렸다.

초기 화약 무기들 Early Black Powder Weapons

초기 화약 무기들은 사용법을 익히기가 쉬웠다. 그 때문에 정교한 훈련 계획이나 상비군이 없어도 필요시 신속하게 대규모 군대를 조직할 수 있었다.

초기 화승총

화승총은 근본적으로 화승(도화선)을 발사구에 접촉하는 장치다. 이 과정에서 발생하는 지체 현상은 그렇지 않아도 정확성이 떨어지는 무기들에 악영향을 미친다.

제원	
개발 국가 :	독일
개발 연도 :	1450
구경 :	10.9mm
작동방식 :	매치록- S자형/나선형 장치
무게 :	4.1kg
전체 길이 :	1.2m
총열 길이 :	800mm
총구(포구) 속도 :	137m/sec
탄창 :	단발
사정거리 :	45.7m

S자형 장치(서펀틴 매커니즘)

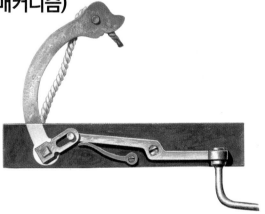

'서펀틴(Serpentine)'은 끝부분에 축이 달린 곡선형 레버로 도화선을 움직여 발사구와 접촉시키는 역할을 한다. 하지만 종종 도화선을 부정확하게 위치시켜 점화에 실패하곤 했다.

제원	
개발 국가 :	독일
개발 연도 :	1450
구경 :	10.9mm
작동방식 :	매치록- S자형(나선형) 장치
무게 :	4.1kg
전체 길이 :	1.2m
총열 길이 :	800mm
총구(포구) 속도 :	137m/sec
탄창 :	단발
사정거리 :	45.7m

TIMELINE 1450   1550

휠록(바퀴식 방아쇠) 격발장치/치륜총

바퀴식 방아쇠 작동방식의 총(치륜총)은 다루기 어려운 도화선을 없애
는 대신 황철광에 불꽃을 일으키는 회전 휠을 써서 화약을 점화시켰다.

제원	
개발 국가 :	이탈리아
개발 연도 :	1550
구경 :	10.9mm
작동방식 :	휠록(치륜식)
무게 :	1.02kg
전체 길이 :	394mm
총열 길이 :	292mm
총구(포구) 속도 :	122m/sec
탄창 :	단발
사정거리 :	9.1m

잉글랜드 구흘식 발사장치

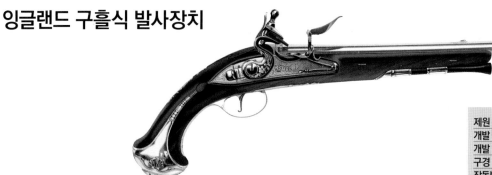

도그록(구흘식) 발사장치는 플린트록(수발식) 작동방식 총의 초기 형태
였다. 스프링이 장착된 레버로 부싯돌이나 황철광을 '프리즌(부시쇠)'이
라 불리는 발화접시에 충돌시켜 불꽃을 일으킨다. '독'은 총기를 안정단
에 안전하게 유지시켜주는 고리다.

제원	
개발 국가 :	잉글랜드(영국)
개발 연도 :	1650
구경 :	10.9mm
작동방식 :	플린트록
무게 :	1.02kg
전체 길이 :	394mm
총열 길이 :	292mm
총구(포구) 속도 :	122m/sec
탄창 :	단발
사정거리 :	9.1m

조셉 맨톤 모델

조셉 맨톤은 경쟁자들과 법적인 논쟁을 야기하면서 다수의 혁신 무기
를 개발했는데 격발 장치를 지닌 뇌관도 그중 하나다. 그는 결국 파산하
고 말았지만 그가 제작한 결투용 권총들은 매우 정교했다.

제원	
개발 국가 :	영국
개발 연도 :	1810
구경 :	12.7mm
작동방식 :	플린트록
무게 :	1.13kg
전체 길이 :	375mm
총열 길이 :	254mm
총구(포구) 속도 :	168m/sec
탄창 :	단발
사정거리 :	9.1m

1650    1810

화승 권총들 Flintlock Pistols

화승 권총은 유효사거리가 극히 짧은데다 신뢰성도 떨어졌다. 그러한 문제점에도 불구하고 이 무기는 자기방어용 또는 기병들의 근접전용 무기로 널리 사용되었다.

네덜란드 스냅펀스

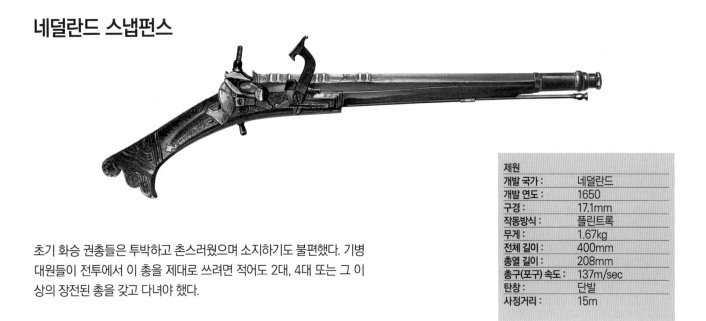

초기 화승 권총들은 투박하고 촌스러웠으며 소지하기도 불편했다. 기병 대원들이 전투에서 이 총을 제대로 쓰려면 적어도 2대, 4대 또는 그 이상의 장전된 총을 갖고 다녀야 했다.

제원	
개발 국가 :	네덜란드
개발 연도 :	1650
구경 :	17.1mm
작동방식 :	플린트록
무게 :	1.67kg
전체 길이 :	400mm
총열 길이 :	208mm
총구(포구) 속도 :	137m/sec
탄창 :	단발
사정거리 :	15m

개량형 화승 권총들

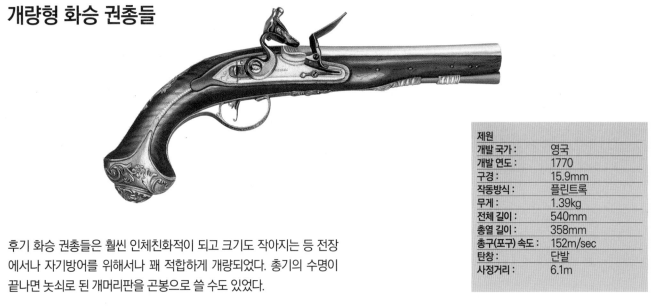

후기 화승 권총들은 훨씬 인체친화적이 되고 크기도 작아지는 등 전장에서나 자기방어를 위해서나 꽤 적합하게 개량되었다. 총기의 수명이 끝나면 놋쇠로 된 개머리판을 곤봉으로 쓸 수도 있었다.

제원	
개발 국가 :	영국
개발 연도 :	1770
구경 :	15.9mm
작동방식 :	플린트록
무게 :	1.39kg
전체 길이 :	540mm
총열 길이 :	358mm
총구(포구) 속도 :	152m/sec
탄창 :	단발
사정거리 :	6.1m

TIMELINE   1650   1770

스코틀랜드 금속 권총

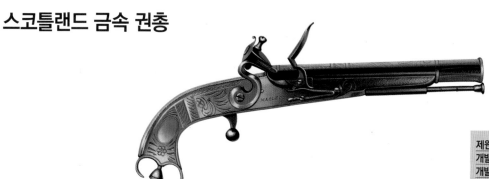

대부분의 권총들은 기본적으로 목재 골격에 금속 총열과 잠금장치, 방아쇠 장치 등이 결합된 구조로 되어 있다. 그러나 총기 전체를 금속으로 만들지 않을 이유가 없었고, 시간이 지나면서 이러한 시도는 더욱 강화되었다.

제원	
개발 국가 :	스코틀랜드
개발 연도 :	1800
구경 :	15.9mm
작동방식 :	플린트록
무게 :	2.9kg
전체 길이 :	540mm
총열 길이 :	358mm
총구(포구) 속도 :	152m/sec
탄창 :	단발
사정거리 :	6.1m

총열이 긴 피스톨들

총열이 긴 권총들은 기병대원들이 선호하였으며, 종종 해전에서도 사용되었다. 긴 총열이 정확성과 사정거리에서 어느 정도 향상을 이루었다고는 하나 그 효과는 미미했다.

제원	
개발 국가 :	미국
개발 연도 :	1805
구경 :	15.9mm
작동방식 :	플린트록
무게 :	1.42kg
전체 길이 :	552mm
총열 길이 :	368mm
총구(포구) 속도 :	152m/sec
탄창 :	단발
사정거리 :	6.1m

켄터키 피스톨

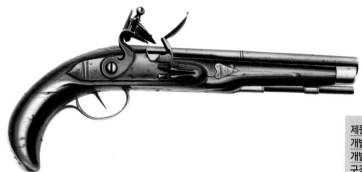

켄터키 피스톨은 아메리칸 건스미스 사에서 생산한 총기들의 일반형이었다. 이 총이 정확성에서 높은 평판을 누린 것은 좋은 품질 덕도 있었지만 무엇보다 총잡이들의 사냥 솜씨 덕이 컸다.

제원	
개발 국가 :	미국
개발 연도 :	1805
구경 :	15.9mm
작동방식 :	플린트록
무게 :	1.39kg
전체 길이 :	540mm
총열 길이 :	358mm
총구(포구) 속도 :	152m/sec
탄창 :	단발
사정거리 :	15m

1800   1805

전문가용 화승총들 Specialist Flintlocks

전문가용 화승총들은 위급상황시 자기방어용에서부터 공식적인 결투에 이르기까지 다양한 필요를 충족시키도록 설계되었다. 시험모델들이 전부 다 성공적이었던 것은 아니었다. 실행 가능해 보였던 많은 개념들이 단지 참신한 개념에 불과한 데 그치고는 사라져 갔다.

플린트록 리볼버

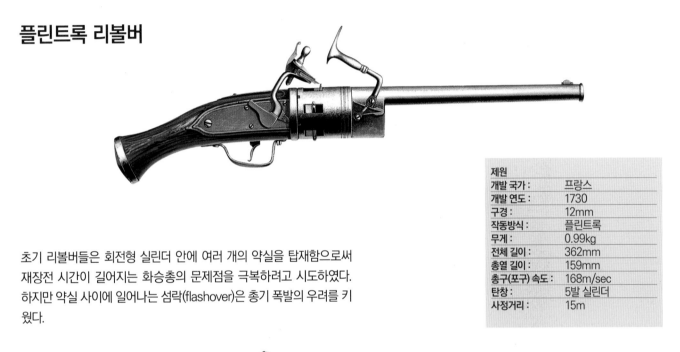

초기 리볼버들은 회전형 실린더 안에 여러 개의 약실을 탑재함으로써 재장전 시간이 길어지는 화승총의 문제점을 극복하려고 시도하였다. 하지만 약실 사이에 일어나는 섬락(flashover)은 총기 폭발의 우려를 키웠다.

제원	
개발 국가 :	프랑스
개발 연도 :	1730
구경 :	12mm
작동방식 :	플린트록
무게 :	0.99kg
전체 길이 :	362mm
총열 길이 :	159mm
총구(포구) 속도 :	168m/sec
탄창 :	5발 실린더
사정거리 :	15m

퀸 앤 피스톨

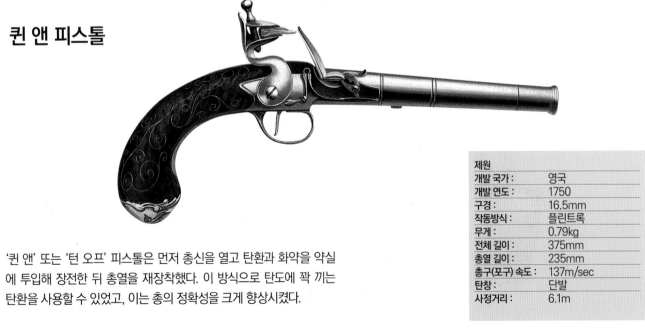

'퀸 앤' 또는 '턴 오프' 피스톨은 먼저 총신을 열고 탄환과 화약을 약실에 투입해 장전한 뒤 총열을 재장착했다. 이 방식으로 탄도에 꽉 끼는 탄환을 사용할 수 있었고, 이는 총의 정확성을 크게 향상시켰다.

제원	
개발 국가 :	영국
개발 연도 :	1750
구경 :	16.5mm
작동방식 :	플린트록
무게 :	0.79kg
전체 길이 :	375mm
총열 길이 :	235mm
총구(포구) 속도 :	137m/sec
탄창 :	단발
사정거리 :	6.1m

TIMELINE
1730 1750 1760

결투용 피스톨들

부드러운 총열에 헐겁게 장착된 탄환을 발사하는 총기들은 애초 부정확할 수밖에 없다. 그럼에도 결투형 피스톨들은 상당한 수준의 정확성을 지녔고 본능적으로 '겨냥'해 기회를 포착하면 신속하게 쏠 수 있도록 설계되었다.

제원	
개발 국가 :	프랑스
개발 연도 :	1760
구경 :	15.9mm
작동방식 :	플린트록
무게 :	1.39kg
전체 길이 :	540mm
총열 길이 :	358mm
총구(포구) 속도 :	152m/sec
탄창 :	단발
사정거리 :	9.1m

블런더버스 피스톨(나팔총)

대구경의 '나팔총'들은 헐겁게 삽입된 탄환을 산탄총처럼 재빨리 장전하도록 설계되었다. 발사시 탄환이 퍼져나갔기 때문에 전체적으로 적중률은 향상됐으며, 이로 인해 효과적인 근거리 방어용이자 억지 수단으로 사용되었다.

제원	
개발 국가 :	영국
개발 연도 :	1780
구경 :	16.5mm
작동방식 :	플린트록
무게 :	1.3kg
전체 길이 :	444mm
총열 길이 :	229mm
총구(포구) 속도 :	152m/sec
탄창 :	산탄
사정거리 :	3m

포켓형 피스톨

포켓형 피스톨은 자기방어용으로 설계된, 포켓에 들어갈 정도로 총신이 짧은 소형 권총이다. 작고 탄창이 짧은 총기였다. 화승총 매커니즘에 따라 재빨리 위로 젖혀 발사할 준비를 갖춘 채 소지할 수 있게 된 무기다.

제원	
개발 국가 :	미국
개발 연도 :	1795
구경 :	12.7mm
작동방식 :	플린트록
무게 :	0.34kg
전체 길이 :	168mm
총열 길이 :	76mm
총구(포구) 속도 :	107m/sec
탄창 :	단발
사정거리 :	1.5m

 1780

 1795

덕 풋 피스톨(오리발 권총) Duck Foot Pistol

장전된 화승총들은 기꺼이 먼저 나서서 사격할 위험을 감수하지 않는다면 한두 사람에게만 억지력을 발휘할 것이다. 군중과 마주친 경우, 예를 들어 폭도를 제압하려는 해군 장교에게 단발 권총은 적당한 무기가 될 수 없다.

프리즌
한 개의 프리즌으로 각 총열의 구멍을 통해 동시에 불꽃을 보낼 수 있었으며 이론적으로는 모든 총열을 단번에 비워서 발사하는 것도 가능하였다.

총열
많은 총열들은 총기사용자가 정확성을 과시하지 않더라도 한번에 여러 개의 목표물을 사격하거나 위협을 가할 수 있게 하였다.

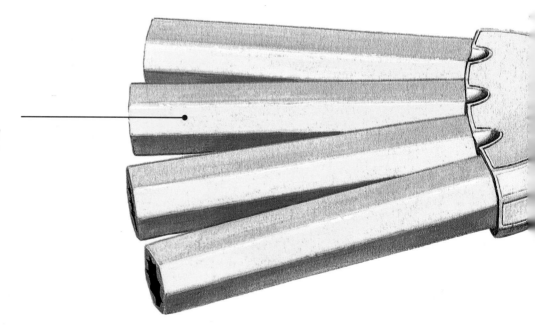

제원	
개발 국가 :	영국
개발 연도 :	1800
구경 :	15.9mm
작동방식 :	플린트록, 4개의 총열
무게 :	1.2kg
전체 길이 :	254mm
총열 길이 :	127mm
총구(포구) 속도 :	152m/sec
탄창 :	단발
사정거리 :	6.1m

'덕 풋(오리발) 피스톨은 벌려진 총열들에서 비롯된 이름으로 한번에 여러 명의 폭력배들에게 위협을 가할 수 있었다. 총기가 발사된다고 가정한다면, 대상을 정확히 지목하기는 어려워도 몇 명을 맞힐 수 있다는 점은 의심할 여지가 없다.

다른 화승총들처럼 한때 사실상 쓸모없는 것으로 치부된 '덕 풋' 피스톨로는
전체 군중을 저지할 수 없었고, 때문에 이는 중요한 전투무기라기보다 통제 수
단에 가까웠다.

잠금장치
화승총 매커니즘은 신뢰성이 낮을 뿐
만 아니라 모든(어쩌면 일부라도) 총열
들이 발사되리라는 보증도 없었다.

그립/손잡이
몇몇 피스톨의 놋쇠로 강화된 개머리판
은 곤봉으로 사용되었는데, '덕 풋' 피스
톨은 백병전 무기로 사용하기에는 너무
조악하였다.

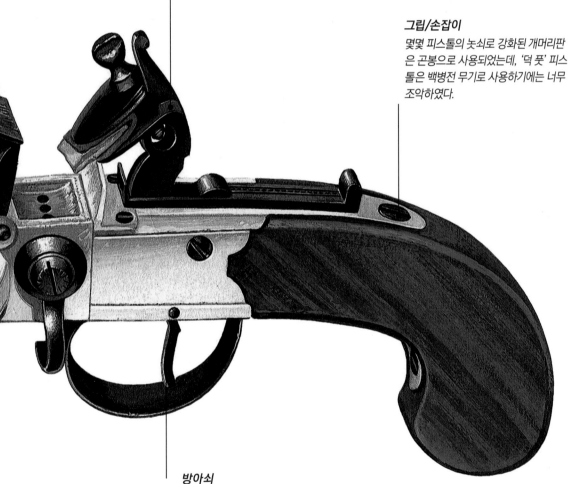

방아쇠
화승총들은 방아쇠를 당긴 후 탄환이 발사될 때까지 시
간이 지체되는데, 이를 록 타임이라 부른다. 총열이 많은
경우 탄환이 무차별적으로 발사됐을 뿐만 아니라, 지체
시간도 총기마다 각기 달랐다.

블랙 파우더 머스킷총들 Black Powder Muskets

화승형 머스킷 총은 몇몇 국가들에서 설계에 각축전 양상을 보이면서 수십 년 동안 표준 보병대 무기로 자리잡아 왔다. 머스킷 총은 80-100m 거리의 사람 크기 목표물에는 상당한 적중률을 보였으나, 200m 거리에서는 적중률이 사실상 없다시피 하였다.

샤를빌 머스킷

프랑스군은 영국보다 약간 소구경의 머스킷 총을 채택하여 1717년부터 1830년대 중반까지 성능이 향상된 일련의 모델들을 선보였다. 이 총기의 속칭은 몇몇 생산지 중 하나인 샤를빌 무기고에서 유래하였다.

제원	
개발 국가 :	프랑스
개발 연도 :	1717
구경 :	17mm
작동방식 :	플린트록
무게 :	4.5kg
전체 길이 :	1524mm
총열 길이 :	1168mm
총구(포구) 속도 :	가변적
탄창 :	단발, 머즐 로더
사정거리 :	50-75m 유효, 100-200m 최대

롱 랜드 패턴 '브라운 베스'

'브라운 베스'라는 별명을 지닌 롱 랜드 패턴 머스킷 총은 1700년대 내내 사용되었다. 더 짧은 형태의 숏 랜드 패턴이 추가로 선보였지만 이를 대체하지는 못했다.

제원	
개발 국가 :	영국
개발 연도 :	1722
구경 :	18mm, 리드 볼
작동방식 :	플린트록
무게 :	4.7kg
전체 길이 :	1590mm
총열 길이 :	1200mm
총구(포구) 속도 :	가변적
탄창 :	단발, 머즐 로더
사정거리 :	가변적(50-100m)

TIMELINE

1717

1722

1795년형 머스킷

미국에서 개발된 이 총기는 프랑스 샤를빌 머스킷 총에서 유래하여 그와 동일한 17mm 구경탄을 발사한다. 1795년형 머스킷은 미국 시민전쟁 당시 몇몇 부대에서 지급할 정도로 널리 통용되었다.

제원	
개발 국가 :	미국
개발 연도 :	1795
구경 :	17mm, 머스킷 볼
작동방식 :	플린트록
무게 :	4.42kg
전체 길이 :	1524mm
총열 길이 :	1066mm
총구(포구) 속도 :	가변적
탄창 :	단발, 머즐 로더
사정거리 :	가변적(50~100m)

제자일

제자일은 아프간 부족들이 사용한, 활강형으로 제작되기도 한 홈메이드 화승 총기였다. 많은 제자일들은 유럽 보급형 머스킷 폐품에서 구한 발사장치를 사용하였다. 그럼에도 제자일의 평균 사거리는 머스킷보다 길었다.

제원	
개발 국가 :	아프가니스탄
개발 연도 :	1797
구경 :	가변적
작동방식 :	플린트록
무게 :	5.4-6.4kg
전체 길이 :	가변적
총열 길이 :	가변적
총구(포구) 속도 :	가변적
탄창 :	단발, 머즐 로더
사정거리 :	150m

인도 패턴 머스킷

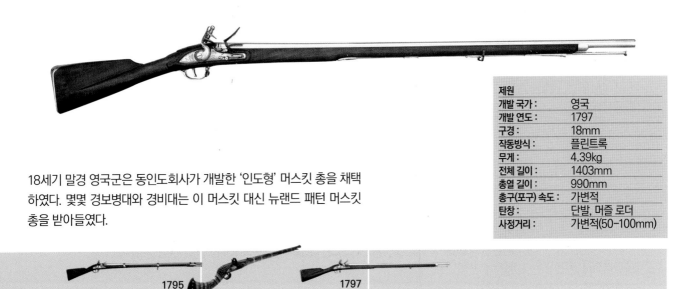

18세기 말경 영국군은 동인도회사가 개발한 '인도형' 머스킷 총을 채택하였다. 몇몇 경보병대와 경비대는 이 머스킷 대신 뉴랜드 패턴 머스킷 총을 받아들였다.

제원	
개발 국가 :	영국
개발 연도 :	1797
구경 :	18mm
작동방식 :	플린트록
무게 :	4.39kg
전체 길이 :	1403mm
총열 길이 :	990mm
총구(포구) 속도 :	가변적
탄창 :	단발, 머즐 로더
사정거리 :	가변적(50~100mm)

1795   1797

녹 발리건 Nock Volly Gun

발리건은 선상 전투시 영국 해군을 위한 대량살상 무기로 개발되었다. 중앙 총열 둘레를 6개의 총열이 둘러싸고 있으며, 한 번 방아쇠를 당겨 7개의 총열에서 한꺼번에 총탄을 발사할 수 있다.

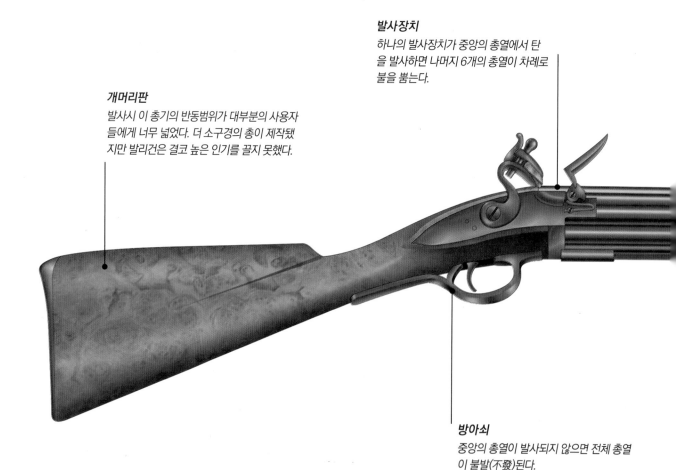

발사장치
하나의 발사장치가 중앙의 총열에서 탄을 발사하면 나머지 6개의 총열이 차례로 불을 뿜는다.

개머리판
발사시 이 총기의 반동범위가 대부분의 사용자들에게 너무 넓었다. 더 소구경의 총이 제작됐지만 발리건은 결코 높은 인기를 끌지 못했다.

방아쇠
중앙의 총열이 발사되지 않으면 전체 총열이 불발(不發)된다.

제원	
개발 국가 :	영국
개발 연도 :	1779
구경 :	13.2mm
작동방식 :	플린트록, 7개의 총열
무게 :	알려지지 않음
전체 길이 :	알려지지 않음
총열 길이 :	510mm
총구(포구) 속도 :	가변적
탄창 :	단발, 머즐 로더
연사속도 :	발사discharge당 7발, 재장전율은 가변적
사정거리 :	30mm

발리건은 무겁고 부피가 매우 컸으며 전함의 전투 장루(墻樓) 같은 고정된 위치에서나 쓸만했다. 그러나 이런 곳에서 발사할 경우 불꽃이 삭구(索具)에 옮겨붙어 화재를 일으킬 수 있었다. 1782년 지브롤터 포위공격 기간에 특히 많이 사용되었으나 대중적인 인기를 끌지는 못했다.

영국 수병
이 영국 수병은 당시 사용하던 무거운 검(커틀러스)과 화승총을 쥐고 있는데, 화승총은 개머리판을 곤봉(클럽)으로 사용할 수 있도록 거꾸로 쥐고 있다. 이 사람은 흰색(또는 파란색) 바지와 짙은 파란색의 오픈 재킷으로 된 수병 제복을 입고 있다.

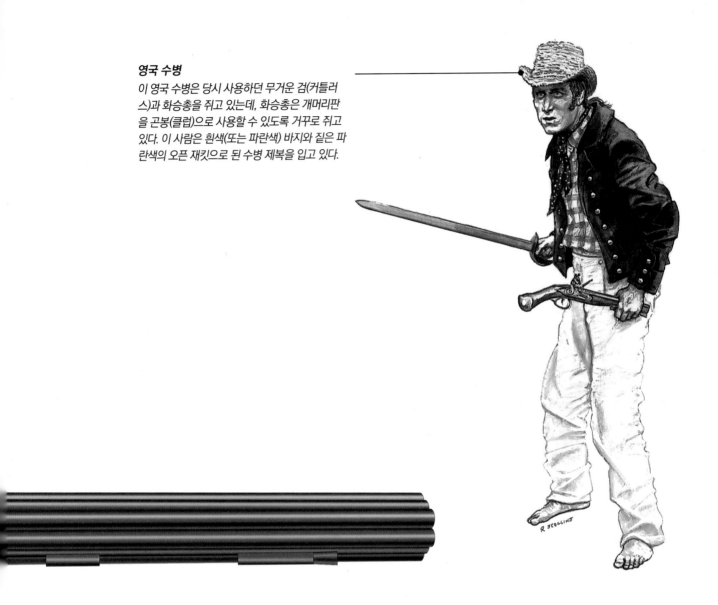

발리건의 주요 문제는 넓은 반동 범위였다. 7개의 총열에서 한번에 발사되는 화력은 총기사용자가 감당하기에는 너무 컸고, 때문에 자주 부상자들이 생겼다. 더 가벼운 변종(變種) 모델이 나왔지만 성공하지 못했다.

블랙 파우더 소총들 Black Powder Rifles

푸석푸석한 화약을 사용하던 대부분의 흑색화약 무기류는 활강총이거나 머스킷총이었으며 일부는 총열 내부에 나선형의 강선을 새긴 소총형으로 사정거리를 늘리고 정확성을 높였다. 그렇지만 소총형은 장전시간이 더 길어 보병대의 관심을 끌지 못했다.

켄터키 소총

길다란 켄터키 소총은 주로 사냥총으로 사용되었으며, 전시에는 노련한 명사수(名射手)들로 꾸려진 산개 전술에 적합했다. 그러나 긴 장전시간 탓에 대규모 보병대에는 어울리지 않았다.

제원	
개발 국가 :	미국
개발 연도 :	1725
구경 :	10mm
작동방식 :	플린트록
무게 :	3.3kg
전체 길이 :	1300mm
총열 길이 :	903mm
총구(포구) 속도 :	350m/sec
탄창 :	단발, 머즐 로더
사정거리 :	가변적(50-100m), 200m(숙련된 명사수의 경우)

퍼거슨 소총

퍼거슨 소총은 장전시간을 줄여 전열 보병대에게 실용적인 무기로 만들기 위한 시도작이었다. 후방 장전을 특징으로 하는 이러한 실험적인 무기는 1760-70년대 식민지의 소규모 작전에 유용했으나 널리 채택되지는 않았다.

제원	
개발 국가 :	영국
개발 연도 :	1776
구경 :	16.5mm
작동방식 :	플린트록
무게 :	3.4kg
전체 길이 :	알려지지 않음
총열 길이 :	알려지지 않음
총구(포구) 속도 :	350m/sec
탄창 :	단발, 브리치 로더(후장식)
사정거리 :	가변적, 유효 사정거리 50-100m

TIMELINE

1725　　　1776　　　1801

베이커 소총

제원	
개발 국가 :	영국
개발 연도 :	1801
구경 :	15.88mm
작동방식 :	플린트록
무게 :	4.1kg
전체 길이 :	1156mm
총열 길이 :	762mm
총구(포구) 속도 :	305m/sec
탄창 :	단발
사정거리 :	가변적(50-100m), 600m까지 보고됨

베이커 소총은 영국군의 표준 머스킷보다 더 짧고 소구경의 총으로, 더 정확하고 치명적이지만 장전시간은 더 길었다. 1800년부터 1840년경까지 사용되었으며 특수부대에 지급되었다.

브룬스윅 소총

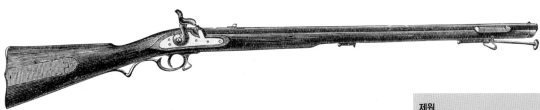

제원	
개발 국가 :	영국
개발 연도 :	1836
구경 :	17.88mm
작동방식 :	퍼쿠션
무게 :	4.1kg
전체 길이 :	1168mm
총열 길이 :	762mm
총구(포구) 속도 :	305m/sec
탄창 :	단발, 머즐 로더
사정거리 :	가변적, 유효 사정거리 50-100m

1830년대에 개발된 브룬스윅 소총은 뇌산수은이 든 뇌관에서 점화되는 장약(裝藥)을 사용했다. 이것은 공이치기에 부딪혀서 폭발했는데 화승총보다 나은 발사 성능을 제공했다.

엔필드 1853

제원	
개발 국가 :	영국
개발 연도 :	1853
구경 :	14.65mm
작동방식 :	퍼쿠션
무게 :	3.9kg
전체 길이 :	1397mm
총열 길이 :	991mm
총구(포구) 속도 :	265m/sec
탄창 :	단발, 머즐 로더
사정거리 :	가변적, 유효 사정거리 50-100m

엔필드 1853 소총-머스킷은 대체모델이었던 머스킷보다 더 소구경 뇌관형 발사체인 머즐 로더를 채택했다. 미니 타입의 탄환은 발사시 압력으로 팽창해 총열 내부를 밀폐시키며 활강총보다 높은 탄환 속도를 냈다.

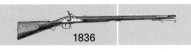

1836

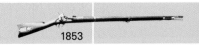

1853

화승에서 뇌관으로 : 스프링필드 M1855와 M1863

From Flintlock to Percussion : Springfield M1855 and M1863

화승형(수발식) 흑색화약 무기와 일체형 카트리지 소형 무기 사이의 중간 단계는 퍼쿠션 캡, 즉 뇌관형 발화장치의 도입기다. 뇌관은 강한 충격에 폭발하는 불안정성 높은 폭약을 소량 함유한다. 뇌관형 총기의 발사체는 이전과 동일한 흑색 화약인데, 이 화약이 총열 내로 투입되면 이전처럼 탄환과 충전물이 얹혀진다.

캡

M1855는 개별 퍼쿠션 캡 대신에 테이프 프라이머(도화선) 시스템을 사용했다. 공이치기가 끌어당겨질 때마다 도화선은 자동으로 밀려나가 발사되지 않은 캡을 구멍 위에 놓았다.

해머(공이치기)

스프링이 장착된 해머 매커니즘은 화승총과 마찬가지로 공이치기를 끌어당겼다 내려치는데, 이것이 뇌관 위에 사각형으로 내려앉는 프리즌 판을 공이치기가 아래로 스치는 방식과 다른 점이다.

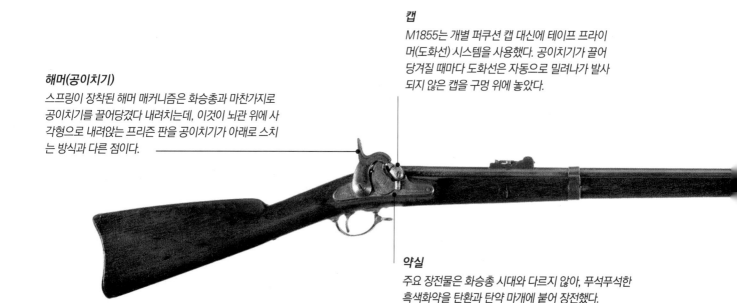

약실

주요 장전물은 화승총 시대와 다르지 않아, 푸석푸석한 흑색화약을 탄환과 탄약 마개에 붙어 장전했다.

제원	
개발 국가 :	미국
개발 연도 :	1855
구경 :	15mm
작동방식 :	퍼쿠션 테이프 프라이머
무게 :	4.1kg
전체 길이 :	1400mm
총열 길이 :	1000mm
총구(포구) 속도 :	300-370m/sec
탄창 :	단발, 머즐 로더
사정거리 :	180-270m

라이플 머스킷은 전장식이면서 강선이 있는 과도기적 총기로 미니탄환을 사용했다. 미니탄환은 압축가스의 압력으로 비어 있는 밑바닥이 일시적으로 팽창되는 원뿔 모양의 발사체다. 이어 총열 내부를 단단하게 밀봉하고 총기에 강선을 새겨 탄환의 회전력으로 사거리와 정확성을 강화했다. 그러나 많은 뇌관형 총기들이 여전히 전통적인 활강식 제작 기법을 따라 탄환은 느슨하게 장전되었다.

발화 메커니즘은 개조하기 쉬웠다. 금속판을 따라 플린트(부싯돌)를 스치도록 하는 대신. 이 매커니즘은 공이치기를 내려 캡이 놓인 니플(접관)을 치도록 되어 있었다. 니플 아래의 구멍이 관 속의 폭약과 동일한 기능을 하면서도 훨씬 효과적으로 뇌관의 폭발을 주요 추진체로 전달했다.

머즐
머즐로딩(총구로 탄환을 장전하는 방식)은 여전히 안으로 화약을 부어넣은 후 탄환과 탄약마개를 단단히 재어 넣어야 했으며, 이 때문에 사수(射手)는 똑바로 서야 했다.

총열
미니탄환이 도입됐을 당시 대부분의 뇌관형 무기들은 활강 방식이 아닌 라이플 머스킷 방식이었다.

미국 남군 보병대원이 스프링필드 M1855로 무장했다. 당시 남부 연합군의 제복은 별다른 제한이 없어 무엇이든 입을 수 있다는 문제가 있었는데, 이후 짙게 물들인 갈색 '버터넛' 재킷과 바지가 전통적인 회색 복장을 제치고 남부군의 상징이 되었다. 제복 규격이 통일되지 않은 탓에 전장에서 종종 혼란이 야기됐다.

제원	
개발 국가 :	미국
개발 연도 :	1863
구경 :	15mm
작동방식 :	퍼쿠션 캡
무게 :	4.1kg
전체 길이 :	1400mm
총열 길이 :	1000mm
총구(포구) 속도 :	300~370m/sec
탄창 :	머즐 로디드
사정거리 :	91~370m

모델 1863은 스프링필드 모델 1861을 아주 약간 개량한 것이었다. 모델 1861은 수많은 변종과 함께 미국 시민전쟁 때 가장 널리 사용되어, 70만대 이상 생산되었다. 그러나 신뢰성이 낮아 미국 병기국이 메이너드 테이프 도화선을 포기했고, 이와 달리 모델 1863은 표준 격발 장치를 내장하고 있다.

제임스 퍼클 건 James Puckle Gun

선상 전투는 1700년대 해전(海戰)에서는 일상적인 일로, 승선자들을 격퇴하는 가장 좋은 방법으로 여겨졌다. 검과 도끼, 창 등의 방어무기를 지닌 채 삭구에 몸을 숨긴 명사수(名射手)와 머스킷으로 무장한 갑판 병사는 흔한 조합이었다.

1718년 제임스 퍼클은 선상전투에서 적군에 저항하는 선원들의 화력을 증강시키기 위해 하나의 무기를 고안해 냈다. 그것은 실린더에 장전된 11발의 탄환을 하나의 총열로 일시에 발사하는, 사실상 대형 흑색 화약 리볼버라 할 수 있다. 퍼클 건은 표준 탄환 또는 정방형 탄환을 사용했는데, 정방형 탄환이 한층 강력한 부상을 입히는 것으로 추정됐다. 이 때문에 정방형 탄환은 비기독교계 적들에게 사용하기 위해 비축됐다.

퍼클 건은 개념은 흥미로웠으나 지나치게 복잡했다. 생산하기가 너무 어려워 충분한 투자와 시장의 관심을 끌어내는 데 실패했다. 비록 혁명적인 잠재력을 지니긴 했지만 기술적인 난제에 부딪힌 퍼클 건은 개념이 시대를 너무 앞서나가는 바람에 실용화되지 못한 사례다.

제원	
개발 국가 :	영국
개발 연도 :	1718
구경 :	32mm
작동방식 :	플린트록
무게 :	50kg
전체 길이 :	1168mm
총열 길이 :	910mm
총구(포구) 속도 :	120m/sec
탄창 :	11발 회전 실리더
사정거리 :	120m

회전 탄창
회전 탄창에는 11발이 장전됐다. 선상 전투시 일단
발포되면 재장전할 시간이 없을 것으로 여겨졌다.

총열
퍼클 건의 총강은 직경이 32mm로 이는 전형적인
머스킷의 2배를 웃도는 크기다. 이 때문에 중포(重
砲)라기보다 가벼운 지원화기의 대체물로 여겨졌다.

삼각대
삼각대에 장착함으로써 선원들이 적당하
다고 생각하는 어디든 설치 가능했다.

연발총의 등장

재장전하기 전에 한 발 이상을 장전할 수 있다는 것은 자기방어용 결투든 전쟁터에서든 상당히 큰 자산이다. 발포한다고 해서 목표물에 모두 명중하는 것도 아니며 더러는 적군에게 손상을 입히지 못할 수도 있기 때문이다.

이 문제에 대한 해답은 발사 준비를 미리 갖춘 하나 이상의 발사체를 지닌 무기를 개발하는 것이었고, 그 결과 리볼버형 총기들이 일반화되었다. 리볼버 실린더는 회전하면서 약실 내에 장전된 각각의 탄환을 발사 위치로 이동시킨다. 이 때 각각의 약실이 폭약을 적재하면 탄약은 신속하게 탄약마개와 함께 장전되며 뇌관은 약실 뒤에 놓인다.

그림 1862년 9월 17일, 앤티텀(Antietam) 전투에서 대규 보병대가 일제 사격 방식으로 교전을 벌였다. 미국 시민전쟁은 연발 무기로 인해 대규모 살상이 벌어진 최초의 전쟁이었다.

퍼쿠션 캡 피스톨 디자인들

Percussion Cap Pistol Designs

소형 연발 무기의 효율성을 높이는데 관건이 되는 문제는 초기 무기들의 조악한 화승 방식 대신 신뢰할 만한 발사 매커니즘을 개발하는 일이었다. 처음에는 그 잠재력을 전면적으로 인정받지 못했지만, 뇌관이야말로 이를 가능케 한 발명품이었다.

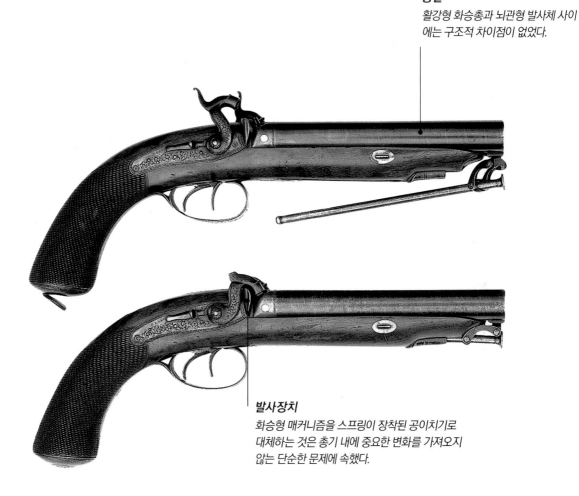

총열
활강형 화승총과 뇌관형 발사체 사이에는 구조적 차이점이 없었다.

발사장치
화승형 매커니즘을 스프링이 장착된 공이치기로 대체하는 것은 총기 내에 중요한 변화를 가져오지 않는 단순한 문제에 속했다.

제원	
개발 국가 :	영국
개발 연도 :	1820
구경 :	12.7mm
작동방식 :	퍼쿠션 캡
무게 :	1kg
전체 길이 :	알려지지 않음
총열 길이 :	177mm
총구(포구) 속도 :	알려지지 않음
탄창 :	단발, 머즐 로더
사정거리 :	10m

최초의 퍼쿠션 총기는 플린트록을 뇌관 위에 떨어지는 해머(공이치기)로 대체한 것이었다. 당시 점화가 이미 좀더 안정화되었음에도 불구하고, 뇌관에서 터지는 섬광은 이전과 똑같은 방식으로 구멍을 거쳐 총기로 들어갔다. 장전물들을 발화시키지 않은 채 폭약이 타오르는 팬 안에서 섬광이 일 확률은 더 낮았다.

많은 화승형 무기들은 뇌관형 총기로 개조되었으며, 이는 실제적인 성능 향상
으로 이어졌다. 하지만 이는 폭약 장전 방식이나 그에 따른 뇌관 구조가 일체형
연발 총기로서 발사 매커니즘에 도입된 후에 이루어진 일이다.

해머(공이치기)
4개의 총열을 지닌 턴오버 피스톨의 구멍 위로
캡을 이동시키면, 비록 연속 발사의 위험이 높
아지긴 해도, 각각의 총열에 뇌관을 달 수 있다.

총열
해머(공이치기) 매커니즘은, 발사 후에 관련 캡을 해머
에 제공하기 위해 돌려놓은 새 총열과 함께, 여러 개의
총열을 지닌 총기(오버-앤드-언더 피스톨 등과 같은)
에 매우 적합했다.

최초의 연발총들 The First Repeaters

초기 연발 권총들은 소지하기 어렵고 툭하면 오작동을 일으키는 문제를 일상적으로 안고 있었다. 그러나 충분히 매력적인 연발 능력 덕에 실망스런 결과가 지속되었음에도 불구하고 실험은 계속되었다.

로렌조니 리피터

이 독창적인 총기는 중력을 이용해 자동으로 재장전되었다. 노리쇠를 회전시키면 폭약이 든 칸과 일직선이 되는데, 이때 탄환이 들어 있으면 차례로 약실로 떨어진다. 노리쇠를 재정렬하면 화약을 재우고 안전장치를 채울 수 있다.

제원	
개발 국가 :	이탈리아
개발 연도 :	1680
구경 :	12.7mm
작동방식 :	플린트록
무게 :	1.76kg
전체 길이 :	483mm
총열 길이 :	257mm
총구(포구) 속도 :	152m/sec
탄창 :	7발, 그래비티 피드
사정거리 :	10m

개량형 플린트록

화승형 매커니즘이 좀더 신뢰할 만한 뇌관 시스템으로 대체되면서 총기 디자인 부문에서 점진적인 혁신이 이루어졌다. 그러나 전시에 소형 캡의 외부 부품을 개조하기란 위험하고 성가신 일이었다.

제원	
개발 국가 :	영국
개발 연도 :	1825
구경 :	알려지지 않음
작동방식 :	퍼쿠션 캡
무게 :	1kg
전체 길이 :	323mm
총열 길이 :	알려지지 않음
총구(포구) 속도 :	알려지지 않음
탄창 :	단발, 머즐 로드
사정거리 :	10m

TIMELINE

1680　　　1825

퍼쿠션 피스톨(존 맨튼 모델)

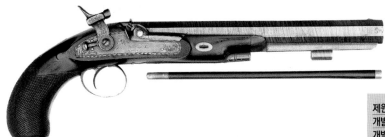

단발 퍼쿠션 피스톨들은 뇌관의 유용성을 입증하여, 연발 무기의 새로운 세대를 위한 기틀을 마련했다.

제원	
개발 국가 :	영국
개발 연도 :	1828
구경 :	12.7mm
작동방식 :	퍼쿠션 캡
무게 :	1kg
전체 길이 :	알려지지 않음
총열 길이 :	111mm
총구(포구) 속도 :	알려지지 않음
탄창 :	단발, 머즐 로더
사정거리 :	10m

페퍼박스 리볼버들

'페퍼박스' 리볼버(후추통 리볼버)라는 이름은 후추 그라인더를 닮은 외양에서 유래했다. 여러 개의 총열을 조립한 총열 어셈블리는 장전된 총열을 일렬로 회전시키며 작동했으며, 각 총열마다 화약, 탄약, 탄약마개와 뇌관이 들어 있다.

제원	
개발 국가 :	미국
개발 연도 :	1830
구경 :	6mm
작동방식 :	퍼쿠션 캡
무게 :	0.42kg
전체 길이 :	210mm
총열 길이 :	83mm
총구(포구) 속도 :	152m/sec
탄창 :	총열당 1발
사정거리 :	5m

실용형 페퍼박스

모든 후추통 피스톨이 다량의 총열을 장착하지는 않았다. 소형 버전들은 포켓에 넣고 다닐 정도였으며 유사시 자기방어용으로 즉각 꺼내들 수 있었다. 대부분은 활강총이었으며 근접전에 적합했다.

제원	
개발 국가 :	미국
개발 연도 :	1840
구경 :	10mm
작동방식 :	퍼쿠션 캡
무게 :	0.42kg
전체 길이 :	279mm
총열 길이 :	127mm
총구(포구) 속도 :	168m/sec
탄창 :	총열당 1발
사정거리 :	12m

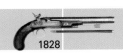
1828

1830

1840

퍼쿠션 리볼버 Percussion Revolvers

비록 '캡 앤드 볼'(뇌관, 화약, 탄환이 분리된 채 각각 장전되는 시스템) 리볼버의 실린더를 장착하는 데 시간이 걸리긴 했지만, 연속 사격이 가능한 점은 명백한 이점이었다. 이 때 실린더는 공이치기를 위로 젖혀 회전시킨다.

패터슨 콜트

콜트식 권총 공장의 소재지에서 유래한 이름이며, 1836년형 패터슨 콜트는 총열 길이를 다양화시킨 5연발총이다. 가장 긴 총열은 305mm이며 '분트라인'이라 명명되었다.

제원	
개발 국가 :	미국
개발 연도 :	1836
구경 :	9.1mm
작동방식 :	리볼버
무게 :	1.93kg
전체 길이 :	355mm
총열 길이 :	228mm
총구(포구) 속도 :	259m/sec
탄창 :	5발 실린더
사정거리 :	20m

벤틀리

조지프 벤틀리는 공이치기를 제자리에 고정하는 안전장치와 자신의 리볼버에 탑재될 셀프 코킹 매커니즘을 개발했는데, 그의 총들은 웨블리 가문의 형제들에게 팔렸다.

제원	
개발 국가 :	영국
개발 연도 :	1853
구경 :	11.2mm
작동방식 :	리볼버
무게 :	0.94kg
전체 길이 :	305mm
총열 길이 :	178mm
총구(포구) 속도 :	183m/sec
탄창 :	5발 실린더
사정거리 :	12m

TIMELINE 1836 1853 1860

새비지 모델 1860

새비지 모델 1860은 해머(공이치기)를 뒤로 젖혀 실린더를 회전시키기 위해 레버 액션(노리쇠 뭉치를 측면 손잡이나 아래 손잡이로 움직여 장전시키는 방식)을 사용했다. 이를 위해 사수(射手)는 중지를 이용해 방아쇠 아래 레버를 앞뒤로 움직인다.

제원	
개발 국가 :	미국
개발 연도 :	1860
구경 :	9.1mm
작동방식 :	리볼버
무게 :	1.6kg
전체 길이 :	330mm
총열 길이 :	190mm
총구(포구) 속도 :	213m/sec
탄창 :	6발 실린더
사정거리 :	20m

레밍턴 뉴모델 아미 1863

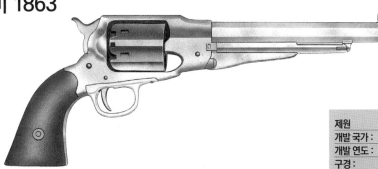

레밍턴사는 시민전쟁 시기에 일련의 리볼버들을 생산했는데 비싼 반면 견고하고 정확했다. 텅빈 실린더를 장전된 것으로 즉시 교체할 수 있어 재장전 시간을 크게 줄였다.

제원	
개발 국가 :	미국
개발 연도 :	1863
구경 :	11.2mm
작동방식 :	리볼버
무게 :	1.25kg
전체 길이 :	349mm
총열 길이 :	203mm
총구(포구) 속도 :	213m/sec
탄창 :	6발 실린더
사정거리 :	12m

쿠팔 격침 발화식 회전탄창 권총

쿠팔 리볼버는 실린더를 제거하기 쉬운 핀으로 고정시켜 재장전 시간을 크게 단축시켰다. 발사시 직물 카트리지를 바늘로 찔러 발사체 뒤에 위치한 뇌관을 작동시켰다.

제원	
개발 국가 :	독일
개발 연도 :	1870
구경 :	7.36mm
작동방식 :	리볼버
무게 :	0.62kg
전체 길이 :	244mm
총열 길이 :	81mm
총구(포구) 속도 :	152m/sec
탄창 :	6발 실린더
사정거리 :	15m

1863

1870

초기 콜트 리볼버들 Early Colt Revolvers

군수 산업의 중요성에 주목한 새뮤얼 콜트는 기병부대원들은 물론, 육해군 장교들을 겨냥한 물자를 대량 생산했다. 영국과 미국 육군은 그의 최대 고객들에 속했다.

콜트 휘트니빌 워커 드래군

텍사스 레인저스(미국 텍사스 주의 기마 경찰대)의 워커 장군으로부터 자신의 패터슨 리볼버를 높이 평가한다는 내용의 편지를 받은 뒤, 콜트는 그와 합작하여 11.2mm 구경의 강력한 기마전투용 총기를 개발하기에 이른다.

제원	
개발 국가 :	미국
개발 연도 :	1847
구경 :	11.2mm
작동방식 :	리볼버
무게 :	2.04kg
전체 길이 :	343mm
총열 길이 :	190mm
총구(포구) 속도 :	259m/sec
탄창 :	6발 실린더
사정거리 :	20m

콜트 휘트니빌 하트포드 드래군

하트포드 드래군은 '워커'의 개량형으로 콜트가 뉴 하트포트 공장에서 생산한 최초의 총이다. 비록 생산량은 적었지만 하트포드 드래군은 이후 생산될 콜트사 리볼버들의 기초가 되었다.

제원	
개발 국가 :	미국
개발 연도 :	1847
구경 :	11.2mm
작동방식 :	리볼버
무게 :	1.87kg
전체 길이 :	305mm
총열 길이 :	190mm
총구(포구) 속도 :	457m/sec
탄창 :	6발 실린더
사정거리 :	20m

TIMELINE

1847

1860

M1860 '육군용' 콜트

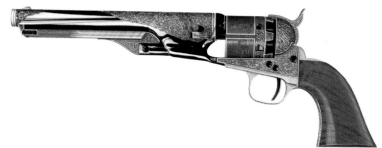

M1860은 콜트 사 최고의 제품 중 하나다. 싱글 액션의 캡 앤드 볼 리볼버 총은 11.2mm 구경이 육군용 모델, 9.1mm 구경이 해군용 모델로 각각 개발되었는데 실은 둘 다 육지와 바다에서 함께 사용되었다.

제원	
개발 국가 :	미국
개발 연도 :	1860
구경 :	11.2mm
작동방식 :	리볼버
무게 :	1.25kg
전체 길이 :	349mm
총열 길이 :	203mm
총구(포구) 속도 :	213m/sec
탄창 :	6발 실린더
사정거리 :	20m

M 1861 '해군용' 콜트

'해군용' 콜트는 11.2mm 구경의 강력한 '육군용' 모델보다 반동이 작은 총기를 선호하는 사용자들을 대상으로 삼았다. 그러한 사람들 중에는 기병부대원들이 많았는데, 특히 남군 내에 많았다.

제원	
개발 국가 :	미국
개발 연도 :	1861
구경 :	9.1mm
작동방식 :	리볼버
무게 :	1.02kg
전체 길이 :	328mm
총열 길이 :	190mm
총구(포구) 속도 :	213m/sec
탄창 :	6발 실린더
사정거리 :	20m

콜트 모델 1862

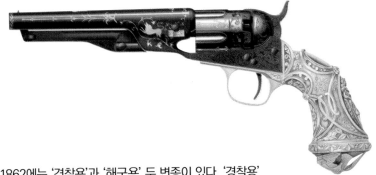

콜트 사의 모델 1862에는 '경찰용'과 '해군용' 두 변종이 있다. '경찰용' 모델이 M1860 '육군용'과 유사하게 총열이 부드러운 반면 '해군용' 모델은 총열이 팔각형이었다.

제원	
개발 국가 :	미국
개발 연도 :	1862
구경 :	11.2mm
작동방식 :	리볼버
무게 :	1.25kg
전체 길이 :	349mm
총열 길이 :	203mm
총구(포구) 속도 :	213m/sec
탄창 :	6발 실린더
사정거리 :	12m

1861

1862

예술 작품으로서의 총들 : '해군용' 콜트 Guns as Art Pieces : 'Navy' Colt

평범한 총들조차도 총기에 조각을 새기거나 다른 장식을 하는 경우가 그리 드물지 않았다. 예를 들어 표준형 '해군용' 콜트는 종종 실린더에 해상전투 장면이 새겨졌다. 그러나 일부 총기는 이러한 작업에 굉장한 노력이 필요했다.

총몸
표준 '해군용' 콜트는 보통 실린더에 해전 장면이 새겨졌으나, 장식용 모델들에는 일반적으로 총몸 전체가 장식돼 있었다.

총구
비록 '해군용' 리볼버였지만, 이 제품은 원래 역할보다 좀더 시장 지향적이었다. 더 많은 '해군용' 총기들이 바다보다는 육지에서 사용되기 위해 판매되었다.

제원	
개발 국가 :	미국
개발 연도 :	1861
구경 :	9.1mm
작동방식 :	리볼버
무게 :	1.02kg
전체 길이 :	328mm
총열 길이 :	190mm
총구(포구) 속도 :	213m/sec
탄창 :	6발 실린더
사정거리 :	20m

장식용 총기들은 종종 증정용 선물로 주문되었는데 아마도 군이나 정부 인사들의 퇴역 또는 은퇴 기념품, 또는 감사 표시를 위한 증표였을 것이다. 그렇지 않은 것들은 '고급' 버전의 표준 무기로 공급됐으며, 당연히 가격이 높았다.

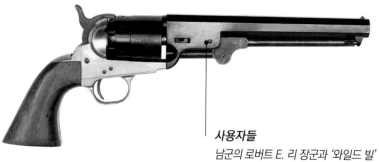

일반적으로, 소형 무기들이 아무리 장식되어 있다고 하더라도, 여전히 무기로서의 기본 기능을 수행하는 총기였다. 제품 품질은 장식만큼이나 중요했으며, 이러한 무기들 중 상당수는 오늘날 예술 작품으로서, 또 총기제조자의 기술력을 증명하는 귀감으로 높이 평가된다.

사용자들
남군의 로버트 E. 리 장군과 '와일드 빌' 힉콕은 전설적인 '해군용' 콜트 사용자들이다.

실린더
동일한 총기 중 '해군용'이라 지정된 것은 대개 소구경 권총에 속하며, '육군용' 모델에는 종종 대구경 탄환이 장전되었다.

실험적인 리볼버들 Experimental Revolvers

19세기는 수많은 신기술과 아이디어가 등장한 실험의 시대였다. 이 시기에 흥미로운 디자인들이 대거 등장했는데, 그중 일부는 소형 무기 기술의 진보를 추동했다. 나머지는 실현 가능성이 없는 것으로 드러났다.

애담스 셀프 코킹 리볼버

1851년 새뮤얼 콜트가 그의 싱글 액션(단발형) 총들에 대해 공격적인 마케팅을 펼치자, 로버트 애덤스는 방아쇠만 당기고도 노리쇠를 젖히고 발사할 수 있는 기술 특허를 출원했다. 이는 공이치기의 박차가 불필요함을 의미했다.

제원	
개발 국가 :	영국
개발 연도 :	1851
구경 :	12.4mm
작동방식 :	리볼버
무게 :	1.27kg
전체 길이 :	330mm
총열 길이 :	190mm
총구(포구) 속도 :	213m/sec
탄창 :	6발 실린더
사정거리 :	12m

트랜터 리볼버

윌리엄 트랜터의 리볼버들은 방아쇠 아래 레버를 사용해 공이치기를 젖히고 실린더를 회전시킨다. 방아쇠를 가볍게 당겨 격발이 준비된 총을 발사했으며, 방아쇠와 레버를 함께 당길 수도 있다.

제원	
개발 국가 :	영국
개발 연도 :	1855
구경 :	11.2mm
작동방식 :	리볼버
무게 :	0.88kg
전체 길이 :	292mm
총열 길이 :	165mm
총구(포구) 속도 :	168m/sec
탄창 :	5발 실린더
사정거리 :	12m

TIMELINE 1851 1855 1858

르 마

르 마 피스톨은 하나의 발사 매커니즘과 공이치기를 탑재하고 있는데, 공이치기는 총열들 중 어느 쪽에든지 놓일 수 있었다. 하위모델은 산탄식 단발 활강총, 상위모델은 9,1mm 또는 10.9mm 구경의 리볼버였다.

제원	
개발 국가 :	프랑스
개발 연도 :	1858
구경 :	7.62mm
작동방식 :	리볼버
무게 :	1.64kg
전체 길이 :	337mm
총열 길이 :	178mm
총구(포구) 속도 :	183m/sec
탄창 :	9발 실린더 + 단발
사정거리 :	15m

르포쇠

카시미르 르포쇠는 작동 가능한 자동장전 카트리지를 개발해 그 카트리지 주변에 다양한 총몸을 입혔다. 그의 카트리지는 탄약을 넣을 수 있도록 판지를 사용했으며, 사상 처음으로 전(全)금속 카트리지의 토대를 제공했다.

제원	
개발 국가 :	프랑스
개발 연도 :	1861
구경 :	9mm
작동방식 :	핀파이어 리볼버
무게 :	0.56kg
전체 길이 :	213mm
총열 길이 :	102mm
총구(포구) 속도 :	알려지지 않음
탄창 :	6발 실린더
사정거리 :	12m

보몬트-애덤스

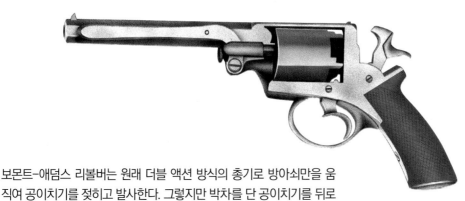

보몬트-애덤스 리볼버는 원래 더블 액션 방식의 총기로 방아쇠만을 움직여 공이치기를 젖히고 발사한다. 그렇지만 박차를 단 공이치기를 뒤로 젖힌 후 가볍게 방아쇠를 잡아당기는 싱글 액션으로도 발사할 수 있다.

제원	
개발 국가 :	영국
개발 연도 :	1862
구경 :	12.2mm
작동방식 :	더블 액션 리볼버
무게 :	1.1kg
전체 길이 :	286mm
총열 길이 :	알려지지 않음
총구(포구) 속도 :	190m/sec
탄창 :	5발 실린더
사정거리 :	35m

1861

1862

진화하는 총기 기술 Advancing Pistol Technology

19세기 후반 들어 총기 기술은 급속히 진화하여 발사 매커니즘, 무기 생산 기술 등 여러 분야에서 발전을 이루었다. 이 시기의 총기들은 설계 공정의 최종 결과라기보다 과도기적 성격을 띤다.

웨블리 롱스퍼

롱스퍼는 경쟁중인 콜트 제품들보다 좀더 빨리 장전할 수 있었다. 그러나 수제품이라 단순한 장치에도 불구하고 가격이 높았다. 11.4mm에서 7.62mm 구경까지 다양한 구경이 시장에 선보였다.

롱스퍼는 5발 캡 앤드 볼 리볼버로 웨블리 형제들이 특허를 얻은 최초의 총기다. 총기 사용시 떨어뜨려 분실할 우려를 없애주는 권총끈 고리에 주목하자.

제원	
개발 국가 :	영국
개발 연도 :	1853
구경 :	11.2mm
작동방식 :	리볼버
무게 :	1.05kg
전체 길이 :	317mm
총열 길이 :	178mm
총구(포구) 속도 :	213m/sec
탄창 :	5발 실린더
사정거리 :	20m

TIMELINE
1853
1858

핀 파이어 리볼버/격침 발화식 리볼버

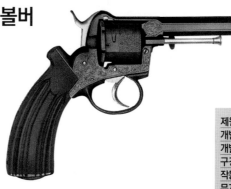

제원	
개발 국가 :	프랑스
개발 연도 :	1858
구경 :	9mm
작동방식 :	리볼버
무게 :	0.56kg
전체 길이 :	213mm
총열 길이 :	102mm
총구(포구) 속도 :	183m/sec
탄창 :	6발 실린더
사정거리 :	6m

일체형 카트리지를 장착한 초기 총기들은 카트리지 안에 뇌관을 내장했으며, 핀이 그곳에서 튀어나오면서 발사되었다. 이때 공이치기가 뇌관을 때리는데, 공이치기는 현대식 총기에서처럼 수평으로 움직이지 않고 수직으로 움직인다.

스태어 싱글 액션

제원	
개발 국가 :	미국
개발 연도 :	1863
구경 :	11.2mm
작동방식 :	리볼버
무게 :	1.36kg
전체 길이 :	343mm
총열 길이 :	198mm
총구(포구) 속도 :	213m/sec
탄창 :	6발 실린더
사정거리 :	20m

미국 북군의 권총 공급업자 중 세 번째로 큰 업체인 스태어 사가 1858년 더블 액션 리볼버를 생산했다. 이 총은 지나치게 복잡해 많은 사용자들이 싫어했고, 후일(1863년) 나온 스태어 싱글 액션 리볼버가 훨씬 널리 사용되었다.

랭커스터 1882

제원	
개발 국가 :	영국
개발 연도 :	1882
구경 :	9.6mm
작동방식 :	퍼쿠션 캡, 회전 스트라이커
무게 :	1.13kg
전체 길이 :	279mm
총열 길이 :	알려지지 않음
총구(포구) 속도 :	알려지지 않음
탄창 :	다(多)총열 센터파이어 (기저부 중앙에 뇌관이 있음)
사정거리 :	15m

2발 혹은 4발짜리 대구경 권총들은 이동수단으로 코끼리를 이용하는 사냥꾼들에게 인기가 높아 '하우다(코끼리 위에 얹는, 보통 두 사람 이상을 위한 좌석)' 피스톨로 불렸다. 그러나 재장전 속도가 빨라진 리볼버 총들이 사용되면서 하우다 피스톨은 점차 퇴물이 되어 버렸다.

1863

1882

육군용 콜트 싱글 액션 '피스메이커'

Colt Single Action Army 'Peacemaker'

모든 시대를 통틀어 가장 유명한 총기 중 하나인 육군용 콜트 싱글 액션은 1873년 미 육군이 채택해 사용했다. 이 총은 1892년 더블 액션 총으로 대체되었다. 육군용 콜트 싱글 액션은 총열이 3종류로 191mm와 140mm는 '건파이퍼'(명사수) 모델, 114mm는 '시빌리언'(민간인)으로 불렸다. '피스메이커'라는 별명은 이 총이 법 집행관들에게 인기를 끈 때문이라 추정된다. '분트라인 스페셜'로 알려진 매우 긴 총열을 가진 변종도 나왔다.

이젝터

이젝터 로드는 총열 아래에 위치해 뒤로 젖히면서 개방된 로딩 게이트를 통해 카트리지를 밀어냈다.

제원	
개발 국가 :	미국
개발 연도 :	1873–1892
구경 :	11.2mm
작동방식 :	리볼버
무게 :	1.08kg
전체 길이 :	330mm
총열 길이 :	190mm
총구(포구) 속도 :	198m/sec
탄창 :	6발 실린더
사정거리 :	20m

M1873은 때때로 '콜트 프런티어'와 혼동되곤 한다. 이 총은 공이치기를 반(半)안전장치에 놓아 재장전하는데, 반(半)안전장치는 실린더를 수동으로 회전시킨다. 각각의 약실이 탄약장전구(loading gate)와 일렬로 놓이면 사용된 탄피가 이젝터 로드를 통해 배출된 뒤 비워진 약실이 재장전된다.

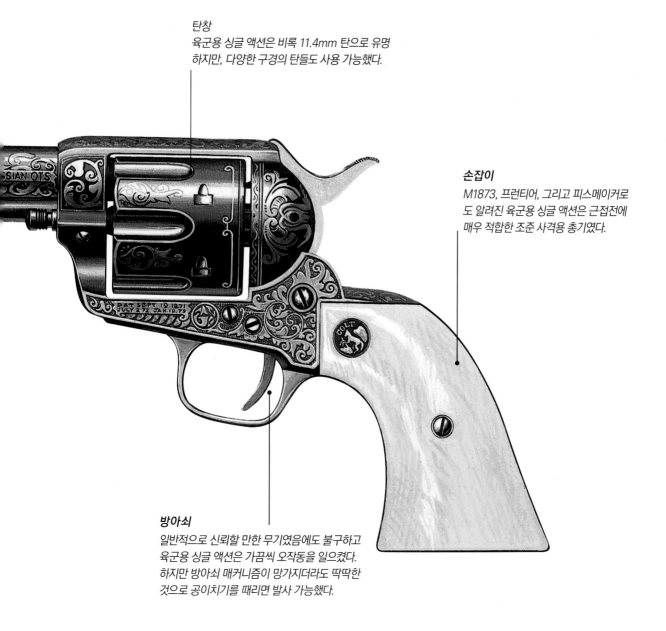

탄창
육군용 싱글 액션은 비록 11.4mm 탄으로 유명하지만, 다양한 구경의 탄들도 사용 가능했다.

손잡이
M1873, 프런티어, 그리고 피스메이커로도 알려진 육군용 싱글 액션은 근접전에 매우 적합한 조준 사격용 총기였다.

방아쇠
일반적으로 신뢰할 만한 무기였음에도 불구하고 육군용 싱글 액션은 가끔씩 오작동을 일으켰다. 하지만 방아쇠 매커니즘이 망가지더라도 딱딱한 것으로 공이치기를 때리면 발사 가능했다.

19세기 말 전투용 리볼버들

Late Nineteenth Century Combat Revolvers

19세기 말의 마지막 몇 년 무렵 현대적 외양의 리볼버들이 나타나기 시작했다. 그러나 많은 설계자들은 스윙 아웃 탄창보다 브레이크 오픈 재장전 방식을 더 선호했다. 다른 설계자들은 탄창 뒤쪽에 탄약 장전구를 설치했다.

샤멜로 델비뉴 1874

견고하고 무거운 총임에도 불구하고 샤멜로 델비뉴 리볼버는 평범한 성능에다 저속(低速)의 짧은 총알을 발사했다. 1873 모델은 기본적으로 동일하지만 홈이 없고 매끄러운 탄창을 사용했다.

제원	
개발 국가 :	벨기에
개발 연도 :	1874
구경 :	10.4mm
작동방식 :	리볼버
무게 :	1.13kg
전체 길이 :	284mm
총열 길이 :	159mm
총구(포구) 속도 :	190m/sec
탄창 :	6발 실린더
사정거리 :	6m

레밍턴 M1875

1년 일찍 생산된 콜트 44의 경쟁제품으로 설계된 레밍턴 모델 1875는 각각 11.2mm와 11.4mm탄을 쓰는 45 롱 콜트형이다. 이집트 군에서 대량 주문해 사용했다.

제원	
개발 국가 :	미국
개발 연도 :	1875
구경 :	11.2mm
작동방식 :	리볼버
무게 :	1.2kg
전체 길이 :	330mm
총열 길이 :	190mm
총구(포구) 속도 :	213m/sec
탄창 :	6발 실린더
사정거리 :	8m

TIMELINE			
	1874	 1875	1878

마우저 지그재그

마우저 지그재그 리볼버는 메인스프링 캐리어 위의 고정나사(stud)에 연결된 외부 홈을 사용해 탄창을 밀어내는데, 이는 폴 앤드 래칫(pawl 은 톱니바퀴의 역회전을 막기 위한 멈춤쇠, ratchet은 한쪽 방향으로만 회전하게 되어 있는 톱니바퀴) 방식으로 탄창을 회전시키는 기존 시스템과 다른 점이다.

제원	
개발 국가 :	독일
개발 연도 :	1878
구경 :	10.9mm
작동방식 :	리볼버
무게 :	1.19kg
전체 길이 :	298mm
총열 길이 :	165mm
총구(포구) 속도 :	198m/sec
탄창 :	6발 실린더
사정거리 :	20m

보데오 리볼버

샤멜로 델비뉴 리볼버를 대체해 경찰과 군대에 공급할 목적으로 개량된 총기다. 접이식 방아쇠가 있는 버전과 없는 버전이 있는데, 특이하게도 방아쇠울이 없다.

제원	
개발 국가 :	이탈리아
개발 연도 :	1889
구경 :	10.35mm
작동방식 :	리볼버
무게 :	0.91kg
전체 길이 :	235mm
총열 길이 :	114mm
총구(포구) 속도 :	254.81m/sec
탄창 :	6발 실린더
사정거리 :	20m

나강 M1895

M1895는 공이치기를 잡아당기면 탄창이 전진하며 약실과 총열 사이에 더 나은 가스막을 형성한다. 이러한 움직임은 발사 시 가스 낭비를 줄이고 포구(砲口) 속력을 높였다.

제원	
개발 국가 :	러시아
개발 연도 :	1895
구경 :	7.62mm
작동방식 :	리볼버
무게 :	0.79kg
전체 길이 :	229mm
총열 길이 :	110mm
총구(포구) 속도 :	178m/sec
탄창 :	7발 실린더
사정거리 :	20m

1889

1895

전 세계의 리볼버들 International Revolvers

리볼버 개발은 유럽, 미국 그리고 그밖의 지역에서 약간씩 다른 경향을 보였다. 몇몇 총기들은 확실히 '미국풍' 또는 '유럽풍'으로 구분된다. 그러나 세계적으로 성공한 디자인을 직접적으로 모방하지 않은 총기들도 있었다.

개서 몬테네그린

오스트리아 회사인 개서의 '몬테네그린' 리볼버는 재장전시 총열이 아래로 기울어질 때 별 모양의 자동 이젝터를 사용해 탄창을 실린더 밖으로 밀어냈다. 소구경 버전은 몬테네그로 외부 지역에 출시되었다.

제원	
개발 국가 :	오스트리아-헝가리 제국
개발 연도 :	1870
구경 :	11.2mm
작동방식 :	리볼버
무게 :	1.3kg
전체 길이 :	185mm
총열 길이 :	135mm
총구(포구) 속도 :	168m/sec
탄창 :	5발 실린더
사정거리 :	20m

개서 리볼버

개서의 초기 권총들은 콜트 사와 애덤스 사의 설계에 큰 영향을 받았다. 후기 모델들은 유럽의 다른 제조사들에 의해 복제되었는데, 몇몇 모델은 브레이크 오픈 방식으로 개조되었다.

제원	
개발 국가 :	오스트리아-헝가리
개발 연도 :	1870
구경 :	11.2mm
작동방식 :	리볼버
무게 :	1.30kg
전체 길이 :	325mm
총열 길이 :	185mm
총구(포구) 속도 :	178m/sec
탄창 :	6발 실린더
사정거리 :	20m

TIMELINE 1870   1893

메이지 26식

일본에서 메이지 유신(維新) 26년째 되던 해에 출시되어 그로부터 26식(式)이라는 명칭이 연유했다. 더블 액션의 톱 브레이크 방식이었는데 방아쇠가 무거워 당기기 힘들었다.

제원	
개발 국가 :	일본
개발 연도 :	1893
구경 :	9mm
작동방식 :	리볼버
무게 :	0.91kg
전체 길이 :	235mm
총열 길이 :	119mm
총구(포구) 속도 :	183m/sec
탄창 :	6발 실린더
사정거리 :	20m

이버 존슨(첫 번째 모델)

이버 존슨의 톱 브레이크(또는 팁 다운) 리볼버는 공이치기에 충격이 가해졌을 때 총기가 발사되는 것을 방지하기 위해 전달 바(transfer-bar) 안전장치를 사용했다. 이것과 자동 탄피 배출기를 합쳐 '안전 자동장치'라 불렀다.

제원	
개발 국가 :	미국
개발 연도 :	1894
구경 :	8.1mm
작동방식 :	리볼버
무게 :	0.59kg
전체 길이 :	197mm
총열 길이 :	83mm
총구(포구) 속도 :	168m/sec
탄창 :	6발 실린더
사정거리 :	20m

이버 존슨(두 번째 모델)

이버 존슨 사(社)는 1896년에 사이드 스윙식 리볼버를 고안했지만 이내 톱 브레이크 방식으로 되돌아갔다. 특이하게도 실린더 앞과 아래 경첩이 돌출되어 있다.

제원	
개발 국가 :	미국
개발 연도 :	1896
구경 :	8.1mm
작동방식 :	리볼버
무게 :	0.59kg
전체 길이 :	197mm
총열 길이 :	83mm
총구(포구) 속도 :	168m/sec
탄창 :	6발 실린더
사정거리 :	20m

1894   1896

리볼버 메커니즘 : 웨블리 앤드 스콧 Mk IV

Revolver Mechanisms : Webley & Scott Mk IV

리볼버 메커니즘은 공이치기를 젖히면 그와 동시에 다음 탄을 그 아래에 놓기 위해 탄창을 회전시키는 것이다. 따라서 일반적으로 공이치기 아래에 놓이는 약실만이 유일하게 발사되는 것이 아니다. 이런 이유에서 초기 리볼버 사용자들은 공이치기를 빈 약실에 놓은 상태로 총기를 소지할 수 있었고, 고장으로 인한 오발을 염려하지 않으면서 언제든지 발사할 수 있었다.

총열
리볼버 총열은 이론상 더 나은 정확성과 높은 총구속도를 위해 어떤 길이로도 만들 수 있다. 그러나 실제로는 휴대하기 편리한 크기로 유지할 필요성 때문에 총열의 길이가 제한된다.

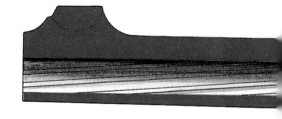

제원	
개발 국가 :	영국
개발 연도 :	1899
구경 :	11.55mm
작동방식 :	리볼버
무게 :	1.5kg
전체 길이 :	279mm
총열 길이 :	152mm
총구(포구) 속도 :	198m/sec
탄창 :	6발 실린더
사정거리 :	20m

현대의 리볼버들은 이동 바를 사용해 공이치기에서 뇌관으로 힘을 전달하는데, 그렇게 하려면 방아쇠를 당길 때 이동 바가 제자리에 있어야만 한다. 이런 이유에서 현대의 리볼버들은 탄창을 가득 채운 채 휴대해도 전적으로 안전하다.

리볼버 사용자들 중에는 '다음 차례'의 약실, 예를 들어 공이치기를 처음 젖히는 순간 그 아래에 놓일 약실을 비운 채 총기를 휴대하고 다니는 이들이 있다. 그들은 총기가 자신의 손에서 벗어나도 맨처음 시도에는 발사되지 않는다는 점을 안다. 이 때문에 극단적인 모험이 시도될 여지가 충분하다.

실린더
코킹 메커니즘은 실린더를 회전시켜 다음 탄을 공이치기 밑에 놓는다. 더블 액션 총기는 이 경우 방아쇠를 당기는데 꽤 힘이 들고 그 정확성도 감소시킨다.

공이치기
수동으로 공이치기를 뒤로 젖히면 총은 방아쇠를 살짝 당기기만 해도 발사될 상태에 놓이는데, 이는 사격의 정확도를 높여준다.

발사장치
리볼버 내부의 발사장치는 힘을 코킹 메커니즘에서 폴 앤드 래칫(pawl and ratchet) 시스템으로 전송하며, 실린더를 제 위치로 이동시킨 뒤 고정시킨다.

전문가용 피스톨 Specialist Pistol

독특한 사용자군에 정확히 원하는 성능을 제공하는 전문가용 총기 시장은 항상 존재해 왔다. 그들 중 일부는 '주류'가 되고, 나머지는 대량 생산에 적합하지 않아 모호한 채로 남는다.

레밍턴 데린저

'데린저'라는 이름은 특정 모델이라기보다 총기의 유형을 지칭한다. 대부분의 데린저들은 한두 개의 총열을 가진 단순한 브레이크 오픈식 총기들로, 꽤 큰 구경의 탄환을 발사했다. 주로 자기방어를 위한 마지막 수단으로 사용되었다.

제원	
개발 국가 :	영국
개발 연도 :	1850
구경 :	10.4mm
작동방식 :	브리치 로딩 카트리지
무게 :	0.34kg
전체 길이 :	121mm
총열 길이 :	76mm
총구(포구) 속도 :	137m/sec
탄창 :	각 탄창마다 단발
사정거리 :	3m

볼캐닉 피스톨

볼캐닉 총은 리볼버도, 반자동 총기도 아니었다. 총열 아래 관 모양의 탄창에 장전하기 위해 레버 액션 방식을 채택했다. 이 시스템은 소총이나 카빈 총에 널리 사용되었으나 권총 시장에서는 성공하지 못했다.

제원	
개발 국가 :	미국
개발 연도 :	1855
구경 :	11.2mm
작동방식 :	레버 액션
무게 :	0.8kg
전체 길이 :	279mm
총열 길이 :	178mm
총구(포구) 속도 :	150m/sec
탄창 :	6발 튜브형 탄창
사정거리 :	15m

TIMELINE  1850  1855 1869

아파치 피스톨

제원	
개발 국가 :	프랑스
개발 연도 :	1869
구경 :	7mm
작동방식 :	리볼버
무게 :	0.362kg
전체 길이 :	105mm(접혔을 때), 200mm(접히지 않았을 때)
총열 길이 :	N/A
총구(포구) 속도 :	N/A
탄창 :	분리형 실린더
사정거리 :	3m

'아파치' 피스톨은 사실상 칼과 브라스너클(손가락 관절에 씌워 무기로 쓰는 금속 씌우개) 그리고 권총을 조합한 것이다. 각각의 기능을 특별히 잘 수행하지는 않았지만 어쨌든 특정 범죄 갱단을 상징하는 무기로 악명을 떨쳤다.

모델 1892(르벨 리볼버)

제원	
개발 국가 :	프랑스
개발 연도 :	1892
구경 :	8mm
작동방식 :	더블 액션 리볼버
무게 :	0.94kg
전체 길이 :	240mm
총열 길이 :	117mm
총구(포구) 속도 :	213m/sec
탄창 :	6발 실린더
사정거리 :	20m

모델 1892는 더블 액션 리볼버로 스윙 아웃 실린더를 갖추고 있었으며 프랑스 장교들을 위해 허리에 차는 휴대무기로 개발되었다. 그러나 화력이 낮은 8mm '레벨' 탄약을 사용했으며, 그 때문에 제동력이 떨어졌다.

개런드 벨로 독

제원	
개발 국가 :	프랑스
개발 연도 :	1894
구경 :	5.75mm
작동방식 :	더블 액션 리볼버
무게 :	알려지지 않음
전체 길이 :	알려지지 않음
총열 길이 :	38.1mm
총구(포구) 속도 :	342.9m/sec
탄창 :	6발 실린더
사정거리 :	15m

벨로 독은 자기방어용 포켓형 총기 시장에서 성공을 거둔 제품이다. 초소형 리볼버로 개의 공격으로부터 자신을 보호할 필요가 있는 사이클 운전자에게 적합했다.

1892

1894

소총형 머스킷에서 소총으로

From Rifle-Musket to Rifle

격발식 머스킷 총은 다른 활강총기에 비해 그 효과가 미미하게 나을 뿐이었지만, 미니에 탄환 (Minié bullet, 개발자의 이름을 따라 명명된 것으로 한 시대를 풍미한 탄종)을 탑재해 정확한 속 사가 가능해지면서 소총형 머스킷 총은 보병대에 널리 보급되기에 이른다.

M1841 미시시피 소총

M1841는 미 육군에 보급된 최초의 격발식 라이플 총이다. '미시시피' 라는 별칭은 미-멕시코 전쟁기간에 미시시피에서 온 자원군(自願軍)들 이 이 총기를 사용해 큰 효과를 본 데서 유래한다.

제원	
개발 국가 :	미국
개발 연도 :	1841
구경 :	13.7mm, 15mm
작동방식 :	퍼쿠션 캡
무게 :	4.2kg
전체 길이 :	1230mm
총열 길이 :	840mm
총구(포구) 속도 :	335m/sec
탄창 :	단발, 머즐 로더
사정거리 :	1000m

샤프스 소총

샤프스 소총은 후장식 총기이며, 방아쇠울을 사용하는 레버 액션으로 작동하는 메커니즘을 갖고 있었다. 재래식 격발 뇌관이나 테이프 뇌관 둘 다 사용할 수 있었는데, 뒤에 자동화된 캡 포지셔닝 시스템도 사용 가능했다.

제원	
개발 국가 :	미국
개발 연도 :	1850
구경 :	14.65mm
작동방식 :	퍼쿠션 록
무게 :	4.2kg
전체 길이 :	1230mm
총열 길이 :	840mm
총구(포구) 속도 :	335m/sec
탄창 :	단발, 후장식
사정거리 :	460m

TIMELINE   1841   1850   1854

휘트워스 소총

휘트워스 라이플 총은 재래식의 강선(rifling)이 아닌 육각형의 포강(砲腔)을 갖고 있다. 1000m는 물론 그 이상의 사거리에도 높은 정확도를 보여 미국 시민 전쟁 기간에 남부군 명사수(名射手)들이 애용했다.

제원	
개발 국가 :	영국
개발 연도 :	1854
구경 :	11.4mm
작동방식 :	퍼쿠션 캡
무게 :	3.4kg
전체 길이 :	1230mm
총열 길이 :	840mm
총구(포구) 속도 :	335m/sec
탄창 :	단발, 머즐 로더
사정거리 :	1400m

베른들 모델 1867 보병용 소총

M1867의 중요한 특징인 원통형 약실(drum breech)은 견고하고 안전한 대신 빼내기가 어려웠다. 개머리판이 일직선의 피스톤핀(wrist), 백 액션 잠금장치 및 외부 공이치기와 일체형으로 구성되어 있다.

제원	
개발 국가 :	오스트리아-헝가리 제국
개발 연도 :	1867
구경 :	11mm
작동방식 :	로터리 블록 브리치, 외부 공이치기
무게 :	4.1kg
전체 길이 :	1278mm
총열 길이 :	855mm
총구(포구) 속도 :	436m/sec
탄창 :	싱글 카트리지, 후장식
사정거리 :	1400m

베르던 소총

히람 베르던은 시민전쟁 기간에 정확한 사격의 중요성을 역설했으며, 후일 러시아군에 의해 채택된 단발 라이플 총을 개발했다. 베르던 라이플 총은 정확하고 신뢰를 얻어 대량 생산되었다.

제원	
개발 국가 :	미국/러시아
개발 연도 :	1869
구경 :	10.75mm
작동방식 :	베르던 I -트랩도어, 베르던 II -노리쇠
무게 :	4.2kg
전체 길이 :	1300mm
총열 길이 :	830mm
총구(포구) 속도 :	알려지지 않음
탄창 :	단발, 후장식
사정거리 :	280m

1867

1869

초기 카트리지 소총 Early Cartridge Rifles

초기 일체형 카트리지 소총은 단발 총기였으나 여전히 격발형 소총보다 유리한 위치를 점하고 있었다. 전장식 총기(breech loaders) 사용자가 위험에 노출된 채 장전해야 하는 반면, 후장식 총기(muzzle loader)를 갖춘 군대는 엎드린 채 재장전할 수 있다는 점이 결정적 이점이었다.

드라이제 니들 소총

드라이제 라이플 총은 단발 볼트 액션 방식의 후장식 총기로, 바늘 공이(needle)가 카트리지를 찔러 뇌관을 발화시켰다. 바늘 공이는 탄환의 뒤쪽, 카트리지의 앞쪽에 위치했다.

제원	
개발 국가 :	독일
개발 연도 :	1836
구경 :	15.43mm
작동방식 :	볼트 액션
무게 :	4.1kg
전체 길이 :	1422mm
총열 길이 :	964mm
총구(포구) 속도 :	290m/sec
탄창 :	단발, 후장식
사정거리 :	600m

퓌질 모델 1866(샤스포)

샤스포 소총은 프랑스–프러시아 전쟁 기간이던 1866년 프랑스 군에 채택되어 프러시아 군대의 드라이제 소총을 압도했다. 1874년에는 전면적으로 금속화한 탄약이 등장하는데, 이를 채용한 총기가 그라스(Gras) 소총이다.

제원	
개발 국가 :	프랑스
개발 연도 :	1866
구경 :	11mm
작동방식 :	볼트 액션
무게 :	3.7kg
전체 길이 :	1314mm
총열 길이 :	795mm
총구(포구) 속도 :	396m/sec
탄창 :	단발, 후장식
사정거리 :	1200 m

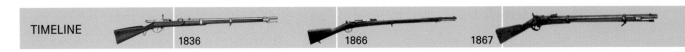

TIMELINE   1836   1866   1867

스나이더-엔필드

영국 육군의 엔필드 1853 전장식 소총을 개량한 총이다. 탄피 배출은
수동으로 이뤄졌는데, 때때로 총기를 거꾸로 뒤집어 흔들어서 빼내기
도 했다.

제원	
개발 국가 :	영국
개발 연도 :	1867
구경 :	14.65mm
작동방식 :	힌지드 브리치 퍼쿠션
무게 :	3.7kg
전체 길이 :	1219mm
총열 길이 :	838mm
총구(포구) 속도 :	335m/sec
탄창 :	단발, 후장식
사정거리 :	550m

마티니-헨리

강력한 11.4mm 구경탄을 발사하는 단발 마티니-헨리 소총은 19세기
후반 영국의 식민지 개척을 뒷받침한 무기다. 폴링-블록(falling-block)
메커니즘을 채택한 것인데, 레버로 노리쇠를 끌어내려 약실을 연 다음
재장전하는 방식이다.

제원	
개발 국가 :	영국
개발 연도 :	1871
구경 :	11.4mm
작동방식 :	폴링 블록
무게 :	3.9kg
전체 길이 :	1129mm
총열 길이 :	851mm
총구(포구) 속도 :	411m/sec
탄창 :	단발, 후장식
사정거리 :	370m

모델 1873 트랩도어 스프링필드

미 육군이 최초로 채택한 표준 보급형 후장식 소총. 애초 '트랩도어'는
기존 라이플 총을 후장형으로 개조한 것인데 이후 이 방식을 도입한 총
기들이 잇따라 생산되었다.

제원	
개발 국가 :	미국
개발 연도 :	1873
구경 :	11.4mm
작동방식 :	힌지드 브리치 블록
무게 :	3.7kg
전체 길이 :	1295mm
총열 길이 :	825mm
총구(포구) 속도 :	411m/sec
탄창 :	단발, 후장식
사정거리 :	550m

1871

1873

연발 소총 Repeating Rifles

연발 소총은 화력 면에서 단발 총기로 무장한 적에 비해 확연한 우세를 점하게 해주었다. 대부분의 연발총들이 볼트(노리쇠) 액션 방식을 고수했는데, 비록 레버 액션 방식의 총기들이 미 대륙에서 인기를 얻었고 그중 다수가 '서부 개척 시대'와 연관돼 있었음에도, 이 흐름을 바꾸지 못했다.

헨리 소총

개발사인 볼캐닉 암스 사에 이르기까지 그 기원을 추적해보면, 헨리 라이플 총은 16발 탄창에서 나오는 가공할 화력이 일품이었다. 다만 탄창이 비워지면 조악하게도 총구끝으로 재장전해야 하는데, 이것이 결점으로 작용했다.

제원	
개발 국가 :	미국
개발 연도 :	1850
구경 :	11.2mm
작동방식 :	레버 액션, 연발식
무게 :	4.2kg
전체 길이 :	1137mm
총열 길이 :	609mm
총구(포구) 속도 :	335m/sec
탄창 :	16발 튜브형 탄창
사정거리 :	400m

르벨 M1886

샤스포의 개량형인 그라스 라이플 총을 발전시킨 총으로 8×50mm 신형 카트리지와 무연화약을 사용했으며 총구 속도를 더 높였다. 8발 탄창은 이전 단발 총기류에 비해 큰 이점이 되었다.

제원	
개발 국가 :	프랑스
개발 연도 :	1886
구경 :	8mm
작동방식 :	볼트 액션
무게 :	4.24kg
전체 길이 :	1303mm
총열 길이 :	798mm
총구(포구) 속도 :	725m/sec
탄창 :	8발 튜브형 탄창
사정거리 :	400m

TIMELINE 1850 1886 1888

리-멧포드

리-멧포드 라이플 총은 영국군이 더 오래 사용한 것으로 추정되지만, 흑색 화약이 무연발사체로 교체되던 시점에 도입된 것이다. 때문에 이 총은 이내 리-엔필드로 교체되고 말았다.

제원	
개발 국가 :	영국
개발 연도 :	1888
구경 :	7.7mm
작동방식 :	볼트 액션
무게 :	4.1kg
전체 길이 :	1257mm
총열 길이 :	767mm
총구(포구) 속도 :	622m/sec
탄창 :	8발 또는 10발 탄창
사정거리 :	730m

FN-마우저 보병용 소총 모델 1889

벨기에의 FN(Fabrique Nationale·파브리끄 나시오날)에서 생산됐으며 '마우저 액션'을 사용한 모델 1889는 튜브형 탄창이 아닌 5발 수직형 탄창을 사용한다. 장전기(charger)를 이용해 오픈 액션 방식으로 장전 되었다.

제원	
개발 국가 :	벨기에
개발 연도 :	1889
구경 :	7.65mm
작동방식 :	볼트 액션
무게 :	4.1kg
전체 길이 :	1295mm
총열 길이 :	780mm
총구(포구) 속도 :	610m/sec
탄창 :	5발 상자형 탄창
사정거리 :	1000m

만리허 카르카노 1891

마우저와 만리허의 설계를 차용해 살바토레 카르카노가 개발한 총으로, 모델로(Modello) 1891은 몇몇 변종들의 토대가 되었다. 일본 제국 해군이 채택하여 6.5mm 아리사카 탄을 장전해 사용했다.

제원	
개발 국가 :	이탈리아
개발 연도 :	1891
구경 :	6.5mm
작동방식 :	볼트 액션
무게 :	3.8kg
전체 길이 :	1291mm
총열 길이 :	780mm
총구(포구) 속도 :	730m/sec
탄창 :	6발 내장식 상자형 탄창
사정거리 :	1000m

1889

1891

윈체스터 연발 소총 Winchester Repeating Rifles

1866년 처음 등장한 윈체스터 소총은 총열 밑에 튜브형 탄창을 설치해 방아쇠울의 레버 액션으로 재장전했다. 원래의 전장형 동작 과정은 총몸의 로딩 게이트로 대체되었다.

모델 1866

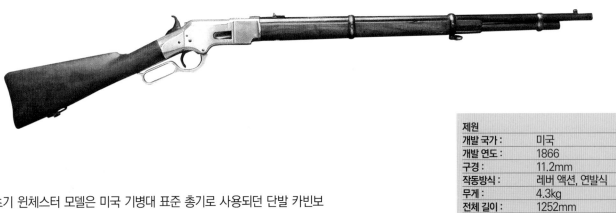

초기 윈체스터 모델은 미국 기병대 표준 총기로 사용되던 단발 카빈보다 화력에서 큰 우위를 점했다.

제원	
개발 국가 :	미국
개발 연도 :	1866
구경 :	11.2mm
작동방식 :	레버 액션, 연발식
무게 :	4.3kg
전체 길이 :	1252mm
총열 길이 :	619mm
총구(포구) 속도 :	335m/sec
탄창 :	15발 튜브형 탄창
사정거리 :	250m

모델 1873

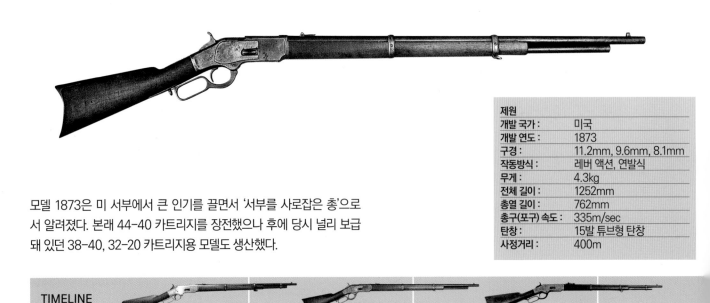

모델 1873은 미 서부에서 큰 인기를 끌면서 '서부를 사로잡은 총'으로서 알려졌다. 본래 44-40 카트리지를 장전했으나 후에 당시 널리 보급돼 있던 38-40, 32-20 카트리지용 모델도 생산했다.

제원	
개발 국가 :	미국
개발 연도 :	1873
구경 :	11.2mm, 9.6mm, 8.1mm
작동방식 :	레버 액션, 연발식
무게 :	4.3kg
전체 길이 :	1252mm
총열 길이 :	762mm
총구(포구) 속도 :	335m/sec
탄창 :	15발 튜브형 탄창
사정거리 :	400m

TIMELINE   1866   1873   1886

모델 1886

존 브라우닝이 재설계한 모델 1886은 다양한 구경탄을 장전할 수 있었
으며, 종종 버팔로 사냥에 쓰였다.

제원	
개발 국가 :	미국
개발 연도 :	1886
구경 :	12.7-9.6mm
작동방식 :	레버 액션, 연발식
무게 :	4.1kg
전체 길이 :	1252mm
총열 길이 :	508-914mm
총구(포구) 속도 :	493m/sec
탄창 :	15발 튜브형 탄창
사정거리 :	250m

모델 1892

일반적으로 권총용 구경탄들을 장전했기 때문에 모델 1892의 사용자
는 피스톨과 소총, 두 가지 용도에 적합한 탄환을 소지해야 했다.

제원	
개발 국가 :	미국
개발 연도 :	1892
구경 :	11.2mm, 9.6mm, 8.1mm, 6.35mm, 5.53mm
작동방식 :	레버 액션, 연발식
무게 :	3.8kg
전체 길이 :	960mm
총열 길이 :	508mm
총구(포구) 속도 :	759m/sec
탄창 :	15발 튜브형 탄창
사정거리 :	183m

모델 1894

새로운 무연발사약을 장전할 수 있게 만들어졌기 때문에 모델 1894는
한동안 대중적인 인기를 누리다 후에 1세기 이상 생산이 중단되었다.

제원	
개발 국가 :	미국
개발 연도 :	1894
구경 :	9.6mm, 8.1mm, 7.62mm, 6.35mm
작동방식 :	레버 액션, 연발식
무게 :	3.1kg
전체 길이 :	960mm
총열 길이 :	508mm
총구(포구) 속도 :	759m/sec
탄창 :	6발 또는 7발 튜브형 탄창
사정거리 :	180m

1892   1894

윈체스터 모델 1895 Winchester Model 1895

총열 내 튜브형 설계 방식을 채택하는 전통적인 윈체스터 라이플 총들 대신 상자형 탄창을 최초로 사용한 모델이다. 그러나 약실에 4~5발만 들어가 장탄 능력은 낮았다. 이 모델은 존 브라우닝이 레버 액션 방식으로 설계한 마지막 라이플 총이었다.

약실
윈체스터는 무연 발사약이 미칠 영향을 정확히 예측했으며, 무연 발사약을 가장 잘 사용할 수 있는 라이플 총을 생산했다.

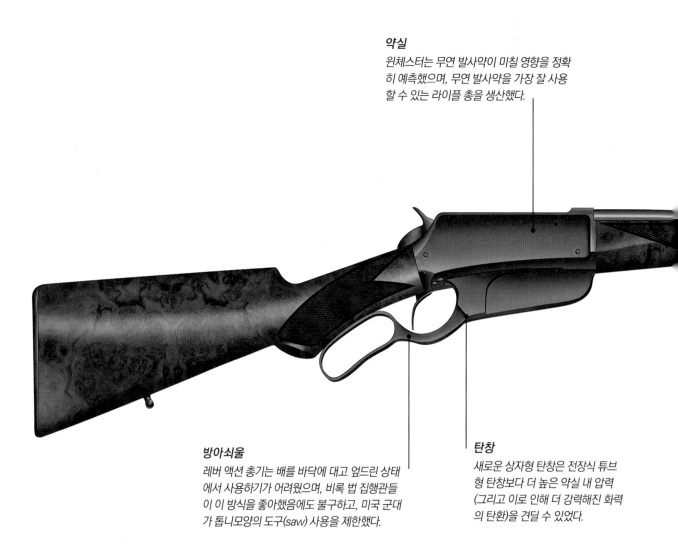

방아쇠울
레버 액션 총기는 배를 바닥에 대고 엎드린 상태에서 사용하기가 어려웠으며, 비록 법 집행관들이 이 방식을 좋아했음에도 불구하고, 미국 군대가 톱니모양의 도구(saw) 사용을 제한했다.

탄창
새로운 상자형 탄창은 전장식 튜브형 탄창보다 더 높은 약실 내 압력(그리고 이로 인해 더 강력해진 화력의 탄환)을 견딜 수 있었다.

제원	
개발 국가 :	미국
개발 연도 :	1895
구경 :	10.29-7.62mm
작동방식 :	레벨 액션, 연발식
무게 :	4.1kg
전체 길이 :	1067mm
총열 길이 :	711mm
총구(포구) 속도 :	818m/sec
탄창 :	5발, 또는 4발 내장형 탄창
사정거리 :	180m

모델 1895는 미국과 해외에서 여러 군대와 계약을 맺은 덕에 상당한 성공을 거두었다. 이 총은 또한 사냥총으로도 인기가 높았는데, 이는 맹수 사냥꾼들이 최대 10.29mm 구경의 탄까지 장전할 수 있는 이 무기를 선호한 덕택이다.

모델 1895의 유명한 총기 사용자 중 한 사람인 테오도르 루즈벨트는 '러프 라이더스'(의용기병대)와 참전한 전투는 물론, 아프리카로 맹수 사냥 원정을 갈 때도 이 총기를 휴대했다.

리시버
최초로 공장에서 생산, 출고된 *5,000~6,000*대 가량
의 모델 *1895*에는 평판형 총몸이 장착돼 있었으며,
오늘날 수집가들의 애호품목이 되고 있다.

총열
총열의 표준 길이는 장전 및 배치 형태에
따라 *609~711mm*로 다양했다.

카트리지 카빈 Cartridge Carbines

가볍고 짧은 소총에 속하는 카빈 총은 말 등에서 사격하고 재장전하기 편해 기병대에 보급되는 경향이 있었다. 카빈 총은 또한 포병대원들에게 보급됐는데, 그들은 자신을 방어할 필요는 있었지만 보병대원처럼 앞장서서 전투를 벌일 필요가 없었기 때문이다. 카빈(carbine)이라는 용어가 기병대(cavalry)에서 유래했다.

타플레이 카빈

후장식 타블레이 카빈 총은 미국 시민 전쟁 중 남군 기병대가 사용했다. 탄창과 약실 사이의 가스 막이 약하게 형성되는 결함이 있었는데 사격할 때마다 새어나오는 가스가 문제를 더 키웠다.

제원	
개발 국가 :	미국
개발 연도 :	1863
구경 :	13.2mm
작동방식 :	폴링 블록
무게 :	알려지지 않음
전체 길이 :	알려지지 않음
총열 길이 :	알려지지 않음
총구(포구) 속도 :	315m/sec
탄창 :	단발, 후장식
사정거리 :	180m

스펜서 카빈

스펜서 카빈 총은 레버 액션 방식을 이용해 내장된 탄창 속의 탄들을 약실에 장전했다. 수동으로 공이치기를 잡아당기는데 레버가 공이치기 위치를 맞춰주지는 않는다. 다만 장전기(charger)는 유용해서 한번에 7발을 탄창에 채울 수 있었다.

제원	
개발 국가 :	미국
개발 연도 :	1863
구경 :	12.7mm
작동방식 :	레벨 액션, 연발식
무게 :	4.1kg
전체 길이 :	760mm
총열 길이 :	560mm
총구(포구) 속도 :	315m/sec
탄창 :	6-13발 튜브형 탄창
사정거리 :	180m

TIMELINE　　　　1863　　　　　　　　　　1866

샤스포 카빈

퓌질 Mle 1866 샤스포 라이플 총의 소형 버전인 샤스포 카빈 총은 전(全)금속 카트리지를 발화시키기 위해 중앙발사 메커니즘(뇌관이나 뇌관 조립체가 탄피 중앙에 위치하거나 중앙 탄피 안쪽으로 밀려들어가 있는 것)을 사용했다. 뇌관은 현대식 중앙발사 총기들처럼 카트리지 뒤쪽에 위치했다.

제원	
개발 국가 :	프랑스
개발 연도 :	1866
구경 :	11mm
작동방식 :	볼트 액션
무게 :	알려지지 않음
전체 길이 :	알려지지 않음
총열 길이 :	알려지지 않음
총구(포구) 속도 :	450m/sec
탄창 :	단발, 후장식
사정거리 :	600m

모스케토 1891 퍼 카발레리아

퓌질 모델로 91의 카빈 버전인 이 총기는 이름에서 암시하듯 기병부대용으로 개발되었다. 말에서 내려 사용할 수 있는 접이식 총검을 장착했다.

제원	
개발 국가 :	이탈리아
개발 연도 :	1891
구경 :	6.5mm
작동방식 :	볼트 액션
무게 :	3kg
전체 길이 :	920mm
총열 길이 :	610mm
총구(포구) 속도 :	700m/sec
탄창 :	6발 내장식 상자형 탄창
사정거리 :	600m

베르시에 포병용 머스커튼 Mle 1892

'머스커튼(musketoon)'이라는 단어는 기병대에서 사용한 짧은 머스킷 총과 관련돼 오랫동안 전해 내려져온 용어로서, 베르시에 라이플 총의 소형 버전과 같은 다양한 카빈 총에 따라다녔다. 엄밀히 말해 상당한 시간이 지난 뒤에야 이러한 용어의 사용이 중단되었다.

제원	
개발 국가 :	프랑스
개발 연도 :	1892
구경 :	8mm
작동방식 :	볼트 액션
무게 :	3.1kg
전체 길이 :	940mm
총열 길이 :	445mm
총구(포구) 속도 :	610m/sec
탄창 :	3발 내장식 상자형 탄창
사정거리 :	500m

1891

1892

초기 지원 무기들 Early Support Weapons

무기 기술의 향상으로 다양한 지원 무기 제작이 가능해지다 마침내 기관총이 등장하기에 이른다. 그 중간 단계에서 선보인 것이 일제 사격 또는 연속 사격시 소총 구경탄을 발사하는 다양한 다(多)총열 무기였다.

몽티니 미트라예즈

미트라예즈는 37 소총 구경의 총열들로 구성돼 있다. 플레이트 카트리지 로더로 동시 장전해 일제사격으로 발사된다. 프랑스–프러시아 전쟁 때 사용되었지만 전과가 기대에 미치지 못했는데 이는 무기 성능에 대한 이해 부족 탓이 크다.

제원	
개발 국가 :	벨기에
개발 연도 :	1866
구경 :	11mm 샤스포
작동방식 :	크랭크 방식
무게 :	140kg
전체 길이 :	1370mm
총열 길이 :	1050mm
총구(포구) 속도 :	410m/sec
탄창 :	발리건, 후장식
연사속도 :	c.300rpm
사정거리 :	400m

개틀링 모델 1868

제원	
개발 국가 :	미국
개발 연도 :	1868
구경 :	12.7mm
작동방식 :	기계식 다(多)총열 리볼버
무게 :	64kg
전체 길이 :	1220mm
총열 길이 :	626mm
총구(포구) 속도 :	400m/sec
탄창 :	원통형 탄창
연사속도 :	c.300rpm
사정거리 :	400m

개틀링 포는 가드너 총보다는 훨씬 복잡했지만 마찬가지로 기계식 연발총이었다. 상부 원통에서 나온 탄들로 약실이 차례로 장전되면 크랭크를 돌려 발사위치로 이동시킨다.

TIMELINE
1866
1868
1874

가드너 5열 총열 기관총

가드너의 5열 총열 총은 실제로는 기관총이 아니라 기계식 연발총이다. 다중 총열이라 발사효율이 높고, 카트리지는 중력을 이용해 약실에 장전된다.

제원	
개발 국가:	미국/영국
개발 연도:	1874
구경:	11.4mm 개틀링 가드너
작동방식:	기계식 연발
무게:	24kg(총)
전체 길이:	915mm
총열 길이:	626mm
총구(포구) 속도:	400m/sec
탄창:	다(多)총열, 후장식
연사속도:	800rpm
사정거리:	400m

노르덴펠트 기관총

노르덴펠트 기관총은 '오르간 건 (organ gun)' 유형의 무기로 중력을 이용해 총열을 12개까지 나란히 배치했다. 이를 위해 병사는 레버를 전후방으로 움직이는 작업을 수행한다.

제원	
개발 국가:	영국
개발 연도:	1880
구경:	25.4mm
작동방식:	레버 작동
무게:	203kg
전체 길이:	알려지지 않음
총열 길이:	901mm
총구(포구) 속도:	446m/sec
탄창:	다(多)총열, 중력 이용해 장전
연사속도:	N/A
사정거리:	400m

개틀링 모델 1893 '불독'

'불독' 개틀링 기관총의 명칭은 당시 인기를 끌던 짧은 총열의 '불독' 리볼버에서 유래했다. 개틀링 건의 소형 버전으로 소총 구경 탄을 발사했다.

제원	
개발 국가:	미국
개발 연도:	1893
구경:	11.2mm
작동방식:	기계식 다(多)총열 리볼버
무게:	20kg
전체 길이:	610mm
총열 길이:	457mm
총구(포구) 속도:	400m/sec
탄창:	원통형 탄창
연사속도:	300rpm
사정거리:	400m

1880

1893

이동식 지원 무기들 : 개틀링 모델 1878

Mobile Support Weapons : Gatling Model 1878

지원 무기 사용자들이 직면하는 두 가지 중요한 문제는 충분한 탄약을 확보하는 일과 신속한 이동성을 갖추는 일이다. 영국군은 19세기 말 식민지 개척기에 후자와 관련된 문제에 대해 독창적인 해결책을 시도하였다.

낙타는 개틀링 기관총과 사수의 무게를 감당할 만큼 힘센 동물이지만, 손쉽게 다룰 수 있는 동물은 아니었다. 낙타는 가장 좋은 환경에서도 예측이 불가능한데다, 총격전의 소음(동물의 머리 바로 뒤에서 발사되는 개틀링 기관총을 말하는 게 아니라)은 동물들을 혼란에 빠트리기에 충분했다. 낙타 운반은 달리 좋은 방안이 없기 때문에 거듭 시도되었으나, 동력 운송 수단의 등장으로 그 필요성이 사라졌고, 이후로는 같은 실험이 반복되지 않았다.

재장전
낙타 등 위에서 개틀링 기관총을 발사하려고 시도
하는 이가 누구든 논란의 여지가 있었다. 재장전
은 사실상 불가능했으며, 이 때문에 한 번의 일제
사격만이 효과적일 수 있었다.

사정 범위
기관총을 낙타 등 위에 높이 설치하는 것은
이동성과 사거리 확보에는 좋았지만 사수
를 노출시켜 목표물이 되게 만들었다.

낙타
사수는 낙타를 다루면서 동시에
무기를 조준해야 했다.

이동수단
낙타는 혼란에 빠졌을 때도 다루기 쉬운 유순한
동물이 아니다. 겁먹은 동물이 기동부대를 위한
무기 지원용 보급품을 갖고 달아날 수도 있었다.

제원	
개발 국가 :	미국
개발 연도 :	1878
구경 :	11.4mm
작동방식 :	기계식 다(多)총열 리볼버
무게 :	34kg
전체 길이 :	1220mm
총열 길이 :	610mm
총구(포구) 속도 :	400m/sec
탄창 :	원통형 탄창
연사속도 :	300rpm
사정거리 :	500m

최초의 기관총들 The First Machine Guns

진정한 의미에서의 '기관총'은 직전 탄환을 발사하는 동작만으로 재장전되고 사격이 준비되며 이어 방아쇠가 풀릴 때까지 계속해서 발사되는 것이다. 이러한 유형의 실용 무기가 등장하면서 다(多)총열 지원 무기들은 급속히 사라졌다.

맥심 Mk 1

하이럼 맥심이 1884년 이 기관총의 특허를 획득했지만 구매자를 찾는 데 어려움을 겪었다. 많은 예비 사용자들은 이 총기가 탄환을 허비한다고 여겼다. 따라서 커다란 관심을 끌기까지 몇 년이 흘렀다.

제원	
개발 국가 :	영국
개발 연도 :	1884
구경 :	7.7mm
작동방식 :	리코일, 수냉식
무게 :	18.2kg
전체 길이 :	1180mm
총열 길이 :	720mm
총구(포구) 속도 :	600m/sec
탄창 :	탄띠 급탄
연사 속도 :	600rpm
사정거리 :	2000m

맥심 폼폼

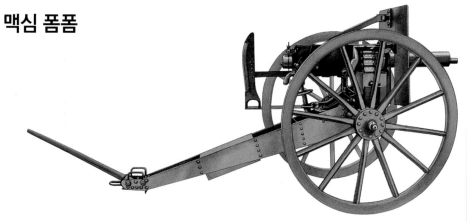

'폼폼'은 대체로 속사포(速射砲)와 보병 지원 무기의 중간쯤에 해당하는 37mm포이다. 보어 전쟁 때 실전에 투입됐으며, 제1차 세계대전 기간에는 대공(對空) 무기로 사용되었다.

제원	
개발 국가 :	영국
개발 연도 :	1895
구경 :	37mm
작동방식 :	리코일, 수냉식
무게 :	186kg
전체 길이 :	2130mm
총열 길이 :	876mm
총구(포구) 속도 :	850m/sec
탄창 :	탄띠 급탄
연사속도 :	200rpm
사정거리 :	1000m+

TIMELINE

 1884

 1895

콜트 브라우닝 모델 1895

M1895는 가스 작동 시스템으로 시연되었지만 효율성과 신뢰성 면에서 기대에 못 미쳤다. 그런데 이 무기가 수냉식 M1917으로 개량되자 가장 성공한 역대 기관총들 가운데서도 조상격이 되었다.

제원	
개발 국가 :	미국
개발 연도 :	1895
구경 :	7.62mm, 6mm
작동방식 :	가스압
무게 :	16kg
전체 길이 :	1040mm
총열 길이 :	711mm
총구(포구) 속도 :	732m/sec
탄창 :	탄띠 급탄
연사속도 :	400rpm
사정거리 :	2740m

마드센 레트 마스친게배르

마드센 기관총은 최초의 경기관총이었다. 보병대가 대포용 탈것이나 무거운 삼각대 없이 운반할 만큼 충분히 가벼웠다. 복잡하긴 해도 편리해 1940년대까지 사용되었다.

제원	
개발 국가 :	덴마크
개발 연도 :	1903
구경 :	8mm
작동방식 :	리코일, 공랭식
무게 :	9kg
전체 길이 :	1145mm
총열 길이 :	585mm
총구(포구) 속도 :	715m/sec
탄창 :	25, 30, 또는 40 상자형 탄창
연사속도 :	450rpm
사정거리 :	1000m

생테티엔 M1907

M1907은 지나치게 복잡했는데 이는 설계자들이 기관총의 가스 메커니즘에 관한 기존 특허를 피하기 위해 일부러 처음부터 다시 고쳤기 때문이다. 가스 피스톤은 뒤쪽이 아닌 앞쪽으로 움직였으며, 노리쇠를 움직이기 위해 부가적인 기계장치가 필요했다.

제원	
개발 국가 :	프랑스
개발 연도 :	1907
구경 :	8mm
작동방식 :	가스압
무게 :	26kg
전체 길이 :	1180mm
총열 길이 :	710mm
총구(포구) 속도 :	724m/sec
탄창 :	25발 금속 스트립스 또는 300발 직물 탄띠
연사속도 :	8-650rpm, 조정 가능
사정거리 :	알려지지 않음

1903

1907

제1차 세계대전

제1차 세계대전은 현대식 소형 무기 시대의 도래를 보여준다. 연발 자동 무기들이 보병 화력의 중심이 된 최초의 대규모 전쟁이었다. 대다수 보병들은 내장된 탄창에서 탄을 공급받는 볼트 액션 소총으로 무장, 신속하게 조준 사격을 가했다.

이 시기, 방어군들은 전술적 균형을 매우 선호했다. 소총의 화력이 원거리에 치명적인 영향을 미친데다, 기관총은 전통적인 밀집 대형의 진군을 자살 행렬로 만들었다. 포탄 구멍으로 심하게 파헤쳐진 지면과 가시철사는 공격군의 속력을 떨어뜨렸고, 이는 수비군들이 효과적인 화력을 퍼부을 수 있도록 부가적인 시간을 허용했다.

사진 서부전선에 배치되기 위해 1917년 잉글랜드에 도착한 미군 최초 파견대가 '쉬어' 자세로 도열해 있다. 스프링필드 1903 소총들이 그들 앞에 배열돼 있다.

스미스 앤드 웨슨 리볼버들

Smith & Wesson Revolvers

스미스 앤드 웨슨은 대정부 계약과 민간 무기시장에서 일상적인 이름이 되었다. 그 무기들은 근접전에서 가치를 증명하며 일련의 단계를 거쳐 효율적인 현대 소형 무기로 발전해 갔다.

스미스 앤드 웨슨 모델 1

1857년 처음 소개된 No 1은 대인저지력이 매우 낮은 5.6mm 소형탄을 사용했다. 특별히 효율적이지는 않지만 이 탄은 지속적으로 사용돼 왔으며, 오늘날 여전히 사용되고 있는 가장 오래된 구경탄이다.

제원	
개발 국가 :	미국
개발 연도 :	1857
구경 :	5.6mm
작동방식 :	싱글 액션 리볼버
무게 :	0.33kg
전체 길이 :	178mm
총열 길이 :	81mm
총구(포구) 속도 :	알려지지 않음
탄창 :	7발 실린더
사정거리 :	10m

스미스 앤드 웨슨 No 2 '올드 아미' 리볼버

No 1의 크기를 늘린 확대형으로 8.1mm 탄을 사용했으며, 나중에 S&W No 2 또는 '올드 아미' 리볼버로 개량되었다. 미군에 공식적으로 채택된 적은 없었지만 민간인들에게 인기 품목이었다.

제원	
개발 국가 :	미국
개발 연도 :	1866
구경 :	8.1mm
작동방식 :	싱글 액션 리볼버
무게 :	0.33kg
전체 길이 :	178mm
총열 길이 :	81mm
총구(포구) 속도 :	알려지지 않음
탄창 :	7발 실린더
사정거리 :	10m

TIMELINE

1857

1866

스미스 앤드 웨슨 No 3

1880년대에 개발된 No 3는 9.6mm 구경탄을 장전하는 더블 액션 리볼버였다. 브레이크-아웃 리볼버의 유행이 끝날 때까지 수십 년 동안 인기를 누렸다.

제원	
개발 국가 :	미국
개발 연도 :	1870
구경 :	9.6mm
작동방식 :	리볼버
무게 :	2.27kg
전체 길이 :	838mm
총열 길이 :	406mm
총구(포구) 속도 :	250m/sec
탄창 :	6발 실린더
사정거리 :	100m

스미스 앤드 웨슨 러시안 모델

No 3 버전은 러시아 관용 무기로 다량 생산되었다. 3가지 주요 묶음이 있는데, 의뢰인의 요구에 따라 각각 합체돼 업그레이드되었다.

제원	
개발 국가 :	미국
개발 연도 :	1870
구경 :	11.2mm
작동방식 :	리볼버
무게 :	1.02kg
전체 길이 :	317mm
총열 길이 :	203mm
총구(포구) 속도 :	214m/sec
탄창 :	6발 실린더
사정거리 :	20m

스미스 앤드 웨슨 M1917 '핸드 이젝터'

미군의 권총 부족분을 메우기 위해 사용된 M1917은 2개의 3발 '하프 문' 클립을 사용해 장전되는데, 이 클립이 없이는 이젝터(ejector)가 가장자리 없는 11.4mm 탄을 붙잡을 수 없다.

제원	
개발 국가 :	미국
개발 연도 :	1917
구경 :	11.4mm
작동방식 :	리볼버
무게 :	1.08kg
전체 길이 :	298mm
총열 길이 :	185mm
총구(포구) 속도 :	198m/sec
탄창 :	6발 실린더
사정거리 :	20m

1870

1917

스미스 앤드 웨슨 모델 10

Smith & Wesson Model 10

1899년, 스미스 앤드 웨슨은 새로운 0.38 특수탄을 중심으로 한 더블 액션 리볼버를 제작했다. 이 탄은 본질적으로 이전의 0.38 롱 콜트형 버전인데, 약간 더 무거운 탄환과 더 많은 장약을 사용했다. 이 두 요인이 결합되자 총구 에너지는 더 강해지고 조립도 더 수월해졌다. 0.38 특수탄은 오늘날에도 여전히 사용중인 반동형(recoil) 방식과 비교할 때 탄도 성능에서 충분히 강한 인상을 남겼다.

모델 10으로 알려진 시리즈 최초의 총기는 스미스 앤드 웨슨 군사용과 경찰용이었으며, 0.38 특수탄을 장전한 '핸드 이젝터' 버전으로 개발되었다. 다양한 시기에 오랜 이력을 지닌 이 총은 때로 모델 1905로, 2차 세계대전 중에는 빅토리 모델로도 선보였다. 6억 정 이상이 생산된 모델 10은 명백하게 권총 역사상 가장 성공적인 제품이다.

제원	
개발 국가 :	미국
개발 연도 :	1899
구경 :	9.6mm
작동방식 :	더블 액션 리볼버
무게 :	0.51kg
전체 길이 :	190mm
총열 길이 :	83mm
총구(포구) 속도 :	190m/sec
탄창 :	5발 실린더
사정거리 :	20m

버트(손잡이 끝)
손잡이를 양손잡이용으로 만드는 일은 대부분의 권총 제작에서 비교적 쉬운 문제에 속한다. 그렇지만 기술력에 따라 정확성과 편안함의 차이는 매우 크다.

대량의 모델 10 시리즈가 위커 브리티시 0.38/200탄을 장전한 영국 모델들과
함께 2차 세계대전 중에 미국, 영국, 캐나다 군대에서 사용되었다. 빅토리 모델
0.38 시리즈는 미군 조종사들에게 휴대형 총기로 배급됐으며, 미국 내 요주의
시설들에서 보안용으로 사용되었다. 일부는 1990년까지 오랫동안 사용되었다.

가늠자
*모델 10은 피스톨 효율성을 높이면서
더 크고 시야 확보가 편리한 가늠자를
추구하는 경향을 선도했다.*

총열
*모델 10은 새로운 0.38 S&W 특수탄을 장
전했지만 2차 세계대전 중에는 임대차 무기
대여 계약에 따라 영국에 0.38/200 구경이
수천 정 공급되었다.*

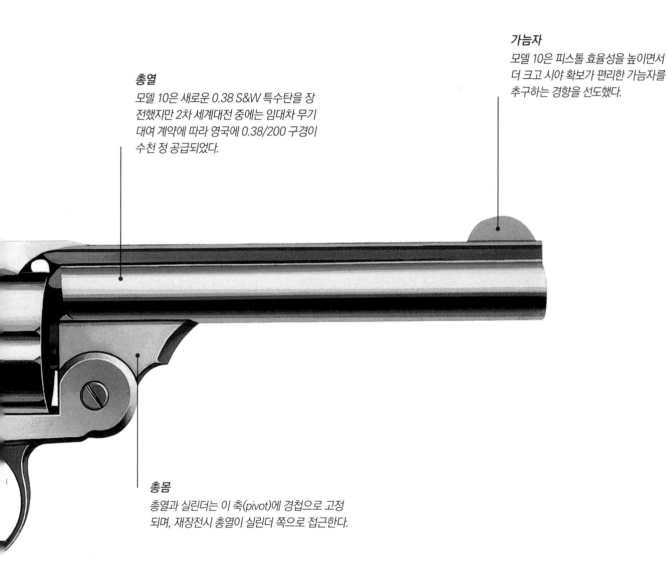

총몸
*총열과 실린더는 이 축(pivot)에 경첩으로 고정
되며, 재장전시 총열이 실린더 쪽으로 접근한다.*

모델 10은 더블 액션 리볼버로 출시되었지만, 사용자는 정확한 사격을 위해 공
이치기를 수동으로 잡아당길 수 있고, 발사 전 신속한 사격을 위해 방아쇠를
당겨 공이치기를 젖힐 수 있었다. 시간이 흐르면서 가늠자를 개선한 1915 업
그레이드 버전을 포함해 다양한 개량 모델들이 선보였다. 이 모델 10은 다른
군사용 리볼버들이 모방할 정도로 큰 성공을 거두었으며 가늠자는 더욱 커졌
다. 발사장치는 도입 초기에 이미 단순화되었다.

영국제 리볼버들 British Revolvers

웨블리 리볼버는 19세기 후반 식민지 개척 기간에 처음 등장해 양대 세계 대전 기간에 이르기까지 사용되었다. 나아가 웨블리 리볼버 계열은 1960년대 중반에 이르기까지 영국에서 군사용 총기의 표준이 되었다.

웨블리 프라이스

웨블리-프라이스 리볼버 총은 보어-줄루 전쟁을 비롯한 '식민지 전쟁' 기간에 영국군이 사용했던 가장 정교한 리볼버 중 하나로, 웨블리 권총의 후속 모델 개발에 막대한 영향을 미쳤다.

제원	
개발 국가 :	영국
개발 연도 :	1876
구경 :	12.09mm
작동방식 :	더블 액션 리볼버
무게 :	0.7 kg
전체 길이 :	215mm
총열 길이 :	139.7mm
총구(포구) 속도 :	198 m/sec
탄창 :	5발 실린더
사정거리 :	20m

웨블리 불독

불독은 다양한 구경을 사용할 수 있고 저렴하나 매우 견고한 리볼버였다. 다만 장전량이 5발로 제한된 데다, 총열이 짧아 효과적인 사정거리가 15m에 불과했다. 그럼에도 불구하고 불독은 인기가 높아 널리 복제되었다.

제원	
개발 국가 :	영국
개발 연도 :	1878
구경 :	8.1mm
작동방식 :	리볼버
무게 :	0.31kg
전체 길이 :	140mm
총열 길이 :	53mm
총구(포구) 속도 :	190m/sec
탄창 :	5발 실린더
사정거리 :	15m

TIMELINE 1876 1878 1901

웨블리-포스베리 자동 리볼버

웨블리-포스베리 '자동 리볼버'는 부분적으로 반자동 피스톨이었다. 메커니즘은 기계적이라기보다는 리코일 에너지로 작동되었다. 총은 이런 거추장스러운 메커니즘으로 인해 1915년경 생산 중단되었다.

제원	
개발 국가 :	영국
개발 연도 :	1901
구경 :	11.55mm
작동방식 :	리볼버
무게 :	1.08kg
전체 길이 :	292mm
총열 길이 :	190mm
총구(포구) 속도 :	198m/sec
탄창 :	6발 실린더
사정거리 :	20m

웨블리 &스콧 Mk VI

웨블리 앤드 스콧은 견고하고 정확하며 신뢰할 만한 리볼버 시리즈를 생산하였는데 이 시리즈는 Mk VI로 끝이 났다. 1915년에 선보인 이 총기는 우수한 대인저지력을 가진 11.55mm 탄을 사용했으며 총검도 사용 가능했다. 그러나 바늘공이(saw)는 거의 사용되지 않았다.

제원	
개발 국가 :	영국
개발 연도 :	1915
구경 :	11.55mm
작동방식 :	더블 액션 리볼버
무게 :	1.1kg
전체 길이 :	279mm
총열 길이 :	152mm
총구(포구) 속도 :	198m/sec
탄창 :	6발 실린더
사정거리 :	20m

엔필드 .38

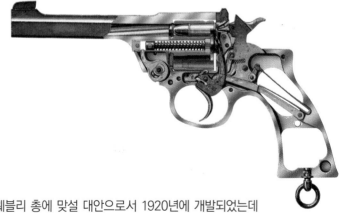

엔필드 .38은 강력한 웨블리 총에 맞설 대안으로서 1920년에 개발되었는데 외관상 비슷했다. 비록 대인저지력은 줄었지만 반동이 적어 훈련을 덜 받은 사람도 쉽게 다룰 수 있었다.

제원	
개발 국가 :	영국
개발 연도 :	1920
구경 :	9.6mm
작동방식 :	리볼버
무게 :	0.82kg
전체 길이 :	254mm
총열 길이 :	127mm
총구(포구) 속도 :	213m/sec
탄창 :	6발 실린더
사정거리 :	20m

1915

1920

초기 자동 장전 피스톨들

Early Self-Loading Pistols

19세기 말경 권총 설계자들은 반동 에너지로 약실을 자동 재장전할 수 있는 총기들을 제작하기 시작했다. 이러한 초기의 시도들은 리볼버의 성능 향상에는 거의 기여하지 못했지만, 그럼에도 효율적인 설계 능력을 길러 주었다.

라우만 1892

1892년 조지프 라우만이 특허를 획득한 라우만 자동 피스톨 총은 반자동식 권총의 기본적인 개념을 구현했다. 방아쇠 뭉치 앞에 내장된 탄창으로부터 탄환을 공급받아 위에서부터 장전되는 방식이다.

제원	
개발 국가 :	독일
개발 연도 :	1892
구경 :	7.8mm
작동방식 :	리코일
무게 :	1.13kg
전체 길이 :	254mm
총열 길이 :	102mm
총구(포구) 속도 :	300m/sec
탄창 :	5발 고정 탄창
사정거리 :	30m

쇤베르거

라우만에 이어 특허를 획득한 쇤베르거는 유사한 원리들에 토대를 두고 있었다. 비록 상업적 생산에 들어간 최초의 반자동 권총이기는 했지만 시장에서는 그다지 성공을 거두지 못했다.

제원	
개발 국가 :	독일
개발 연도 :	1892
구경 :	8mm
작동방식 :	리코일
무게 :	알려지지 않음
전체 길이 :	알려지지 않음
총열 길이 :	알려지지 않음
총구(포구) 속도 :	300m/sec
탄창 :	5발 고정 탄창
사정거리 :	30m

TIMELINE		
	1892	1893

보르하르트 C93

보르하르트 피스톨은 맥심 기관총을 위해 개발된 토글-로킹 시스템을 채택,
특징적인 외양을 지녔다. 또한 재빠른 재장전이 가능한 탈부착 상자형 탄창의
실현 가능성을 보여주었다.

제원	
개발 국가 :	독일
개발 연도 :	1893
구경 :	7.65mm
작동방식 :	토글-록
무게 :	1.13kg
전체 길이 :	355mm
총열 길이 :	184mm
총구(포구) 속도 :	355m/sec
탄창 :	8발 탄창
사정거리 :	30m

베르크만 마스 피스톨

지나치게 복잡한 마스 피스톨 총은 1900년부터 다양한 구경의 제품들이 출시
됐으며, 한동안 세계에서 가장 강력한 권총이었다. 카트리지를 곧장 총기 뒤쪽
으로 배출하기 때문에 사용자 입장에서는 사격이 유쾌하지 않았다.

제원	
개발 국가 :	벨기에 / 독일
개발 연도 :	1897
구경 :	9mm
작동방식 :	록트 브리치
무게 :	0.94kg
전체 길이 :	254mm
총열 길이 :	101mm
총구(포구) 속도 :	300m/sec
탄창 :	8발 탄창
사정거리 :	30m

만리허 M1901/ M1903

M1901은 역류 지연(delayed-blowback) 원리에 의거해 작동했는데, 슬라이
드가 뒤쪽으로 이동할 때 미끄럼 방지용 스프링-앤드-캠 시스템을 사용했다.
최초의 설계는 8mm 탄을 사용했으나, 개량형 모델 시리즈는 7.63mm 탄을
장전했으며, 이어 7.65mm용 모델도 등장했다.

제원	
개발 국가 :	오스트리아
개발 연도 :	1901
구경 :	7.63mm
작동방식 :	블로백
무게 :	0.94kg
전체 길이 :	239mm
총열 길이 :	165mm
총구(포구) 속도 :	312m/sec
탄창 :	8발 탄창
사정거리 :	30m

1897

1901

전장식 반자동 권총들

Front-Loading Semi-Automatics

많은 초기 반자동 권총(피스톨)들은 방아쇠 뭉치 앞에 위치한 내장형 탄창에 탄환을 장전했다. 이런 배열은 비효율적이어서 외관은 우아해 보일지라도 지나치게 길었다.

베르크만 1896

베르크만 사의 1896 피스톨 총은 이전 모델의 적출 시스템을 제거하고 좀 덜 위험한 방법으로 이미 사용한 탄들을 새로 준비한 탄에서 분리시켜 튀어오르게 해 제거했다. 이러한 설계방식은 잘 살아남아 20세기 들어서도 채택되었다.

제원	
개발 국가 :	독일
개발 연도 :	1896
구경 :	7.63mm
작동방식 :	블로백
무게 :	1.13kg
전체 길이 :	254mm
총열 길이 :	102mm
총구(포구) 속도 :	380m/sec
탄창 :	5발 탄창
사정거리 :	30m

마우저 C96

7.63×23mm 고속탄을 장전한 마우저 '브룸핸들'은 군용과 민간용으로 인기를 끌며 전세계에서 대량 생산되었다. 라이선스 없는 중국제 짝퉁들도 돌아다녔다.

제원	
개발 국가 :	독일
개발 연도 :	1896
구경 :	7.63mm
작동방식 :	쇼트 리코일
무게 :	1.045kg
전체 길이 :	295mm
총열 길이 :	140mm
총구(포구) 속도 :	305m/sec
탄창 :	6발이나 10발 일체형 또는 탈부착형 탄창
사정거리 :	100m

TIMELINE

1896

1897

베르크만 심플렉스

제원	
개발 국가 :	독일
개발 연도 :	1897
구경 :	8mm
작동방식 :	블로백
무게 :	0.59kg
전체 길이 :	190mm
총열 길이 :	70mm
총구(포구) 속도 :	198m/sec
탄창 :	6발이나 8발 탈부착형 상자형 탄창
사정거리 :	30m

테오도르 베르크만은 마스(Mars) 피스톨에서 아이디어를 얻어 그의 1896 모델 피스톨을 베르크만 심플렉스로 개량했다. 8mm 특수탄을 장전했으며 벨기에에서 라이선스를 받아 생산했다.

베르크만-바야드 M1910

제원	
개발 국가 :	독일
개발 연도 :	1910
구경 :	9mm
작동방식 :	로크트 브리치
무게 :	1.01kg
전체 길이 :	251mm
총열 길이 :	102mm
총구(포구) 속도 :	305m/sec
탄창 :	6발 상자형 탄창
사정거리 :	30m

외관상 마우저 C96과 비슷한 M1910은 스페인, 그리스와 덴마크 군대에서 사용된 신뢰할 만한 쇼트-리코일 작동방식의 총기다. 다양한 구경탄 용으로 실험되다 9×23mm 탄이 표준으로 정해졌다.

마우저 M1912

제원	
개발 국가 :	독일
개발 연도 :	1912
구경 :	7.63mm
작동방식 :	쇼트 리코일
무게 :	1.25kg
전체 길이 :	295mm
총열 길이 :	140mm
총구(포구) 속도 :	427m/sec
탄창 :	6, 10, 20발 일체형 또는 탈부착형 탄창
사정거리 :	100m

C12나 M1912 모델은 C96의 군사용 버전이었다. 나중에 등장한 모델들은 7.63×25mm가 아닌 9mm 파라벨룸탄을 장전했는데 6, 10, 20발 탄창을 이용했다.

1910

1912

피스톨레 파라벨룸 1908 Pistole Parabellum 190

현대식 자동 로딩, 또는 반자동 권총들은 총기 사용자들에게 많은 이점을 제공한다. 동일 구경의 리볼버와 비교하면 몸체가 얇아 휴대하기 쉽고, 탈부착형 탄창으로 더 빨리 재장전할 수 있으며, 일반적으로 더 많은 탄환을 장전할 수 있다. 또한 반동형(리코일) 재장전 방식으로 리볼버와 같은 기계적인 연발총보다 연사속도도 더 빠르다. (파라벨룸탄은 회전력이 강한 9mm 직경의 역사상 대표적인 권총탄 가운데 하나로 지금도 널리 쓰인다.)

뒤쪽 토글
파라벨룸 '08은 대부분의 다른 반자동 피스톨에서 발견되는 슬라이드 대신 토글-로킹 시스템을 사용했다.

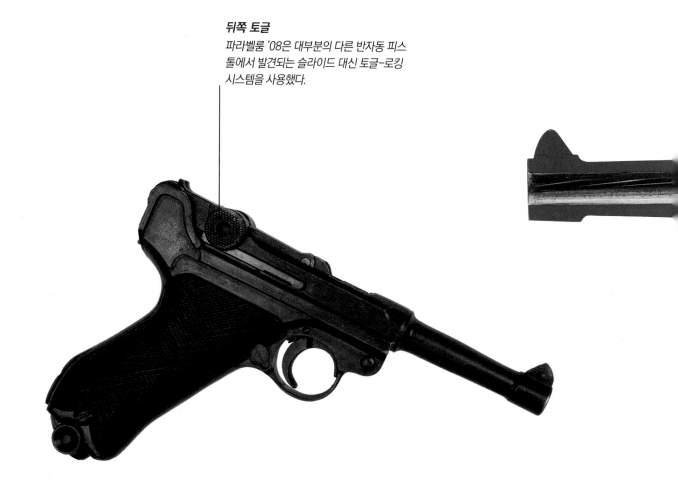

제원	
개발 국가 :	독일
개발 연도 :	1908
구경 :	9mm
작동방식 :	토글 로크트, 쇼트 리코일
무게 :	0.96kg
전체 길이 :	222mm
총열 길이 :	127mm
총구(포구) 속도 :	351m/sec
탄창 :	8발 탈부착 상자형 탄창
사정거리 :	30m

초기 반자동 총기에는 현대식 피스톨들의 장점이 모두 나타나지는 않았다. 대부분은 덩치가 크고 장전 탄환 수(數)도 종종 리볼버와 거의 마찬가지였다. 내장된 탄창에 재장전하는 것은, 스트리퍼 클립이 있더라도, 리볼버의 실린더에 탄을 배열하는 것보다 더 빠르지는 않았다. 초기 반자동 총기들은 종종 신뢰하기 어려웠고 지저분한 환경에서는 오작동 우려가 컸다.

초기에 몇몇 방면에서 의심을 받았음에도 불구하고 반자동 권총은 재빨리 발전했다. 파라벨룸 1908(또는 루거)은 믿고 다룰 수 있었고 정확했으며 장전 속도가 빨라 군사용 휴대 무기로 인기를 누렸다. 그 복제품들이 '오락용'으로, 스트레스 해소를 위한 표적 발사 놀이용으로 오늘날에도 여전히 팔리고 있다.

탄
파라벨룸 '08 피스톨은 9mm 파라벨룸탄을 대중화시킨 매개체였으며, 파라벨룸탄은 반자동 피스톨에 기본 장전되었다.

탄창
탄창을 손잡이 안에 둠으로써 방아쇠 앞에 놓을 때보다 전체 길이를 줄일 수 있었다.

탄창 스프링
발사 후 기계장치(action)가 뒤쪽으로 움직이면 탄창 스프링이 탄을 약실 속으로 밀어넣었다.

전투용 반자동 권총들 Combat Semi-Automatics

20세기 초 다수 총기 제조업자들이 법 집행기관과 군수 시장을 겨냥한 반자동 권총들을 개발했다. 일부는 실전에 사용할 만큼 성능이 높았으나, 결함투성이인 것들도 있었다.

A형 모델 1902 '그랜드파 남부'

화력이 낮은 8×22mm 남부탄을 장전한 A형 모델 1902는 탄창 스프링이 약해서 자주 작동이 멈췄다. 그럼에도 불구하고 일본군의 장교용 휴대 총기로 채택되었다.

제원	
개발 국가 :	일본
개발 연도 :	1902
구경 :	8mm
작동방식 :	리코일-스프링
무게 :	0.9kg
전체 길이 :	230mm
총열 길이 :	117mm
총구(포구) 속도 :	289m/sec
탄창 :	8발 상자형 탄창
사정거리 :	50m

A형 모델 1902 개량형 '베이비 남부'

'베이비 남부'는 '그랜드파 남부'와 매우 유사하나 회전하는 맬끈 꼬리와 알루미늄 탄창 베이스가 특징적이다. 가늠자, 손잡이, 안전장치 그리고 탄창 핑거 패드도 달랐다. 이것은 A형의 가장 일반적인 개량형으로 약 1만3백정이 생산되었다.

제원	
개발 국가 :	일본
개발 연도 :	1902
구경 :	7mm
작동방식 :	리코일-스프링
무게 :	0.9kg
전체 길이 :	230mm
총열 길이 :	117mm
총구(포구) 속도 :	289.6m/sec
탄창 :	8발 상자형 탄창
사정거리 :	50m

TIMELINE

1902

새비지 1907

제원	
개발 국가 :	미국
개발 연도 :	1907
구경 :	8.1mm
작동방식 :	블로백
무게 :	0.57kg
전체 길이 :	165mm
총열 길이 :	95mm
총구(포구) 속도 :	244m/sec
탄창 :	10발 탄창
사정거리 :	30m

새비지 1907 모델은 주로 민간인 사용자를 대상으로 했음에도 불구하고 군사용으로도 적당히 팔려나갔다. 포켓에 넣고 다닐만큼 작았고 10발 탄창에서 나오는 화력도 상당했다.

글리센티 모델로 1910

제원	
개발 국가 :	이탈리아
개발 연도 :	1910
구경 :	9mm
작동방식 :	쇼트 리코일, 로크트 브리치
무게 :	0.82kg
전체 길이 :	210mm
총열 길이 :	99mm
총구(포구) 속도 :	305m/sec
탄창 :	7발 탄창
사정거리 :	20m

저속(低速) 9mm 탄을 장전한 모델로 10은 다소 화력이 약한 데도 이탈리아 육군에 채택되었다. 9mm 파라벨룸탄을 발사할 수 있었으나, 이것은 사용자에게 위험한 것으로 여겨졌다.

새비지 1915

제원	
개발 국가 :	미국
개발 연도 :	1915
구경 :	8.1mm
작동방식 :	블로백
무게 :	0.57kg
전체 길이 :	165mm
총열 길이 :	95mm
총구(포구) 속도 :	244m/sec
탄창 :	10발 탄창
사정거리 :	30m

새비지 1915는 본질적으로 1907의 '해머 없는' 버전이었다. 즉, 잡아당길 때 옷이 걸리지 않도록 덮개 달린 해머를 장착했다. 그럼에도 이전 모델보다 인기를 끌지 못했다.

1907

1910

1915

동맹국의 군사용 피스톨

Service Pistol of the Central Powers

파라벨룸 P08(루거)는 1차 세계 대전 중에 연합국에 대항해 싸웠던 동맹국이 사용한 가장 유명한 권총이었다. 다른 많은 권총들이 같은 기간에 독일과 오스트리아 군대에서 사용되었다.

로트-슈타이어 1907

제원	
개발 국가 :	오스트리아-헝가리 제국
개발 연도 :	1907
구경 :	8mm
작동방식 :	쇼트 리코일
무게 :	1.03kg
전체 길이 :	233mm
총열 길이 :	131mm
총구(포구) 속도 :	332m/sec
탄창 :	10발 탄창
사정거리 :	30m

어느 육군이든 최초로 채택한 반자동 권총은 다름아닌 로트-슈타이어 1907이었다. 이 총은 또한 1909년부터 1940년대까지 오스트리아 기병대가 사용했다. 탄환도 이 총기용으로만 제작되었다.

드라이제 M1907

제원	
개발 국가 :	독일
개발 연도 :	1907
구경 :	7.65mm
작동방식 :	블로백
무게 :	0.71kg
전체 길이 :	160mm
총열 길이 :	92mm
총구(포구) 속도 :	300m/sec
탄창 :	7발 탈부착 싱글 스택 탄창
사정거리 :	50m

드라이제 M1907은 초기 브라우닝 피스톨의 영향을 받았다. 오스트리아와 독일 장교들이 사용하였으며, 이후 2차 세계대전 말경 시민군이 썼다.

TIMELINE

1907

1911

슈타이어 M1911/1912

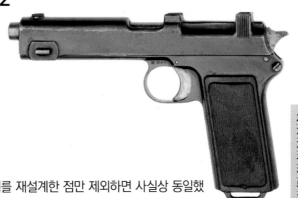

M1911과 M1912 모델들은 가늠쇠를 재설계한 점만 제외하면 사실상 동일했다. 전쟁 발발 당시 오스트리아 육군이 채택하였고, 몇몇 총기들은 자동발사용으로 개조되었다.

제원	
개발 국가 :	오스트리아-헝가리 제국
개발 연도 :	1911
구경 :	9mm
작동방식 :	쇼트 리코일
무게 :	1.02kg
전체 길이 :	216mm
총열 길이 :	128mm
총구(포구) 속도 :	340m/sec
탄창 :	8발 탄창
사정거리 :	30m

마우저 M1912(오스트리아 모델)

1차 세계 대전은 장교들과 기병대원들의 무장을 위한 대규모 권총 수요를 일으켰다. 1916년 오스트리아 육군은 이에 따라 7.65mm M1912 시리즈를 대량 주문했다.

제원	
개발 국가 :	오스트리아-헝가리 제국
개발 연도 :	1912
구경 :	7.65mm, 9mm
작동방식 :	쇼트 리코일
무게 :	1.25kg
전체 길이 :	295mm
총열 길이 :	140mm
총구(포구) 속도 :	433m/sec
탄창 :	8-10발 상자형 탄창
사정거리 :	100m

란겐함

약 5만 정의 란겐함(Langenham) 피스톨이 전쟁중 독일 육군용으로 생산되었다. 더불어 소형 '포켓 피스톨' 버전이 민수(民需)용으로 제작되었다.

제원	
개발 국가 :	독일
개발 연도 :	1914
구경 :	7.65mm
작동방식 :	블로백
무게 :	0.77kg
전체 길이 :	165mm
총열 길이 :	101.5mm
총구(포구) 속도 :	282m/sec
탄창 :	8발 상자형 탄창
사정거리 :	30m

1912

1914

콜트 리볼버들 Colt Revolvers

콜트 사는 20세기 초에 새롭게 설계한 리볼버 총들을 많이 내놓았는데, 대부분 육군용 피스톨에 사용되는 강력한 11.43mm 탄을 장전할 수 있도록 제작했다.

콜트 폴리스 포지티브

이전의 '포켓 포지티브' 시리즈를 발전시킨 초기 폴리스 포지티브 모델들은 5.6mm 카트리지를 사용했는데 대인저지력이 약했다.

제원	
개발 국가 :	미국
개발 연도 :	1907
구경 :	5.6 mm
작동방식 :	리볼버
무게 :	0.68kg
전체 길이 :	260mm
총열 길이 :	152mm
총구(포구) 속도 :	213m/sec
탄창 :	6발 실린더
사정거리 :	20m

콜트 폴리스 포지티브 스페셜

폴리스 포지티브의 업그레이드형인 이 총은 8.1mm이나 더 일반적인 9.6mm 용 약실을 장전할 수 있었다. 총기 설계자들이 의도한 대로 폴리스 포지티브 시리즈는 법 집행기관에서 큰 인기를 끌었다.

제원	
개발 국가 :	미국
개발 연도 :	1908
구경 :	9.6mm
작동방식 :	리볼버
무게 :	0.68kg
전체 길이 :	260mm
총열 길이 :	152mm
총구(포구) 속도 :	213m/sec
탄창 :	6발 실린더
사정거리 :	20m

TIMELINE   1907   1908   1909

콜트 뉴 서비스

콜트 뉴 서비스는 1909년 선보였는데, 이전 9.6mm 리볼버들을 가장자리 없는 11.4mm 탄환을 장전할 수 있도록 대체한 것이었다. 이후 M1917 육군용 모델로 개량되었다.

제원	
개발 국가 :	미국
개발 연도 :	1909
구경 :	11.43mm
작동방식 :	리볼버
무게 :	1.3kg
전체 길이 :	273mm
총열 길이 :	140mm
총구(포구) 속도 :	198m/sec
탄창 :	6발 실린더
사정거리 :	20m

콜트 뉴 서비스 스눕노즈

콜트 뉴 서비스의 총열을 짧게(snub-nosed) 만든 버전이다. 사거리와 정확성은 불리해도 휴대하고 꺼내기가 쉬웠다.

제원	
개발 국가 :	미국
개발 연도 :	1909
구경 :	11.43mm
작동방식 :	리볼버
무게 :	1kg
전체 길이 :	180mm
총열 길이 :	40mm
총구(포구) 속도 :	198m/sec
탄창 :	6발 실린더
사정거리 :	10m

콜트.45 육군용 모델(M1917)

미군은 권총 부족으로 인해 M19110l 사용 가능해질 때까지 M1917로 명명된 개량형 콜트 뉴 서비스를 채택했는데, 이 총기는 미군용으로는 최후의 리볼버였다.

제원	
개발 국가 :	미국
개발 연도 :	1917
구경 :	11.43mm
작동방식 :	리볼버
무게 :	1.13kg
전체 길이 :	273mm
총열 길이 :	140mm
총구(포구) 속도 :	198m/sec
탄창 :	6발 실린더
사정거리 :	20m

1909

1917

존 브라우닝의 초기 피스톨들

John Browning's Early Pistols

존 모세즈 브라우닝은 기관총과 산탄총을 포함해 다양한 총기들을 개발했다. 그가 가장 영향력을 행사한 것은 아마도 반자동 권총 분야였을 것이다. 많은 현대식 권총들이 20세기 초 브라우닝의 설계에 기반을 두고 있다.

브라우닝 모델 1900

파브리끄 나시오날(FN)과 함께 브라우닝은 매우 영향력이 높은 몇몇 권총을 개발했다. 첫 번째가 모델 1900으로 이 총기는 총열 위에 리코일 스프링을 배치한다는 개념을 도입했으며, 이 스프링은 발사핀(격침, 공이) 기능을 겸했다.

제원	
개발 국가 :	벨기에
개발 연도 :	1900
구경 :	7.65mm
작동방식 :	블로백
무게 :	0.62kg
전체 길이 :	163mm
총열 길이 :	102mm
총구(포구) 속도 :	259m/sec
탄창 :	7발 탄창
사정거리 :	30m

브라우닝 모델 1903

9×20mm 또는 7.65×17mm 탄을 장전한 브라우닝 1903(FN 모델 1903으로도 알려져 있다)은 몇몇 국가의 경찰 병력에 채택되었지만 군수(軍需) 시장에서는 큰 성공을 거두지는 못했다.

제원	
개발 국가 :	벨기에, 미국
개발 연도 :	1903
구경 :	9mm, 7.65mm
작동방식 :	블로백
무게 :	0.9kg
전체 길이 :	205mm
총열 길이 :	127mm
총구(포구) 속도 :	259m/sec
탄창 :	7-8발 상자형 탄창
사정거리 :	50m

TIMELINE

1900

1910

브라우닝 모델 1910

FN 모델 1910으로도 알려진 이 피스톨 총은 나중에 마카로프, 월터 PPK와 같은 총기 디자인에 영향을 미쳤다. 오스트리아 프란츠 페르디 난트 황태자 암살에 사용되어 1차 세계대전의 발화점을 제공한 것으로 유명세를 떨쳤다.

제원	
개발 국가 :	벨기에
개발 연도 :	1910
구경 :	7.65mm, 9mm
작동방식 :	블로백
무게 :	0.57kg
전체 길이 :	154mm
총열 길이 :	88.5mm
총구(포구) 속도 :	299m/sec
탄창 :	7발 탄창
사정거리 :	30m

콜트 M1911 에이스

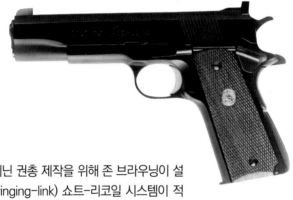

신뢰할 만하고 강력한 화력을 지닌 권총 제작을 위해 존 브라우닝이 설 계한 M1911에는 요동 링크(swinging-link) 쇼트-리코일 시스템이 적 용되었다. 철저한 테스트를 거쳐 미 군대가 채택하였으며, 1980년대까 지 M1911A1으로 공급되었다.

제원	
개발 국가 :	미국
개발 연도 :	1911
구경 :	11.4mm
작동방식 :	쇼트 리코일
무게 :	1.1kg
전체 길이 :	216mm
총열 길이 :	127mm
총구(포구) 속도 :	262m/sec
탄창 :	7발 탄창
사정거리 :	30m

콜트 M1911A1

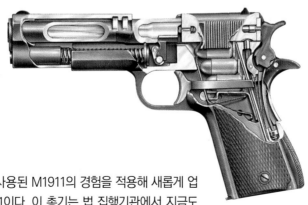

콜트 사가 1차 세계 대전에 사용된 M1911의 경험을 적용해 새롭게 업 그레이드한 버전이 M1911A1이다. 이 총기는 법 집행기관에서 지금도 사용하고 있으며 민간인용 권총으로도 인기가 있다. 지금은 특수 작동 방식의 유니트로도 제작되어 널리 사용된다.

제원	
개발 국가 :	미국
개발 연도 :	1924
구경 :	11.4mm
작동방식 :	쇼트 리코일
무게 :	1.1kg
전체 길이 :	216mm
총열 길이 :	127mm
총구(포구) 속도 :	262m/sec
탄창 :	7발 탄창
사정거리 :	50m

1910

1911

1924

콜트 M1911 Colt M1911

긴 사용연수에도 불구하고 M1911은 금방 알아볼 수 있을 '현대식' 반자동 피스톨 총이다. 이 총에 장착된 .45ACP(Automatic Colt Pistol) 카트리지의 신뢰성과 대인저지력은 여러 세대의 사용자를 만족시켜 왔다.

다만 M1911은 좋든 나쁘든 현대적 특징들이 다소 부족하다. 일렬식(single-stack) 탄창에는 겨우 7발이 장전되며, 더 소구경의 다중식(double-stacked) 탄창들과 비교할 때 화력 또한 부족하다. 장점이라면 좀더 '두툼한' 총기보다 손이 작은 사용자들에게 더 적합하고, 더 쉽게 감출 수 있을만큼 얇다.

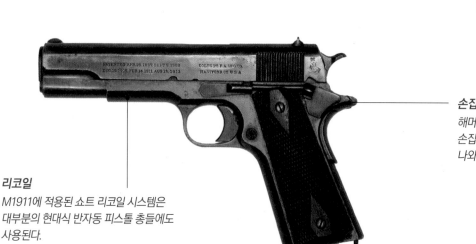

손잡이 보호부
해머에 맞물리거나 미끄러지지 않도록 손잡이 안전장치 위에 돌출부가 튀어 나와 있다.

리코일
M1911에 적용된 쇼트 리코일 시스템은 대부분의 현대식 반자동 피스톨 총들에도 사용된다.

손잡이
M1911을 나중에 나온 M1911A1과 구별하는 유일한 방법은 손잡이 위에 박힌 독특한 다이아몬드 장신구들을 찾아 보는 것이다. 이러한 장식은 M1911A1에서 제거되었다.

제원	
개발 국가 :	미국
개발 연도 :	1911
구경 :	11.4mm
작동방식 :	쇼트 리코일
무게 :	1.1kg
전체 길이 :	216mm
총열 길이 :	127mm
총구(포구) 속도 :	262m/sec
탄창 :	7발 탄창
사정거리 :	50m

미군의 군사적 관심과 일부 민간인들의 관심으로 인해, 현대적 특징과 더 나은 재질을 첨가하는 것 외에도, 총기의 기본적인 기능을 유지하면서 현대화된 M1911에 대한 실험은 지속돼 왔다. 개량형 M1911 시리즈의 대다수 사용자들이 엘리트 진영을 형성하는데 FBI 인질구조대, 미 해병수색대, LAPD의 SWAT 팀들이 모두 이 총기들을 선호한다.

M1911의 변종들과 명백한 복제품들은 라이선스를 지닌 순정품 총기 사용자들에게 타격을 입힌다. 심지어 출시된 지 1세기가 지난 오늘날에도 M1911과 똑같은 총기들이 버젓이 매매되는데, 많은 사용자들이 종종 더 현대적인 반자동 피스톨을 선택한다.

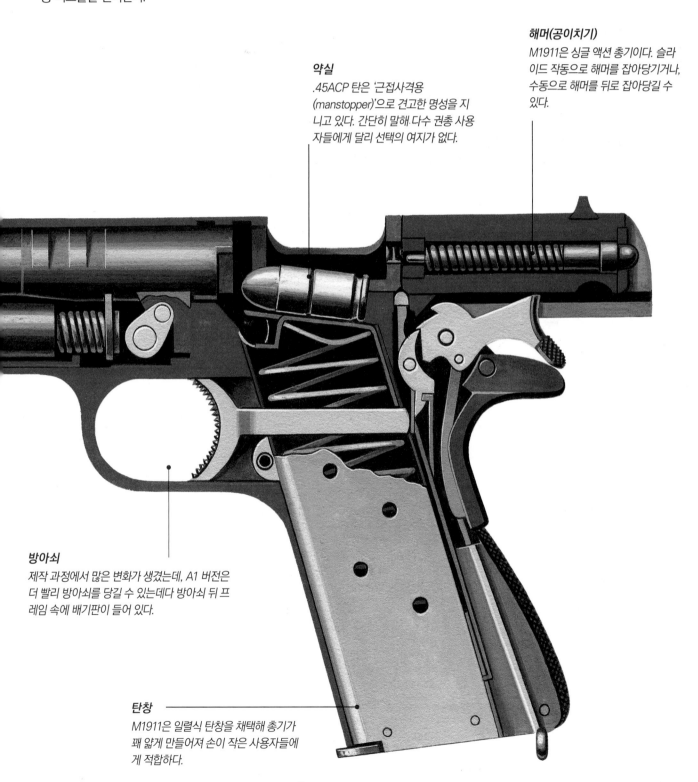

약실
.45ACP 탄은 '근접사격용(manstopper)'으로 견고한 명성을 지니고 있다. 간단히 말해·다수 권총 사용자들에게 달리 선택의 여지가 없다.

해머(공이치기)
M1911은 싱글 액션 총기이다. 슬라이드 작동으로 해머를 잡아당기거나, 수동으로 해머를 뒤로 잡아당길 수 있다.

방아쇠
제작 과정에서 많은 변화가 생겼는데, A1 버전은 더 빨리 방아쇠를 당길 수 있는데다 방아쇠 뒤 프레임 속에 배기판이 들어 있다.

탄창
M1911은 일렬식 탄창을 채택해 총기가 꽤 얇게 만들어져 손이 작은 사용자들에게 적합하다.

발전하는 반자동 총기 Developing Semi-Automatics

20세기 초 반자동 권총은 흥미로운 장식품 수준에서 벗어나 중요한 전투 무기로 발전했다. 그러나 모든 설계가 성공한 것은 아니었으며, 그 개념이 무르익기 전까지 많은 우여곡절이 있었다.

프로머 모델 1910

루돌프 프로머의 모델 1910은 총열과 노리쇠가 카트리지 길이보다 더 멀리 반동하는 롱-리코일 시스템을 사용했다. 나중에 이 설계는 브라우닝 총기에서 유래된 좀더 적합한 쇼트 리코일 시스템으로 변경되었다.

제원	
개발 국가 :	오스트리아-헝가리 제국
개발 연도 :	1910
구경 :	7.65mm
작동방식 :	블로백
무게 :	0.59kg
전체 길이 :	184mm
총열 길이 :	108mm
총구(포구) 속도 :	335m/sec
탄창 :	7발 탄창
사정거리 :	20m

웨블리 앤드 스콧 피스톨 자동장전 .455 1912

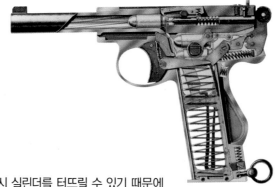

매우 위력이 센 11.55mm 탄(발사시 실린더를 터뜨릴 수 있기 때문에 11.55mm 리볼버와는 호환되지 않았다)을 중심으로 조립된 웨블리 앤드 스콧의 자동 장전기는 영국 육군 항공대와 기마 포병대에 지급되었다.

제원	
개발 국가 :	영국
개발 연도 :	1912
구경 :	11.55mm
작동방식 :	자동 장전
무게 :	0.68kg
전체 길이 :	216mm
총열 길이 :	127mm
총구(포구) 속도 :	220m/sec
탄창 :	6발 탄창
사정거리 :	20m

TIMELINE

1910

1912

웨블리 앤드 스콧 피스톨 자동장전 .455 마크 I 네이비

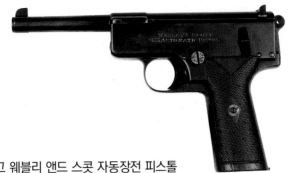

극히 화력이 강했음에도 불구하고 웨블리 앤드 스콧 자동장전 피스톨은 이 회사의 리볼버만큼이나 높은 인기를 누리지 못했다. 지나친 반동으로 다루기가 힘든 데다 외관마저 투박했기 때문이다.

제원	
개발 국가 :	영국
개발 연도 :	1912
구경 :	11.55mm
작동방식 :	자동 장전
무게 :	0.68kg
전체 길이 :	216mm
총열 길이 :	127mm
총구(포구) 속도 :	220m/sec
탄창 :	6발 탄창
사정거리 :	20m

베레타 모델 1915

베레타 제품군 중에 처음 군사용 반자동 총기 시장에 진입한 것은 7발 탄창에 장전되는 소형 7.5mm 또는 9mm 권총이었다. 상업적인 성공을 거두지 못해 1만6천 정만 생산되었다.

제원	
개발 국가 :	이탈리아
개발 연도 :	1915
구경 :	7.65mm, 9mm, 글리센티
작동방식 :	블로백
무게 :	0.57kg
전체 길이 :	149mm
총열 길이 :	84mm
총구(포구) 속도 :	266m/sec
탄창 :	7발 상자형 탄창
사정거리 :	30m

슈타이어 모델 1917

M1912의 개량형인 모델 1917은 오스트리아-헝가리 군대가 채택하여 1945년까지 사용했다. 고정된 일체형 탄창 속으로 삽입하는 장전기를 사용해 재장전되었는데, 그 과정이 탈부착 탄창을 바꾸는 데 비교될 만큼 느렸다.

제원	
개발 국가 :	오스트리아-헝가리 제국
개발 연도 :	1917
구경 :	9mm
작동방식 :	블로백
무게 :	0.99kg
전체 길이 :	216mm
총열 길이 :	128mm
총구(포구) 속도 :	335m/sec
탄창 :	8발 고정식 탄창
사정거리 :	30m

1915

1917

핸드건 카빈 : 대포(大砲)형 루거

Handgun Carbines : Artillery Luger

파라벨룸 P08은 이 총기를 설계한 게오르그 루거의 이름을 본따 루거라고도 알려졌는데, 카빈 총으로도 사용할 수 있는 몇몇 핸드건(권총, 수총, 한 손이나 두 손만으로 사용할 수 있는 무기를 말함)들 중 하나였다. 장총형(대포형) 모델로 개발되었으며, 나무 개머리판을 손잡이 아래 고정시켜 카빈 총으로 개조할 수 있었다. 가늠자를 일부 변경한 것 말고는 기능적으로 핸드건 변종들과 차이가 없었다.

이 무기의 배후에 자리한 개념은 충분히 합리적이었다. 포병대, 항공병과 공병대에게 피스톨보다 성능이 좋으면서 보병용 소총보다 작고 가벼운 무기가 필요했기 때문이다.

총열
긴 총열은 이론적으로 총구속도와 정확성을 높여주지만 휴대용으로는 상당히 버거운 존재다.

원통형 탄창
원통형 탄창은 화력을 증강시킴에도 불구하고 그 부피 때문에 파라벨룸 '08의 외관을 매우 꼴사납게 만드는 문제를 안고 있었다.

제원	
개발 국가 :	독일
개발 연도 :	1913
구경 :	9mm
작동방식 :	토글 로크트, 쇼트 리코일
무게 :	0.96kg
전체 길이 :	222mm
총열 길이 :	203mm
총구(포구) 속도 :	351m/sec
탄창 :	8발 또는 32발 탄창
사정거리 :	80m+

루거 카빈 총은 비록 이론적으로 높은 화력의 표준 피스톨 탄창이나 대형 '스네일' 원통형 탄창을 사용했음에도 불구하고, 결코 성능이 좋은 것도 인기를 끈 것도 아니었다. 마우저 1912를 포함해 몇몇 총기를 부착할 수 있었지만 핸드건 카빈은 큰 성공을 거두지 못했다.

핸드건 카빈의 개념은 20세기 초에 조용히 사라지고 말았지만 최근 이 무기에
대한 관심이 조금씩 되살아나고 있다. 일부 핸드건은 전자동 발사 시스템으로
개조할 수 있으며, 개머리판을 고쳐 소형 경기관총으로 변경할 수도 있다. 작은
'개인용 방어무기'로서 기관단총에 대한 시장의 수요는 늘 형성된다. 때문에
핸드건 카빈이나 그와 유사한 총기들이 부활할 가능성도 점쳐볼 만하다.

톱 토글
파라벨룸 '08의 토글 로킹 시스템은 어깨를
이용해 사격할 경우 가늠자 사용을 방해한다.

안전장치
P08 시리즈는 전자동 발사 시스템으로
전환되었으나 발사속도가 너무 빨라 제어
가 불가능하다.

손잡이
각진 손잡이로 피스톨 총의 독특함을
살렸지만 개머리판과 함께 사용하기에
는 불편하다.

유럽의 볼트 액션 소총 European Bolt-Ation Rifles

볼트 액션 소총은 20세기 초까지 표준 보병 무기였다. 내장된 탄창에 수동으로 5~10발의 탄을 장전했으며 때때로 스트리퍼 클립(탄창 삽입을 쉽게 하도록 탄을 일렬로 끼운 소모성 철제 고정 받침대. 클립째 탄창에 끼우는 블록식 클립과 비교된다)을 사용하기도 했다. 일단 개발이 되자 상당 기간 사용 가능하다는 것이 증명되었다.

퓌질 르벨 Mle 1886

1874 그라스 소총을 개량해 총열 밑에 8발 튜브형 탄창을 추가한 르벨은 1차 세계대전 중 프랑스 군의 표준 소총으로 사용되었다. 탄창 전체를 재장전하지 않고 탄알 하나씩 약실에 장전해 발사할 수 있다.

제원	
개발 국가 :	프랑스
개발 연도 :	1886
구경 :	8mm
작동방식 :	볼트 액션
무게 :	4.245kg
전체 길이 :	1303mm
총열 길이 :	798mm
총구(포구) 속도 :	725m/sec
탄창 :	8발 튜브형 탄창
사정거리 :	400m

퓌질 FN-마우저 Mle 1889

벨기에의 무기제조업체인 파브리끄 나시오날(FN)에서 생산한 볼트 액션 메커니즘은 독일 마우저의 복제품이다. 총열이 금속 재킷에 둘러싸여 목재부분과 분리되었는데, 이는 가열된 총열이 비틀어지지 않게 해준다.

제원	
개발 국가 :	벨기에
개발 연도 :	1889
구경 :	7.63mm
작동방식 :	볼트 액션
무게 :	4.01kg
전체 길이 :	1270mm
총열 길이 :	780mm
총구(포구) 속도 :	610m/sec
탄창 :	5발 탄창
사정거리 :	400m

TIMELINE 1886 1889 1895

만리허 모델 1895

뒤에 등장한 K98로 인해 빛을 잃기는 했지만, 만리허 모델 1895는 고성능 전투용 소총으로 여러 국가의 군대에 판매되었다. 특히 보어족이 선호했는데 그들의 장거리 사격술은 이 총기의 성능을 극대화시켰다.

제원	
개발 국가 :	오스트리아-헝가리 제국
개발 연도 :	1895
구경 :	8mm
작동방식 :	볼트 액션
무게 :	3.78kg
전체 길이 :	1270mm
총열 길이 :	765mm
총구(포구) 속도 :	619m/sec
탄창 :	5발 상자형 탄창
사정거리 :	500m

르벨 베르티에 Mle 1907/15카빈

비록 르벨 소총 대체용으로 설계되었지만 베르티에 카빈(나중에 소총으로 덩치가 커졌다)은 그다지 인기를 끌지 못했으며, 주로 식민지 병력을 무장시키는 데 사용되었다.

제원	
개발 국가 :	프랑스
개발 연도 :	1907
구경 :	8mm
작동방식 :	볼트 액션
무게 :	3.8kg
전체 길이 :	1306mm
총열 길이 :	797 mm
총구(포구) 속도 :	725m/sec
탄창 :	3발 상자형 탄창
사정거리 :	500m

퓌질 베르티에 Mle 1907/15

1915년, 프랑스 육군은 베르티에 1907/15를 선호해 르벨 소총의 사용을 단계적으로 중단했다. 이 총기는 특히 1907년부터 식민지 주둔 부대들이 사용한 세네갈 라이플 총에 기반을 둔 것으로 한정된 3발 탄창을 장착했다.

제원	
개발 국가 :	프랑스
개발 연도 :	1915
구경 :	8mm
작동방식 :	볼트 액션
무게 :	3.8kg
전체 길이 :	1306mm
총열 길이 :	797mm
총구(포구) 속도 :	640m/sec
탄창 :	3발 상자형 탄창
사정거리 :	500m

1907   1915

보병용 무기들과 전술 :
마우저 게베아 98

Infantry Weapons and Tactics : Mauser Gewehr 98

군대가 늘 마지막 결전을 준비하고 있어야 함은 자명하다. 대개 1차 세계대전에 투입된 군대들은 19세기 말의 경험을 바탕으로 조직되었다.

기관총과 같은 혁신적인 무기들은 충분히 가치를 평가받을 만한 시간이 없었고, 군사적 기동성과 병참에 미치는 철도의 영향력도 아직 제대로 파악되지 않았다. 대신 보병대는 먼 거리에서 집중사격을 가할 수 있어야 한다는 것이 과거 전쟁에서 습득된 교훈이었다.

이를 위해 보병대원들에게 수백 미터까지 정확하게 사격할 수 있는 길고 강력한 소총과 제대로 된 사격 훈련이 필요했다. 이 단계를 거친 데다 일체형 탄창과 볼트 액션 방식의 신속한 장전이 가능한 무기로 무장한 보병대원들은 기병대와 보병대의 공격을 접촉 전에 무산시킬 수 있게 되었다.

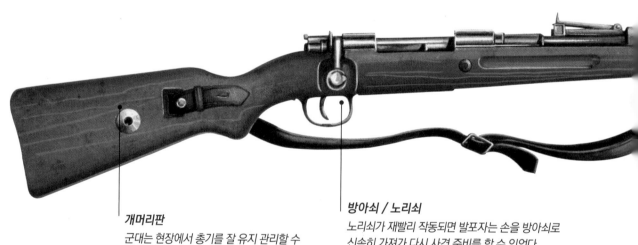

개머리판
군대는 현장에서 총기를 잘 유지 관리할 수 있도록 보통 라이플 총의 비어 있는 개머리판 속에 청소도구를 넣고 다녔다.

방아쇠 / 노리쇠
노리쇠가 재빨리 작동되면 발포자는 손을 방아쇠로 신속히 가져가 다시 사격 준비를 할 수 있었다.

제원	
개발 국가 :	독일
개발 연도 :	1898
구경 :	7.92mm
작동방식 :	볼트 액션
무게 :	4.2kg
전체 길이 :	1250mm
총열 길이 :	740mm
총구(포구) 속도 :	640m/sec
탄창 :	5발 상자형 탄창
사정거리 :	500m

독일 보병대원들이 보유한 마우저 게베아 98과 같은 장총들은, 비록 방어용 무기라 할지라도 참호 공격 같은 근접전에는 적합하지 않았다. 2차 대전이 발발하자 비슷한 무기지만 더 짧아진 카빈 총들이 독일 보병의 표준 무기로 채택되었다.

급탄

띠를 두른 탄을 아래 탄 앞에 가볍게 차곡차곡
쌓을 수 있어야 한다. 그렇지 않으면 탄띠가 탄이
전방 상단으로 이동해 약실에 들어가는 것을 방
해하게 된다.

20세기 전반에 걸쳐 전투 범위는 갈수록 국소화되고 무기들은 더 짧고 가벼워
졌으며, 보병대는 쉽사리 목표물이 되는 것을 피하기 위해 좀더 산개대형화하
는 경향을 띠었다. 1914년 길다란 볼트 액션 소총들은 더 짧은 반자동 무기에
게 길을 내주었고 마침내 전자동 무기로 나아가게 해주었으며, 적의 화력으로
인해 보병들이 더 멀리 떨어지게 되었어도 부대원의 전투력은 놀랄만큼 성장
했다.

총대

노리쇠가 작동하는 동안 조준이 흐트러지지
않도록 발포자는 왼손으로 총기를 떠받든다.

슬링(팔걸이 끈)

슬링은 행군시 무기 휴대에 필수적이었으나, 부적합
한 곳에 부착되면 총기 사용을 부자연스럽게 만든다.

총검자루

총검은 비록 드물게 사용되었지만 이것을 고정시
키는 일은 심리적으로 깊은 영향을 미친다.

서구의 볼트 액션 소총 Western Bolt-Action Rifles

20세기 초에는 한 국가에서 선보인 총기를 얼마 뒤 다른 국가에서 사용하는 것이 별난 일이 아니었다. 많은 무기 디자인들이 여러 번 대서양을 가로질렀다.

크라크 요르겐센

크라크 요르겐센 소총은 개발국인 노르웨이와 더불어 미 육군에서 사용되었다. 일체형 탄창 덕에 장전 속도가 빨랐고 일부 빈 탄창도 추가로 쉽게 채울 수 있었다.

제원	
개발 국가 :	노르웨이
개발 연도 :	1886
구경 :	7.62mm
작동방식 :	볼트 액션
무게 :	3.375kg
전체 길이 :	986mm
총열 길이 :	520mm
총구(포구) 속도 :	580m/sec
탄창 :	5발 탄창
사정거리 :	500m

로스

캐나다 로스 소총은 훌륭한 사거리에도 불구하고 심각한 결점을 안고 있었다. 즉 기계적인 문제점에다 먼지에 민감한 구조로 인해 자주 총기가 막혔다.

제원	
개발 국가 :	캐나다
개발 연도 :	1903
구경 :	7.7mm
작동방식 :	볼트 액션
무게 :	4.48kg
전체 길이 :	1285mm
총열 길이 :	765mm
총구(포구) 속도 :	792m/sec
탄창 :	5발 탄창
사정거리 :	500m

TIMELINE

1886

1903

패턴 1914 엔필드 소총(P14)

P14는 원래 전문가용 고화력 탄두용으로 개발되었으나 이후 표준 7.7mm 탄두용으로 개조되었다. 세계 대전의 수요를 충당할 만큼 생산할 수 없었던 까닭에 명성을 누리지 못했다.

제원	
개발 국가 :	영국 / 미국
개발 연도 :	1914
구경 :	7.7mm
작동방식 :	볼트 액션
무게 :	4.35kg
전체 길이 :	1175mm
총열 길이 :	660mm
총구(포구) 속도 :	762m/sec
탄창 :	5발 상자형 탄창
사정거리 :	500m

무스커통 베르티에 Mle 1892/M16

베르티에 시스템의 변종 가운데 가장 성공한 장수 품목이 5발 Mle 1916 베르티에의 소형 카빈 버전이었다. '무스커통 베르티에 Mle 1892/M16'으로 명명된 이 카빈은 기병대와 정찰부대에서 인기를 끌었다.

제원	
개발 국가 :	프랑스
개발 연도 :	1916
구경 :	8mm
작동방식 :	볼트 액션
무게 :	3.1kg
전체 길이 :	945mm
총열 길이 :	453mm
총구(포구) 속도 :	640m/sec
탄창 :	5발 차저(charger) 장전 탄창
사정거리 :	500m

M1917 엔필드 소총

P14의 개량형으로 고급 기종이었지만 불운했던 M1917은 미군이 7.62×63mm 탄으로 개조해 대량 생산했다. 2백만 대 이상 생산되었으며 후일 영국 민방위군 장비로도 사용되었다.

제원	
개발 국가 :	영국 / 미국
개발 연도 :	1917
구경 :	7.62mm
작동방식 :	볼트 액션
무게 :	4.17kg
전체 길이 :	1175mm
총열 길이 :	660mm
총구(포구) 속도 :	823m/sec
탄창 :	6발 탄창, 5발 클립페드 재장전
사정거리 :	500m

1914

1916

1917

리-엔필드 The Lee-Enfield

리-엔필드 소총은 세계 대전 기간 중 영국 표준 보병용 무기였다. 오랜 기간 많은 개발이 이뤄지면서 몇몇 변종이 등장했다. 그중 최고작인 쇼트 매거진 리-엔필드는 수십 년에 걸쳐 세계적인 인기를 누렸다.

매거진 리-엔필드(MLE)

리-멧포드 소총의 개량형인 매거진 리-엔필드(MLE)는 1895년에 선보였으며, 다음해에는 소형화된 개량형 카빈이 등장했다. 총기명은 엔필드 생산공장에서 유래했으며 설계자는 제임스 패리스 리(James Paris Lee)다.

제원	
개발 국가 :	영국
개발 연도 :	1895
구경 :	7.7mm
작동방식 :	볼트 액션
무게 :	4.17kg
전체 길이 :	1257mm
총열 길이 :	540mm
총구(포구) 속도 :	751m/sec
탄창 :	10발 상자형, 5발 차저 클립스
사정거리 :	500m

쇼트 매거진 리-엔필드(SMLE) Mk I

'쇼트'라는 단어는 탄창 길이가 아니라 총기 길이와 관련돼 있다. SMLE는 길이 측면에서 보면 표준 전투용 소총과 카빈 총의 중간쯤 되어 다루기 쉬운 총기였다.

제원	
개발 국가 :	영국
개발 연도 :	1904
구경 :	7.7mm
작동방식 :	볼트 액션
무게 :	4.14kg
전체 길이 :	1129mm
총열 길이 :	640mm
총구(포구) 속도 :	751m/sec
탄창 :	10발 상자형, 5발 차저 클립스
사정거리 :	500m

TIMELINE 1895 1904 1906

쇼트 매거진 리-엔필드(SMLE) Mk II

1906년에 선보인 Mk II SMLE는 새로운 모델이라기보다는 사실상 Mk I의 토대가 된 '길다란' 구형 리-엔필드를 개량한 것이다.

제원	
개발 국가 :	영국
개발 연도 :	1906
구경 :	7.7mm
작동방식 :	볼트 액션
무게 :	4.14kg
전체 길이 :	1129mm
총열 길이 :	640mm
총구(포구) 속도 :	751m/sec
탄창 :	10발 상자형, 5발 차저 클립스
사정거리 :	500m

쇼트 매거진 리-엔필드(SMLE) Mk III

최고의 SMLE 기종으로 1907년에 선보였는데 고속 발사 능력을 갖추는 등 일부 개선된 형태였다. Mk III로 명명된 전시용 버전은 1915년 생산에 들어갔다. 이 버전은 나중에 소총 No1 Mk III*로 재명명되었다.

제원	
개발 국가 :	영국
개발 연도 :	1907
구경 :	7.7mm
작동방식 :	볼트 액션
무게 :	3.93kg
전체 길이 :	1133mm
총열 길이 :	640mm
총구(포구) 속도 :	634m/sec
탄창 :	10발 상자형, 5발 차저 클립스
사정거리 :	500m

수류탄 발사기능 쇼트 매거진 리-엔필드(SMLE) MK III

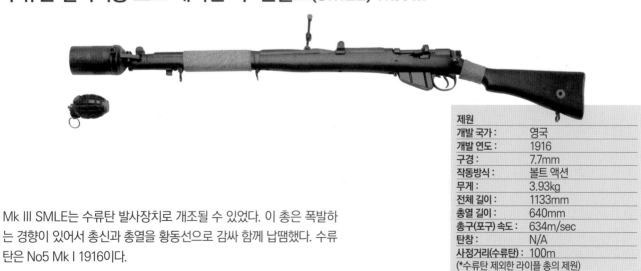

Mk III SMLE는 수류탄 발사장치로 개조될 수 있었다. 이 총은 폭발하는 경향이 있어서 총신과 총열을 황동선으로 감싸 함께 납땜했다. 수류탄은 No5 Mk I 1916이다.

제원	
개발 국가 :	영국
개발 연도 :	1916
구경 :	7.7mm
작동방식 :	볼트 액션
무게 :	3.93kg
전체 길이 :	1133mm
총열 길이 :	640mm
총구(포구) 속도 :	634m/sec
탄창 :	N/A
사정거리(수류탄) :	100m
(*수류탄 제외한 라이플 총의 제원)	

1907

1916

군사용 볼트 액션 소총 Military Bolt-Action Rifles

전장에서 후장식 총기들이 이전 총기들을 몰아내던 것처럼, 신세대 볼트 액션 방식의 보병용 소총과 맞선 국가들은 경쟁 무기를 구하거나 완전한 참패(慘敗)의 위험을 떠안아야 했다. 볼트 액션 방식의 소총은 보병 화력에 일대 도약을 가져왔다.

모신-나강 소총

모신-나강 소총은 복잡하면서도 쉽게 망가지지 않는 무기를 제작하고자 세르게이 모신과 나강 형제가 힘을 합쳐 설계, 제작한 것이다. 개량형 시리즈들은 수십 년 동안 러시아 군에서 사용되었다.

제원	
개발 국가 :	러시아
개발 연도 :	1891
구경 :	7.62mm
작동방식 :	볼트 액션
무게 :	4.37kg
전체 길이 :	1305mm
총열 길이 :	802mm
총구(포구) 속도 :	810m/sec
탄창 :	5발 상자형 탄창
사정거리 :	500m, 750m+(렌즈 사용시)

푸실레 모델로 91(만리허-카르카노)

이 소총은 때때로 만리허-카르카노라 불렸는데, 블록 차저 클립을 이용해 6발 내장형 탄창에 장전했다. 일련의 변종과 개량형들이 등장해 '카르카노' 소총 항목에 종종 포함되었다.

제원	
개발 국가 :	이탈리아
개발 연도 :	1891
구경 :	6.5mm
작동방식 :	볼트 액션
무게 :	3.8kg
전체 길이 :	1285mm
총열 길이 :	780mm
총구(포구) 속도 :	630m/sec
탄창 :	6발 상자형 탄창
사정거리 :	500m

TIMELINE

1891

아리사카 30식

아리사카 유형의 초기 라이플 총으로 '30식'은 약한 6.5×50mm 탄을 사용했다. 그보다 짧은 카빈 변종이 기병대에 보급됐으나 두 기종 모두 문제점을 노출하여 이내 대체 총기를 찾으려는 움직임이 일어났다.

제원	
개발 국가 :	일본
개발 연도 :	1897
구경 :	6.5mm
작동방식 :	볼트 액션
무게 :	3.95kg
전체 길이 :	1280mm
총열 길이 :	800mm
총구(포구) 속도 :	765m/sec
탄창 :	5발 내장형 탄창
사정거리 :	500m

스프링필드 모델 1903

마우저가 개발하고 스프링필드 무기 공장에서 생산된 모델 1903은 동시대의 다른 소총에 비해 약간 가벼웠으나 견고하고 정확했다. 전투용 소총으로 대체된 뒤부터 저격총으로 사용되었다.

제원	
개발 국가 :	미국
개발 연도 :	1903
구경 :	7.62mm
작동방식 :	볼트 액션
무게 :	3.9kg
전체 길이 :	1115mm
총열 길이 :	610mm
총구(포구) 속도 :	823m/sec
탄창 :	5발 스트리퍼 클립, 상자형 탄창
사정거리 :	750m

아리사카 38연식 소총

30식 소총을 개량한 38연식 소총 역시 6.5mm 저화력 카트리지를 채택했다. 약 400m까지 효과적이었으며 양차 대전에서 사용되었다.

제원	
개발 국가 :	일본
개발 연도 :	1905
구경 :	6.5mm
작동방식 :	볼트 액션
무게 :	4.2kg
전체 길이 :	1275mm
총열 길이 :	797.5mm
총구(포구) 속도 :	731m/sec
탄창 :	5발 상자형 탄창
사정거리 :	500m

1897

1903

1905

볼트 액션 소총 : 스프링필드 모델 1903

Bolt-Action Rifles : Springfield Model 1903

다른 소형 무기처럼 볼트 액션 소총은 3가지 주요 기능을 갖추어야 한다. 탄환을 비축된 곳에서 점화실로 이동시켜서, 발사시 상당한 수준의 정확성과 사용자의 안전을 보장하고, 사용된 카트리지를 제거해 새 카트리지를 장전할 수 있어야 한다.

이러한 기능에서 핵심은 노리쇠 뭉치(bolt)이며 보통 수동으로 작동한다. 노리쇠를 뒤쪽으로 끌어당겨 약실을 열고 이젝터 메커니즘을 작동시키면, 사용되었든 아니든 간에 카트리지를 가볍게 튀어오르게 해 총기 밖으로 내보낸다. 노리쇠가 다시 앞으로 밀려 가면 탄창스프링을 이용해 다음 탄환을 약실 속으로 밀어넣게 된다.

가늠자/조준기
볼트 액션 방식의 라이플 총들은 대개 500m 가량의 사정거리에서는 효율성 차이가 미미하나 1000m까지, 심지어 그 이상도 조준 가능하다.

노리쇠(노리쇠 뭉치)
턴다운 노리쇠 핸들은 노리쇠를 더 쉽게 더 빨리 작동시켰으며 망원조준기를 장착할 수 있었다.

제원	
개발 국가 :	미국
개발 연도 :	1903
구경 :	7.62mm
작동방식 :	볼트 액션
무게 :	3.9kg
전체 길이 :	1115mm
총열 길이 :	610mm
총구(포구) 속도 :	823m/sec
탄창 :	5발 스트리퍼 클립, 상자형 탄창
사정거리 :	750m

노리쇠를 충분히 죄면 점화실을 밀봉하며 발사시 가스로 인해 사용자가 다치는 것을 막아준다. 노리쇠 위 잠금장치는 안전에 매우 중요하다. 약실 내 가스압에 의해 약화되거나 고압 상태에 이른 노리쇠가 뒤로 확 열려서 튈 경우, 사용자는 자칫 얼굴에 치명상을 입을 수 있다.

약실
일단 장전되면 탄은 안전하게 보관된다. 그러면
총구속도를 낮추고 총기사용자에게 상해를 입
히게 될지도 모르는 가스 유출이 방지된다.

가늠쇠
대부분의 볼트 액션 방식의 보병 소총은
가늠자 앞쪽에 간단한 기둥이 있었다.
그러나 20세기 중반에는 덮개로 덮은 가
늠자가 일반화되었다.

부속품
좋은 품질의 부속품을 사용하는 것은 정확성을 유지
하는 데 매우 중요했다. 목재 총대가 뒤틀리면 총열을
일직선으로 조정할 수 없었다.

좋은 소총은 탄을 손쉽게 장전하고 배출하며, 발사할 때 약실을 단단하게 밀봉
해 총기사용자가 지나치게 신경을 쓸 필요가 없게 해준다. 노리쇠에 신경을 쓰
게 되면 정확하고 빠르게 발사하는 게 불가능하다. 깔끔하고 산뜻한 동작은 소
총 성능에서 핵심이다.

M1918 브라우닝 자동 소총(BAR)

M1918 Browning Automatic Rifle(BAR)

세계대전 참전국들이 직면한 하나의 문제는 선발 부대에 자동 발사 시스템을 어떻게 지원하느냐는 것이었다. 당시 기관총은 군사완충지대를 건너 진격하기에는 너무 컸으며, 그렇다고 선발 부대가 기관총 없이 적의 역습을 봉쇄하기란 무리였다.

이 문제에 대한 해답은 무거운 삼각대와 수냉장치가 필요없고, 탄을 간편한 탄창이나 드럼통 속에 넣어 휴대할 수 있는, 좀더 가벼운 자동 지원 무기를 공급하는 일이었다.

실렉터
M1918 안전장치/실렉터는 SIFIA(Safe, Fire, Aautomatic) 시스템을 사용, 원할 경우 단사할 수 있었다.

개머리판
M1918은 기관총보다 훨씬 큰 라이플 총으로 돌격시 어깨나 허리께에 대고 발사해야 한다.

방아쇠
단지 20발만 공급되기 때문에 M1918의 연사 능력은 엄격히 제한된다.

제원	
개발 국가 :	미국
개발 연도 :	1917
구경 :	7.62mm
작동방식 :	가스압
무게 :	7.26kg
전체 길이 :	1194mm
총열 길이 :	610mm
총구(포구) 속도 :	853m/sec
탄창 :	20발 스트레이트 상자형
사정거리 :	1000-1500m

가벼운 자동 지원 무기를 공급하려는 다양한 시도들 중에서도, 브라우닝 자동 소총(BAR)은 가장 효율적인 것이었다. 이것은 참다운 의미에서의 기관총은 아니었다. 연사로 인한 과열을 방지하기 위해 총열을 재빨리 변경시킬 수 없었으며, 장탄수도 제한적이었다. 그러나 BAR는 보병대로 하여금 자동 발사를 포기하는 대신 기동성을 유지하면서 역습을 격퇴하고 적의 진영으로 진격하게 해준다.

바(BAR)는 초기 돌격용 소총으로 알려져 왔으나 이것은 사실이 아니다. 풀파워의 전투용 소총 탄을 장전한 이 총은 확실히 짧고 가벼운 돌격 무기가 아니라 고성능의 분대용 자동화기였다. 보병에게는 1918년에도 필요했고 지금도 여전히 필요한 무기라 할 수 있다.

가스 피스톤
M1918은 총열에서 끌어낸 가스압으로 긴 피스톤이 무기를 순환하며 작동되며, 열린 노리쇠에서 발사된다.

기타 모델들
파브리끄 나시오날(FN)은 1920년 브라우닝 자동 소총의 생산 권리를 사들인 뒤 다양한 특수 변종들을 선보였다.

경기관총들 Light Machine Guns

기관총들은 방어용으로는 뛰어났으나 이동성이 결여되었다. 선발부대에 자동 발사 지원시스템을 공급하려는 노력의 일환으로 참전국들은 더 가벼운 기관총을 개발하게 되었다.

루이스 건 Mk1

혁신적인 루이스 건은 가스압으로 작동되며, 작동시 재킷 속으로 공기를 끌어들여 무기를 식힐 수 있도록 탄에서 나온 추진체의 팽창 가스를 사용한다. 47발 또는 97발 탄 드럼통을 사용할 수 있다.

제원	
개발 국가 :	미국
개발 연도 :	1914
구경 :	7.7mm
작동방식 :	가스압, 공랭식
무게 :	11.8kg
전체 길이 :	965mm
총열 길이 :	665mm
총구(포구) 속도 :	600m/sec
탄창 :	탄창으로 급탄
연사 속도 :	550rpm
사정거리 :	1000m+

베르크만 MG15

베르크만 MG15는 탄띠의 탄 간 연결 해제 시스템을 도입한 세계 최초의 경기관총이다. 100발 탄띠는 기동성 있는 발사 지원을 위해 드럼통 속에 장전된다.

제원	
개발 국가 :	독일
개발 연도 :	1915
구경 :	7.9mm, 마우저
작동방식 :	리코일, 공랭식
무게 :	12.9kg
전체 길이 :	1120mm
총열 길이 :	725mm
총구(포구) 속도 :	890m/sec
탄창 :	탄띠 급탄(벨트는 드럼 속에 들어 있음)
연사 속도 :	500rpm
사정거리 :	2000m+

퓌질 마이트레일리어 M'15(쇼샤)

쇼샤 경기관총은 프랑스군과 미군이 많이 사용했다. 미군용 변종은 7.62×63mm 탄을 장전했으며, 높은 신뢰성을 지닌 것으로 증명되었다. 8mm 프랑스 버전의 성능이 조금 더 나았다.

제원	
개발 국가 :	프랑스
개발 연도 :	1915
구경 :	8mm, 르벨
작동방식 :	리코일, 공랭식
무게 :	9kg
전체 길이 :	1145mm
총열 길이 :	470mm
총구(포구) 속도 :	700m/sec
탄창 :	탄창으로 급탄
연사속도 :	250rpm
사정거리 :	1000m

빌라 페로사 M1915

논란의 여지는 있지만 이 2열 총열 무기를 최초의 기관단총이라 할 수 있는데, 알파인 부대를 위한 이동 지원화기로 설계되었다. 연사속도가 굉장히 좋아, 결과적으로 재빨리 탄창을 비워내는 대신 정확성이 떨어졌다. 어쨌든 이 총은 기관단총의 개념을 잘 보여준다.

제원	
개발 국가 :	이탈리아
개발 연도 :	1915
구경 :	9mm
작동방식 :	블로백
무게 :	6.5kg
전체 길이 :	558.8mm
총열 길이 :	320mm
총구(포구) 속도 :	320m/sec
탄창 :	박스형 탄창
연사속도 :	350rpm
사정거리 :	2000m+

빌라 페로사 OVP M1918

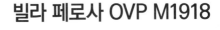

근본적으로 소총 형의 개머리판을 가진 빌라 페로사의 절반 형태인 OVP는 단사와 자동 발사 모두 가능했으며, 제대로 된 기관단총 설계로 나아가는 중요한 길목에 놓인 총이었다.

제원	
개발 국가 :	이탈리아
개발 연도 :	1915
구경 :	9mm
작동방식 :	블로백
무게 :	3.62kg
전체 길이 :	901.69mm
총열 길이 :	알려지지 않음
총구(포구) 속도 :	301.82m/sec
탄창 :	25발 탈부착 상자형 탄창
사정거리 :	70m

베르크만 MP18 Bergmann MP18

MP18은 세계 최초의 블로백 방식(격발 순간 총열과 노리쇠가 기계적으로 결합하지 않는 방식이며 주로 반자동, 자동무기에 사용된다)의 기관단총으로 휴고 슈마이저가 1916년 개발했다. 1918년 참호 엄호용으로 실전에 투입되었으나 전쟁에 영향을 미치기에는 너무 늦은 상황이었다. 비록 1920년대에 생산이 중단되었지만 그 설계방식은 1920~1960년대에 생산된 대부분의 기관단총에 토대를 제공했다.

개머리판

장전된 총의 노리쇠 뭉치가 전방으로 끝까지 밀리면 개머리판이 크게 덜컹거릴 수 있는데, 이때 노리쇠가 스프링의 저항을 견디면서 장전된 탄을 발사하기 위해 충분히 뒤로 움직이는 과정에서 우연히 총이 발사될 수도 있었다.

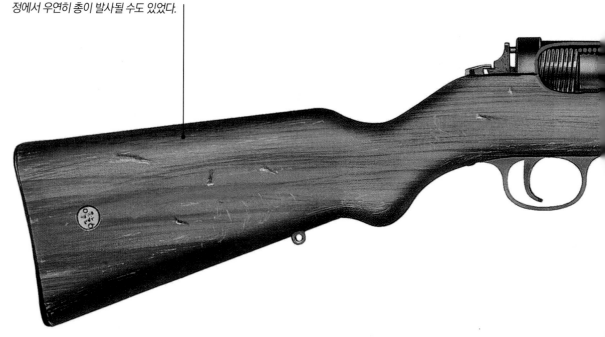

제원	
개발 국가 :	독일
개발 연도 :	1918
구경 :	9mm 파라벨룸
작동방식 :	블로백
무게 :	4.2kg
전체 길이 :	815mm
총열 길이 :	195mm
총구(포구) 속도 :	395m/sec
탄창 :	32발 탈부착 원통형 탄창
사정거리 :	70m

MP18은 1918년 초까지도 본격적으로 생산되지 않았다. 기술적으로는 1915년 이탈리아의 빌라-페로사 M1915에 밀려 세계 최초의 기관단총이라 할 수 없다. 하지만 빌라-페로사가 보병용으로 개조되기 전에 항공기용 경기관총으로 설계되었기 때문에 MP18은 현대적 의미에서 세계 최초의 기관단총으로 간주되고 있다.

탄창

원래의 MP18.1은 총열이 긴 루거 포병용 모델 피스톨의 '스네일' 드럼형 탄창을 사용하도록 설계되었다. 이 회전형 탄창은 9mm 파라벨룸탄 32발을 장전했으며, 총기사용자는 특수 장비로 탄창을 탑재해야 했다.

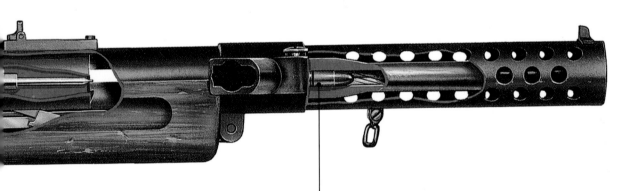

작동방식

블로백 작동방식은 무기 작동시 탄창 케이스를 뒤쪽으로 이동시킨다. 발사시 가스압으로 케이스가 뒤쪽으로 밀리므로 노리쇠의 관성(慣性)으로 인해 탄환이 총열을 빠져나가는데 시간이 걸린다.

중형 기관총들 Medium Machine Guns

1차 세계 대전 기간에 사용된 대부분의 자동 무기는 중형 기관총 범주에 속한다. 비록 소총 구경의 탄을 라이플 총의 사정거리에서 발사한다 하더라도 이동성과 총기사용자의 자격요건 측면에서 볼 때 포병용 무기에 좀더 가까웠다.

맥심 마쉬넨게베어 '08

맥심 '08은 전쟁 기간에 가장 널리 사용된 2개의 자동 지원 무기 중 하나였다. 쇼트 리코일 시스템을 사용한 수냉식 무기로 수송용 금속 썰매 위에 장착돼 매우 무겁고 이동성이 떨어진다.

제원	
개발 국가 :	독일
개발 연도 :	1908
구경 :	7.92mm
작동방식 :	쇼트 리코일, 수냉식
무게 :	26.44kg
전체 길이 :	1175mm
총열 길이 :	719mm
총구(포구) 속도 :	829m/sec
탄창 :	탄띠 급탄(250발 직물 탄띠)
연사속도 :	300-450rpm
사정거리 :	1500m

맥심 마쉬넨게베어 '08/15(양각대 버전)

맥심 '08에 좀더 기동성을 가미하려는 다양한 노력들로 인해 무거운 썰매 위에 삼각대나 양각대를 장착하는 경우는 없어졌지만, 수송용 썰매는 냉각수를 운반하는 데 여전히 필요했다.

제원	
개발 국가 :	독일
개발 연도 :	1908
구경 :	7.92mm
작동방식 :	쇼트 리코일
무게 :	18kg
전체 길이 :	1398mm
총열 길이 :	719mm
총구(포구) 속도 :	900m/sec
탄창 :	50, 100, 250발 직물 탄띠
연사속도 :	450rpm
사정거리 :	1500m

TIMELINE  1908 1913

페리노 M1913

제원	
개발 국가 :	이탈리아
개발 연도 :	1913
구경 :	6.5mm M95
작동방식 :	리코일 및 가스압 혼용, 수냉/공랭식
무게 :	13.65kg
전체 길이 :	1180mm
총열 길이 :	655mm
총구(포구) 속도 :	640m/sec
탄창 :	스트립 페드
연사속도 :	500rpm
사정거리 :	1500m

이탈리아의 페리노 기관총은 리코일과 가스압 방식이 혼용되었으며, 기발한 냉각 시스템을 갖고 있었다. 최초의 모델인 1900 버전은 극히 무거웠지만 이후 M1913으로 개조되었다.

피아트-레벨리 모델로 14

제원	
개발 국가 :	이탈리아
개발 연도 :	1914
구경 :	6.5mm
작동방식 :	지연성 블로백, 수냉식
무게 :	17kg
전체 길이 :	1180mm
총열 길이 :	655mm
총구(포구) 속도 :	640m/sec
탄창 :	탄창 페드
연사속도 :	400rpm
사정거리 :	1500m

모델로 14는 발사하기 불편하고 다양한 요인으로 인해 곧잘 작동이 멈추곤 했다. 특히 약실 내 탄창 케이스가 쪼개지는 경향이 있었다. 급탄 시스템으로 회전 원형통 안에 든 10발 클립 10개들이 세트가 사용되었다.

호치키스 Mle 1914

제원	
개발 국가 :	프랑스
개발 연도 :	1914
구경 :	8mm
작동방식 :	가스압, 공랭식
무게 :	23.6kg
전체 길이 :	1270mm
총열 길이 :	775mm
총구(포구) 속도 :	725m/sec
탄창 :	스트립 페드
연사속도 :	600rpm
사정거리 :	2000m

Mle 1914는 총기사용자가 3발탄 스트립을 249발 탄띠로 연결시킬 수 있게 함으로써 이전에 나온 호치키스 가스압 방식 설계를 개선했다. 신뢰성은 높지만 보병용 이동 무기로 적절하게 사용하기에는 여전히 무거웠다.

1914

수냉식 기관총들 Water-Cooled Machine Guns

대부분의 초기 기관총들은 총열 주변에 방열 덮개를 씌운 수냉식이었다. 지속적인 사격을 위해서는 충분한 탄약 보급만큼이나 적절한 급수가 중요했다.

슈발츠로제 M07/12

지연 블로백 작동방식을 선택함에 따라 슈발츠로제의 총열은 짧아졌는데 그로 인한 효과적인 사거리가 약 1000m로 떨어졌다. 이 모델의 4가지 변종 가운데 M07/12의 인기가 가장 높았다.

제원	
개발 국가 :	오스트리아-헝가리 제국
개발 연도 :	1907
구경 :	8mm
작동방식 :	블로백, 수냉식
무게 :	20kg
전체 길이 :	1070mm
총열 길이 :	525mm
총구(포구) 속도 :	618m/sec
탄창 :	탄띠 급탄
연사속도 :	425rpm
사정거리 :	1000m+

스코다 M1909

지연성 블로백 방식의 M1909는 애초 250rpm에 불과했던 연사속도를 점차 개선했다. 하지만 설계 상의 기본적인 비효율성을 극복하지 못했고, 1913년 스코다는 기관총 생산을 중단했다.

제원	
개발 국가 :	오스트리아-헝가리 제국
개발 연도 :	1909
구경 :	8mm
작동방식 :	지연성 블로백, 수냉식
무게 :	44kg
전체 길이 :	1070mm
총열 길이 :	525mm
총구(포구) 속도 :	618m/sec
탄창 :	탄띠 급탄
연사속도 :	425rpm
사정거리 :	1000m

TIMELINE

1907

1909

풀레멧 막시마 오브라젯스 1910

제원	
개발 국가 :	러시아
개발 연도 :	1910
구경 :	7.62mm
작동방식 :	리코일, 수냉식
무게 :	23.8kg
전체 길이 :	1107mm
총열 길이 :	720mm
총구(포구) 속도 :	863m/sec
탄창 :	탄티 급탄
연사속도 :	520-600rpm
사정거리 :	알려지지 않음

맥심 총의 라이선스 복제모델인 M1910은 장착방식에서 차이가 있었다. 삼각대가 아니라 무게 70kg 이상인 무기까지 실어나르는 2륜 캐리지에 고정되어 있었다.

브라우닝 M1917

제원	
개발 국가 :	미국
개발 연도 :	1917
구경 :	7.62mm
작동방식 :	리코일, 수냉식
무게 :	15kg
전체 길이 :	980mm
총열 길이 :	610mm
총구(포구) 속도 :	850m/sec
탄창 :	탄띠 급탄
연사속도 :	450rpm
사정거리 :	2000m+

연사속도 450rpm으로 부피가 큰 M1917은 고정된 위치에서 연사하는 방어용 무기로 쓰기에, 또는 항공기나 차량에 탑재하기에 매우 적합했다.

브라우닝 M1917A1

제원	
개발 국가 :	미국
개발 연도 :	1918
구경 :	7.62mm
작동방식 :	리코일, 수냉식
무게 :	15kg
전체 길이 :	980mm
총열 길이 :	610mm
총구(포구) 속도 :	850m/sec
탄창 :	탄띠 급탄
연사속도 :	600rpm
사정거리 :	2000m+

M1917은 전쟁 막바지의 몇 주간 전에 전선에 공급되어 매우 제한적으로 실전에 투입되었다. 전후 성능이 개선된 M1917A1로 선보여 1960년대까지 사용되었다.

1910

1917

1918

비커스 Mk I Vickers Mk I

히람 맥심의 제조회사는 기관총들을 생산하다 1896년 비커 사(社) 및 노르덴펠트 사(社)와 합병되었다. 맥심 기관총의 개량형은 이 합병회사에 의해 출시되었으며 비커스 맥심 총으로 알려졌다. 처음에는 중(重)기관총으로 명명되다 대구경 무기가 등장함에 따라 나중에 중형(中型) 무기로 재지정되었다.

비커스는 또한 세계 대전 중에 많은 항공기의 무장 무기로 사용되었다. 1차 대전과 2차 대전 사이의 기간에 이러한 역할로 대체되었지만 2차 대전 발발시에 그 대체물을 찾기 어려워 지상(地上)용으로도 계속 이용되었다. 지금도 많은 전투 현장에서 널리 사용되는 중이다.

조정 가능한 포대(砲臺)
비커스는 적당히 조절하면 매우 가벼운 포병 무기로 사용할 수 있었다. 공중 높이 쏘아대면 4km 이상 떨어진 목표물을 향해 교란(攪亂) 사격을 할 수 있다.

수냉식 비커스 기관총은 세계 대전 중에 참호 안에서도 극히 신뢰할 만한 것으로 증명되었다. 보병 지원용 그리고 대공(對空) 방어용 등 다양한 용도로 사용되었으며, 한동안 영국 기관총 부대(British Machine Gun Corps)의 전문가용으로도 배치되었다.

탄환상자
비커스는 250발 직물 탄띠를 사용해 탄환을 공급한다. 연사시 종종 탄환 공급이 유일한 제약이었을 만큼 신뢰성이 높았다.

제원	
개발 국가 :	영국
개발 연도 :	1912
구경 :	7.7mm
작동방식 :	리코일, 수냉식
무게 :	18kg
전체 길이 :	1155mm
총열 길이 :	725mm
총구(포구) 속도 :	600m/sec
탄창 :	탄띠 공급
연사속도 :	600rpm
사정거리 :	2000m+, 나중에 3000m+

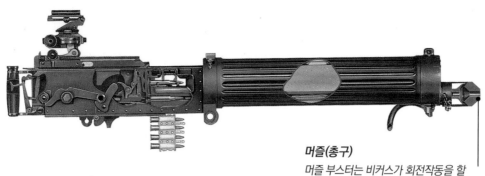

머즐(총구)
머즐 부스터는 비커스가 회전작동을 할
만큼 충분한 반동력을 만들어낸다는 것을
입증했다.

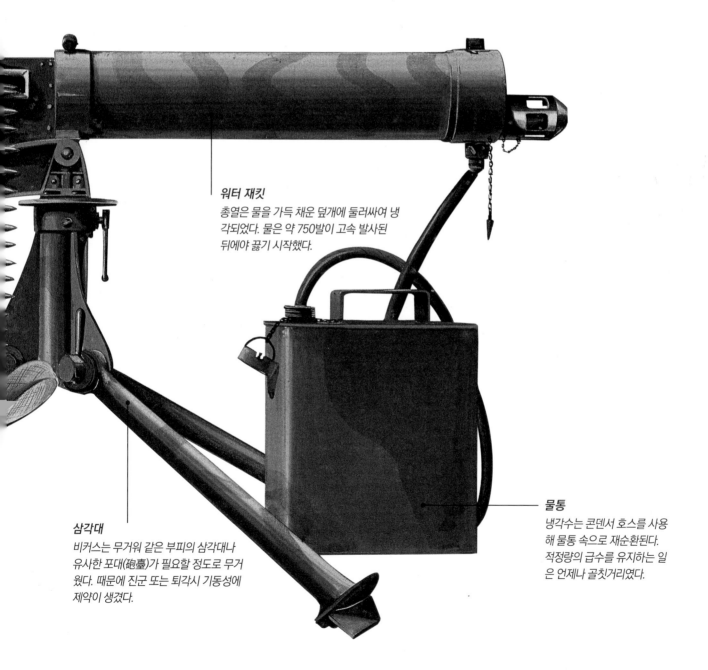

워터 재킷
총열은 물을 가득 채운 덮개에 둘러싸여 냉
각되었다. 물은 약 750발이 고속 발사된
뒤에야 끓기 시작했다.

삼각대
비커스는 무거워 같은 부피의 삼각대나
유사한 포대(砲臺)가 필요할 정도로 무거
웠다. 때문에 진군 또는 퇴각시 기동성에
제약이 생겼다.

물통
냉각수는 콘덴서 호스를 사용
해 물통 속으로 재순환된다.
적정량의 급수를 유지하는 일
은 언제나 골칫거리였다.

특수용 및 실험용 기관총

Specialist and Experimental Machine Guns

개발된 지 몇 년이 지나지 않아 기관총은 고성능 무기 시스템으로 발전했으며, 수행할 새로운 역할들이 발견되기 시작했다. 실험을 통해 자동 지원 무기 분야에서 상당히 다양한 변종들이 선보였다.

타이쇼 3

타이쇼 3 기관총은 호치키스 Mle 1900을 많이 복제했는데, 호치키스 Mle 1900은 러일 전쟁 때 일본군 수뇌부에 큰 인상을 남겼다. 예컨대 무기의 삼각대 설계는 혁신적이어서 병사들은 무기를 손상없이 이동시킬 수 있었다.

제원	
개발 국가 :	일본
개발 연도 :	1914
구경 :	6.5mm 아리사카
작동방식 :	가스압, 공랭식
무게 :	28kg
전체 길이 :	1155mm
총열 길이 :	750mm
총구(포구) 속도 :	760m/sec
탄창 :	스트립 페드
연사속도 :	400rpm
사정거리 :	1500m

파라벨룸-마쉬넨게베어 모델 14

비행기 동체에 설치해 사용하기 위해 개발된 특수 무기로 모델 14의 공랭식 버전이며 5개 날개를 지닌 비행체에 장착되었는데 다만 제플린 기종은 수냉식 변종을 사용했다. 지상용 버전은 1918년에 등장했다.

제원	
개발 국가 :	독일
개발 연도 :	1914
구경 :	7.92mm 마우저
작동방식 :	리코일, 수냉 또는 공랭식
무게 :	9.8kg
전체 길이 :	1225mm
총열 길이 :	705mm
총구(포구) 속도 :	890m/sec
탄창 :	탄띠 급탄(탄띠는 원통에 들어 있음)
연사속도 :	650-750rpm
사정거리 :	2000m+

TIMELINE
1914

비커스 클라스 C(비행체 장착)

제원	
개발 국가 :	영국
개발 연도 :	1916
구경 :	7.7mm
작동방식 :	리코일, 수냉식
무게 :	18kg
전체 길이 :	1155mm
총열 길이 :	725mm
총구(포구) 속도 :	600m/sec
탄창 :	탄띠 급탄
연사속도 :	600rpm
사정거리 :	2000m

비커스 기관총은 공중 급탄시스템에 문제가 있음에도 불구하고 많은 비행기에 장착되었다. 루이스 기관총보다 무거운 반면 손쉽게 프로펠러와 동시 작동시킬 수 있었다.

트윈 루이스

제원	
개발 국가 :	미국
개발 연도 :	1916
구경 :	7.7mm
작동방식 :	가스압, 공랭식
무게 :	11.8kg
전체 길이 :	965mm
총열 길이 :	665mm
총구(포구) 속도 :	600m/sec
탄창 :	탄창 급탄
연사속도 :	550rpm
사정거리 :	1000m+

공랭 방식의 루이스 기관총은 자연스레 공군 무기로 채택되었다. 전투기에서 발사하는 최초의 기관총이자 표준 병기가 되었으며, 화력 증강을 위해 종종 두 개가 장착되었다.

세마그 20mm

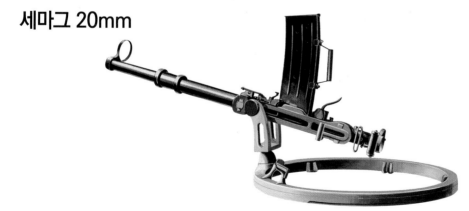

제원	
개발 국가 :	스위스
개발 연도 :	1923
구경 :	20mm
작동방식 :	블로백, API(Advanced Primer Ignition)
무게 :	43kg
전체 길이 :	다양
총열 길이 :	1400mm
총구(포구) 속도 :	820m/sec
탄창 :	탄띠 급탄
연사속도 :	450rpm
사정거리 :	2000m

1차 세계대전 무기의 발전으로 SEMAG 사는 기관총의 정의를 확대시켰는데, 좀더 정확하는 '자동 캐논'으로 불렸다. 지원용으로 또는 대공(對空)용으로 사용되었다.

 1916  1923

양 대전 사이의 기간

제1차 세계 대전 기간에 수많은 무기들이 시험 사용되었으며, 무기 기술의 급속한 발전이 이루어졌다. 또한 군사적 사고(思考)에 혁신적 변화가 일어났으며, 특히 보병의 경우 소총 이외의 무기에 대한 필요성이 대두되었다.

권총, 산탄총 그리고 기관단총들은 참호 제거 전투들에서 그 가치를 입증했으며, 이들 분야의 발전은 차례로 민간 시장과 법 집행 시장에 반영되었다. 경제적 사회적 대격변기에 이런 일들이 일어나자 이들 무기는 갱단, 정부요원, 혁명가들의 손에 들려 거리에 등장했다.

사진 프랑스 식민지 부대원들이 알제리 모처에서 건물 수색중이다. 군인들은 르벨 베르티에 1915 볼트 액션 소총으로 무장한 상태다.

호신용 총들 Guns for Self-Defence

비록 군사용 전투 무기는 아니지만, 권총은 근접전에서 효력을 발휘한다. 도심 민간인 속에서는
작고 감추기 편한 권총이 전투시 유용한 유일한 무기일지도 모른다.

스미스 앤드 웨슨 .44 트리플 록

이 권총은 좀더 정확히는 S&W 핸드 이젝터의 .44 특수 버전으로 불렸
다. '트리플 록'은 실린더 크레인 상에 돌출된 세 번째 잠금장치로 위력
이 강한 카트리지를 다룰 수 있는데, 이러한 특징은 후일 사라졌다.

제원	
개발 국가 :	미국
개발 연도 :	1908
구경 :	11.2mm
작동방식 :	더블 액션 리볼버
무게 :	1.08kg
전체 길이 :	298mm
총열 길이 :	185mm
총구(포구) 속도 :	198m/sec
탄창 :	6발 실린더
사정거리 :	30m

운세타 빅토리아

빅토리아는 나중에 '아스트라'로 더 잘 알려진 제조업체가 생산한 최초
의 권총이었다. 빅토리아는 브라우닝 총기 디자인에 많은 영향을 받았
으며, 프랑스 육군이 채택했다.

제원	
개발 국가 :	스페인
개발 연도 :	1911
구경 :	7.65mm
작동방식 :	블로백
무게 :	0.57kg
전체 길이 :	146mm
총열 길이 :	81mm
총구(포구) 속도 :	229m/sec
탄창 :	7발 탈부착 상자형 탄창
사정거리 :	30m

TIMELINE

1908　　1911　　1918

레밍턴 51

레밍턴 51은 초소형 포켓형 반자동 피스톨 총으로 경쟁이 치열한 시장에 출시되었다. 큰 인기를 누렸을 법한데도 그러지 못했는데, 이는 주로 대공황(大恐慌) 탓이 컸다.

제원	
개발 국가 :	미국
개발 연도 :	1918
구경 :	8.1mm ACP
작동방식 :	헤지테이션 로크트
무게 :	0.6kg
전체 길이 :	168mm
총열 길이 :	83mm
총구(포구) 속도 :	알려지지 않음
탄창 :	탈부착 싱글 스택 상자형 탄창
사정거리 :	30m

콜트 디텍티브 스페셜

콜트 경찰용 포지티브 리볼버 총은 총열이 매우 짧은데, '디텍티브 스페셜'은 길이를 최소화해 가볍고 숨기기 쉽고 재빨리 작동시킬 수 있도록 설계되었다.

제원	
개발 국가 :	미국
개발 연도 :	1927
구경 :	9.6mm 스페셜
작동방식 :	리볼버
무게 :	0.6kg
전체 길이 :	171mm
총열 길이 :	54mm
총구(포구) 속도 :	213m/sec
탄창 :	6발 실린더
사정거리 :	30m

스미스 앤드 웨슨.357 M27

'매그넘'이라는 용어는 단순화하면 '크다'는 의미다. 이것이 매그넘 권총들과 '더 소형' 무기들을 구별하는 점으로, 긴 카트리지를 지녀 더 많은 추진연료를 탑재할 수 있다. 최초의 매그넘 구경은 .357인데, 이것은 본질적으로 .38 특수탄의 길이를 늘린 것이다. 9.6mm와 9.1mm 무기는 둘다 9.1mm 구경 탄환을 사용한다.

제원	
개발 국가 :	미국
개발 연도 :	1935
구경 :	9.1mm 매그넘
작동방식 :	더블 액션 리볼버
무게 :	1.45kg
전체 길이 :	알려지지 않음
총열 길이 :	102mm/153mm
총구(포구) 속도 :	198m/sec
탄창 :	6발 실린더
사정거리 :	30m

1927

1935

브라우닝 HP-35 Browning HP-35

존 모지스 브라우닝은 죽음을 앞두고 후일 역대 최고의 성공작이 될 하나의 총기 디자인에 매달렸다. 제작이 끝난 신형 총기는 '브라우닝 하이 파워'라는 모델명으로 판매에 들어갔다. 또는 HP-35 그리고 GP-35(Grande Puissance, 그랑드 퓌쌍스, '하이 파워'라는 뜻의 프랑스말)로도 불린다.

'하이 파워'라는 명칭은 9mm 탄환의 특수한 능력을 말하는 것이 아니라, 그 당시로서는 매우 우수한, 13발이나 되는 탄창의 장탄능력을 나타낸다. 이는 싱글 스택 레이아웃보다는 조금 널따란 탄창을 사용해 탄들을 엇갈리게 배치함으로써 가능했다. 때문에 HP-35는 당대 다른 총들보다 넓은 편이지만 그렇다고 지나칠 정도는 아니었다.

HP-35는 엄청난 판매고를 올리면서 모든 세대의 싱글 액션 반자동 피스톨들에 영향을 미쳤다. 그러한 싱글 액션 무기들은 약실에 탄을 하나만 장전하며 해머(공이치기)는 젖혀지거나(상태 1) 젖혀지지 않거나(상태 2) 둘 중 하나일 뿐이다. 후자일 경우 발사 직전 해머를 수동으로 젖혀야 한다.

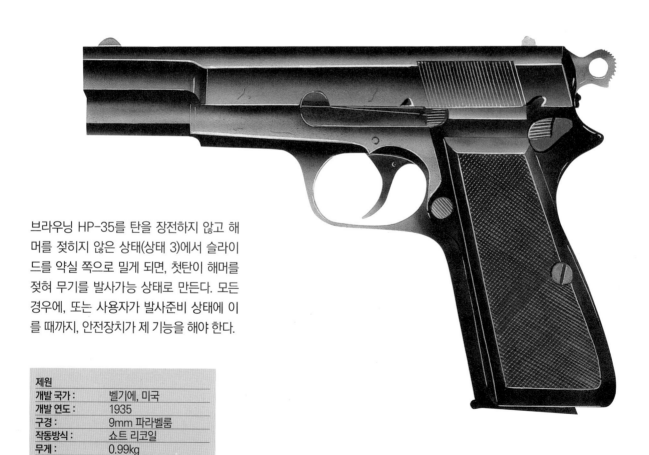

브라우닝 HP-35를 탄을 장전하지 않고 해머를 젖히지 않은 상태(상태 3)에서 슬라이드를 약실 쪽으로 밀게 되면, 첫탄이 해머를 젖혀 무기를 발사가능 상태로 만든다. 모든 경우에, 또는 사용자가 발사준비 상태에 이를 때까지, 안전장치가 제 기능을 해야 한다.

제원	
개발 국가 :	벨기에, 미국
개발 연도 :	1935
구경 :	9mm 파라벨룸
작동방식 :	쇼트 리코일
무게 :	0.99kg
전체 길이 :	197mm
총열 길이 :	118mm
총구(포구) 속도 :	335m/sec
탄창 :	13발 탈부착 상자형
사정거리 :	30m

때때로 최소한의 총기훈련만 받은 사용자들은 브라우닝 HP-35를 '상태 3'으로 휴대해야 하며 안전장치를 결코 건드리지 말도록 교육받는다. 이것은 총기 사용 후의 안전성에 관해 논란을 일으킬 수 있지만 때때로 훈련받을 시간이 없이 반자동 권총을 사용할 경우 유용한 테크닉이다.

슬라이드
HP-35는 쇼트 리코일 시스템으로 작동하는데, 이 시스템에서 총열과 슬라이드는 함께 잠시 반동을 일으킨다. 그때 슬라이드는 총열로부터 벗어나 계속해서 뒤로 미끄러져 나가 사용된 탄을 배출하고 다음 탄을 장전한다.

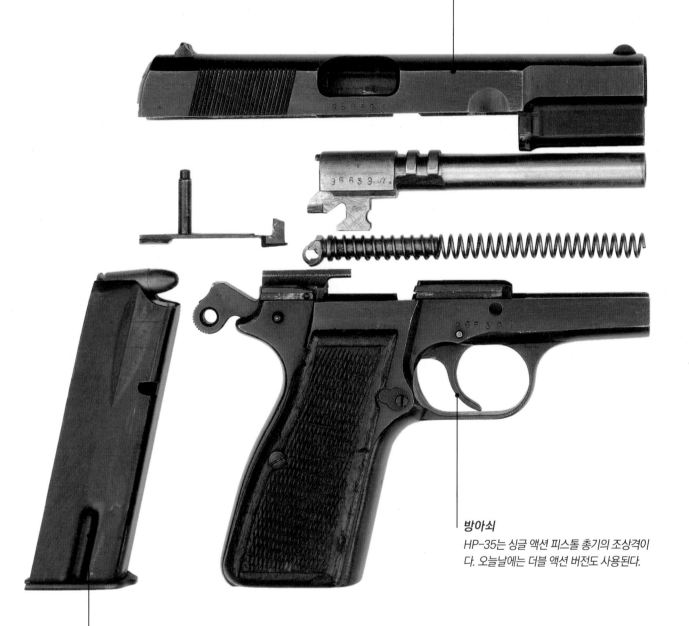

방아쇠
HP-35는 싱글 액션 피스톨 총기의 조상격이다. 오늘날에는 더블 액션 버전도 사용된다.

탄창
13발 장전 능력은 1935년도에는 대단한 사건이었으며 오늘날에도 여전히 상당한 능력이다.

양대전 사이 시기의 반자동 무기들

Interwar Semi-Automatics

1차 세계대전이 끝날 무렵까지 반자동 피스톨은 입증된 무기 시스템으로서 여러 상황 속에서 리볼버보다 우위를 차지했다. 1920년대와 1930년대를 거쳐 신세대 무기들을 선보이면서 개발은 꾸준히 진행되었다.

남부 14년식(14식 남부 / 타이쇼 14)

볼품 없던 4식 남부를 업데이트한 14식 남부는 안전장치와 확대된 방아쇠울을 추가하여 장갑을 끼고 사용할 수 있었다. 그러나 탄환의 위력이 부족해 여전히 신뢰성이 낮았다.

제원	
개발 국가 :	일본
개발 연도 :	1906
구경 :	8mm 남부
작동방식 :	쇼트 리코일
무게 :	0.9kg
전체 길이 :	227mm
총열 길이 :	121mm
총구(포구) 속도 :	335m/sec
탄창 :	8발 탈부착 상자형 탄창
사정거리 :	30m

스타 모델 B

스타 모델 A와 B는 근본적으로 콜트 M1911의 복제품이었다. 모델 B는 9mm 파라벨룸탄을 장전했으며 일련의 모델들이 뒤따랐고 그중 일부가 2차 세계 대전 때 독일군에 유입되었다.

제원	
개발 국가 :	스페인
개발 연도 :	1924
구경 :	9mm
작동방식 :	쇼트 리코일
무게 :	1.1kg
전체 길이 :	215mm
총열 길이 :	122mm
총구(포구) 속도 :	알려지지 않음
탄창 :	알려지지 않음
사정거리 :	알려지지 않음

TIMELINE   1906   1924   1929

발터PPK

PPK는 사복경찰용의 PP 버전이다. 크기가 작아 숨길 수 있는 무기로는
이상적이었으며, 더블 액션 피스톨이어서 꺼낸 즉시 발사 가능했다.

제원	
개발 국가 :	독일
개발 연도 :	1929
구경 :	5.6mm LR, 6.35mm 또는 7.65mm 브라우닝, 9mm 쇼트
작동방식 :	블로백
무게 :	0.59kg
전체 길이 :	148mm
총열 길이 :	80mm
총구(포구) 속도 :	290m/sec
탄창 :	7발 탈부착 상자형 탄창
사정거리 :	30m

베레타 모델로 1934

'모델로 1915'에서 발전한 것이며 9mm 쇼트 카트리지의 위력이 부족
했지만 무기로서 신뢰성은 높았다. 해머(공이치기)와 안전장치가 맞물
려 함께 작동했는데, 이는 달리 보면 고성능 권총의 잠재적으로 위험한
결함이기도 했다.

제원	
개발 국가 :	이탈리아
개발 연도 :	1934
구경 :	9mm 쇼트
작동방식 :	블로백
무게 :	0.65kg
전체 길이 :	152mm
총열 길이 :	95mm
총구(포구) 속도 :	229m/sec
탄창 :	9발 탄창
사정거리 :	30m

94 시키 켄쥬(94식)

값싼 대량 생산용으로 설계된 94식은 개량형들이 나오면서 좀더 비싸
졌다. 항공기나 차량 승무원들에게 공급되었고 14식보다 견고했지만
위력이 떨어지는 동일한 탄을 사용했다.

제원	
개발 국가 :	일본
개발 연도 :	1934
구경 :	8mm
작동방식 :	알려지지 않음
무게 :	0.688kg
전체 길이 :	183mm
총열 길이 :	96mm
총구(포구) 속도 :	305m/sec
탄창 :	6발 상자형
사정거리 :	알려지지 않음

1934

발터 P38 Walther P38

발터 PP 패밀리, 특히 P38은 20세기 최고성능 권총 가운데 하나로 널리 인정받고 있다. 독일에서 표준 군사형 휴대 무기의 탄환으로 채택된 9mm 파라벨룸 카트리지를 중심으로 만들어진 P38은 대체하고자 했던 파라벨룸 '08보다 제작 및 유지가 더 간단했으나 둘의 성능은 엇비슷했다.

초기 발터 PP의 개량 버전은 9mm 파라벨룸탄을 장전했으며, 더블 액션 P38은 독일 육군의 피스톨 총들을 전면 대체할 예정이었으나 2차 대전 발발 때까지 그렇게 되지 못했다.

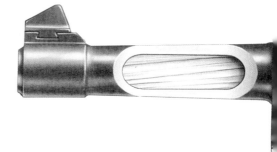

제원	
개발 국가 :	독일
개발 연도 :	1938
구경 :	9mm 파라벨룸
작동방식 :	쇼트 리코일
무게 :	0.96kg
전체 길이 :	213mm
총열 길이 :	127mm
총구(포구) 속도 :	350m/sec
탄창 :	8발 탈부착 상자형 탄창
사정거리 :	30m

원래의 P38은 해머를 완전히 숨기고 있었지만 독일 육군의 희망에 따라 수동으로 잡아당길 수 있도록 해머를 노출시킨 버전이 출시되었다. 모델 HP(Heerpistole, 군용 권총)로 명명된 이 총기는, 다른 총기류가 지배적이고 P38 시리즈는 거의 사용되지 않았음에도 불구하고, 독일 육군의 공식적인 휴대 무기가 되었다.

P38의 생산은 2차 대전의 말미에 중단되었다가 1957년에 재개되었다. 이 시
절 P38은 '피스톨레 1'로 불리며 독일 육군용 권총으로 재지정되었는데, 이후
에도 거의 20세기 말까지 사용되었다.

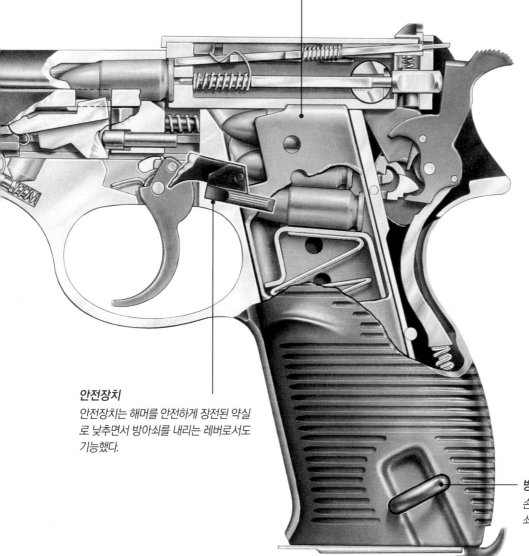

테이크다운 렐버
총몸의 왼쪽 측면에 있는 '테이크다운' 또는
'디스어셈블리' 레버는 무기를 신속하게 분
해하게 해준다.

안전장치
안전장치는 해머를 안전하게 장전된 약실
로 낮추면서 방아쇠를 내리는 레버로서도
기능했다.

방아끈 고리
손잡이 왼쪽 측면 고리는 총기가 방아
쇠끈에 안전하게 고정되도록 해주었다.

일본의 보병 무기들 Japanese Infantry Weapons

일본은 무기 개발에서 대부분의 유럽 국가들과는 다소 다른 길을 취했다. 그 하나의 이유는 일본 군이 작은 체형상 반동이 강한 무기를 제대로 다루기 어려웠기 때문이다.

89식 수류탄 발사기

가벼운 소구경의 박격포 또는 수류탄 발사기인 89식은 한 사람이 작동할 수 있었으며 전군에 대량 배치되었다. 사정거리가 짧지만 효율적인 소형 지원 무기였다.

제원	
개발 국가 :	일본
개발 연도 :	1929
구경 :	50mm
작동방식 :	스프링, 수동
무게 :	4.7kg
전체 길이 :	610mm
총열 길이 :	254mm
총구(포구) 속도 :	N/A
탄창 :	N/A
사정거리 :	120m

97식 저격용 소총

97식 저격용 소총은 38식 소총을 개조한 것으로 비교적 약한 6.5× 50mm 카트리지를 사용했다. 포섬광이 거의 없어 저격자의 위치를 정확히 포착하기 어려웠다.

제원	
개발 국가 :	일본
개발 연도 :	1937
구경 :	6.5mm 아리사카
작동방식 :	볼트 액션
무게 :	3.95kg
전체 길이 :	1280mm
총열 길이 :	797mm
총구(포구) 속도 :	762.1m/sec
탄창 :	5발 일체형 탄창, 스트리퍼 클립 장전
사정거리 :	800m

TIMELINE 1929 1937

99식 소총

99식 소총은 38식에서 발전한 것이나 좀더 강력한 7.7×58mm 카트리지를 사용했다. 이전의 6.5mm 탄은 서양 무기로 무장한 군대와 대결할 경우 화력이 낮은 것으로 드러났다.

제원	
개발 국가 :	일본
개발 연도 :	1939
구경 :	7.7mm 아리사카
작동방식 :	볼트 액션
무게 :	3.7kg
전체 길이 :	1120mm
총열 길이 :	657mm
총구(포구) 속도 :	730m/sec
탄창 :	5발 내장식 상자형 탄창, 스트리퍼 클립 장전
사정거리 :	500m
*수류탄을 장착하지 않은 소총	

99식 저격용 소총

99식은 망원조준기를 설치함으로써 저격용으로 개조할 수 있었으며, 왼쪽으로 치우치는 문제가 있었다. 이로 인해 스트리퍼 클립들로 재장전하는 과정을 중앙 장착된 조준경이 방해하게 된다.

제원	
개발 국가 :	일본
개발 연도 :	1939
구경 :	7.7mm 아리사카
작동방식 :	볼트 액션
무게 :	3.7kg
전체 길이 :	1120mm
총열 길이 :	657mm
총구(포구) 속도 :	730m/sec
탄창 :	5발 내장식 상자형 탄창, 스트리퍼 클립 장전
사정거리 :	800m

2식 수류탄 발사기를 장착한 99식

99식 소총은 전쟁 후반부에 긴급투입되었고 때때로 성능도 뒤떨어졌지만 나름 견고한 무기였다. 99식에 사용된 수류탄 발사장치(어댑터)는 38식 소총에도 설치 가능했다.

제원	
개발 국가 :	일본
개발 연도 :	1939
구경 :	7.7mm 아리사카
작동방식 :	볼트 액션
무게 :	3.7kg
전체 길이 :	1120mm
총열 길이 :	657mm
총구(포구) 속도 :	730m/sec
탄창 :	N/A
사정거리 :	100m

1939

양 대전 사이 시기의 경(輕)기관총들

Interwar Light Machine Guns

경기관총(LMG)은 1차 세계 대전 때 선보였으며 다른 실험용 무기 체계가 그러하듯 초기에 많은 어려움을 겪었다. 전후 개발이 진전되면서 LMG는 효율적인 무기 시스템으로 부상했다.

호치키스 M1922/26

총구 위로 치솟은 조정기와 조절 가능한 발사속도. 이처럼 전도유망한 설계를 갖춘 M1922/26은 1차 대전과 2차 대전 사이의 경제 불황 속에 인상적인 무기가 되고자 투쟁한 결과 수천 정이 팔렸는데, 대부분은 그리스로 넘어갔다.

제원	
개발 국가 :	프랑스
개발 연도 :	1922
구경 :	6.5mm
작동방식 :	가스압, 공랭식
무게 :	9.5kg
전체 길이 :	1215mm
총열 길이 :	575mm
총구(포구) 속도 :	745m/sec
연사속도 :	500rpm
탄창 :	25발 또는 30발 스트립
사정거리 :	1000m+

퓌질 미트레일러 Mle 24/29

Mle 24 사는 8mm 르벨 카트리지를 없애고 작동 정지를 덜 일으키는 무테형 7.5mm 탄을 사용했으며, 이어 이를 Mle 1924/29 샤텔로로 개량했는데, 이것이 프랑스의 표준형 LMG가 되었다.

제원	
개발 국가 :	프랑스
개발 연도 :	1924
구경 :	7.5mm M29
작동방식 :	가스압, 공랭식
무게 :	9.25kg
전체 길이 :	1080mm
총열 길이 :	500mm
총구(포구) 속도 :	825m/sec
연사속도 :	500rpm
탄창 :	25발 상자형 탄창
사정거리 :	1000m+

TIMELINE

1922

1924

1930

레키 쿨로메트 ZB vz30

초기 vz26를 개량한 체코 vz30은 정확성 높고 우수한 무기로 과열 감축을 위해 총열 변경시간을 단축시켰다. 긴 가스 실린더가 발사속도를 늦추고 반동을 줄였으며, 자동발사시 조정기능을 향상시켰다.

제원	
개발 국가 :	체코슬로바키아
개발 연도 :	1930
구경 :	7.92mm 마우저
작동방식 :	가스압, 공랭식
무게 :	9.6kg
전체 길이 :	1160mm
총열 길이 :	627mm
총구(포구) 속도 :	762m/sec
연사속도 :	500rpm
탄창 :	30발 상자형 탄창
사정거리 :	1000m+

레키 쿨로메트 ZGB vz33

체코의 우수한 경기관총들 중 하나인 vz33은 브렌 경기관총의 바로 앞 모델이다. 브렌이라는 이름은 vz33의 원산지인 체코슬로바키아 브르노와 브렌총이 개발된 영국 엔필드에서 유래했다.

제원	
개발 국가 :	체코슬로바키아
개발 연도 :	1933
구경 :	7.92mm 마우저
작동방식 :	가스압, 공랭식
무게 :	10.25kg
전체 길이 :	1150mm
총열 길이 :	635mm
총구(포구) 속도 :	730m/sec
연사속도 :	500rpm
탄창 :	30발 상자형 탄창
사정거리 :	1000m

마크 1 브렌

상대적으로 가볍고 인상적인 정확성을 갖춘 브렌은 L4가 되기 전 5개의 주요 변종을 통해 개발된 우수한 분대급 지원 무기로 7.62mm 나토(NATO) 탄을 장전했다. L4 브렌은 후일 1982년 포클랜드 전쟁 때 처음 사용된 기종이다.

제원	
개발 국가 :	영국
개발 연도 :	1937
구경 :	7.7mm
작동방식 :	가스압, 공랭식
무게 :	10.25kg
전체 길이 :	1150mm
총열 길이 :	635mm
총구(포구) 속도 :	730m/sec
연사속도 :	500rpm
탄창 :	30발 상자형 탄창
사정거리 :	1000m

1933

1937

브렌 건 (마크 2) Bren Gun (Mark 2)

브렌 건은 분대 지원 무기로 대성공을 거두었다. 벨트 페드(탄띠 급탄 방식) 기관총보다 더 가볍고 소총 방식으로 사용할 수 있으며 저격용으로 쓸만큼 정확했다. Mk1 버전은 돌격용 사격을 위해 피스톨 방식의 손잡이를 채택했지만 이는 이후 모델에서 사라졌다.

제원	
개발 국가 :	영국
개발 연도 :	1941
구경 :	7.7mm 브리티쉬
작동방식 :	가스압, 공랭식
무게 :	10.25kg
전체 길이 :	1150mm
총열 길이 :	625mm
총구(포구) 속도 :	730m/sec
연사속도 :	500rpm
탄창 :	30발 상자형 탄창
사정거리 :	1000m

핸들
운반용 핸들을 이용해 뜨거운 총열을 재빨리 바꿀 수 있는데, 이는 연사 지속시 핸들의 핵심 기능이었다.

양각대
브렌은 삼각대 위에 설치될 수도 있지만 원래 기동성에 최적화된 총기다. 때문에 총기를 가리거나 지지하는 것이 무엇이든 그 위에 양각대를 받칠 수 있었다.

브렌 기관총에 대한 탄 공급은 매우 제한적이어서 지속적인 사격에는 문제가 있었다. 뛰어난 정확성도 제압사격을 포기할 경우 문제가 된다. 일정 지역에 많은 양의 탄을 발사하는 무기는 적의 부대를 제압하거나 반복 공격할 때 좀더 유용할 수 있기 때문이다. 이러한 결함들에도 불구하고 브렌은 효율적이었고 인기를 끌었다. 때문에 2차 세계 대전 때 모든 보병 부대에 브렌 총기의 사용법을 숙지시킨 영국군의 정책은 주효했다.

브렌 총기들은 차량 무장에 사용되었으며 대공(對空) 무기로도 이용되었다. 이를 위해 많은 탄을 장전할 수 있는 탄창이 유용했다. 영국 육군은 보병 수송용 차량인 유니버설 캐리어를 개발했는데, 앞쪽이나 중앙에 브렌 건을 장착할 수 있었기 때문에 브렌 캐리어로도 알려졌다. 중앙에 브렌 건을 장착한 오른쪽 모델은 1942년 영국 제8군이 서부 사막에서 사용했다.

가늠자
브렌은 정확성이 매우 높았고, 500m 이상의 장거리에서도 저격용으로 사용했고 성공률도 꽤 높았다.

스프링
브렌의 리코일 스프링과 기계장치는 정확도를 높이고 반동 에너지를 흡수하는 기능이 뛰어났다.

일본의 기관총들 Japanese Machine Guns

군에 최신 지원 무기를 공급하려던 일본의 계획은 전쟁 발발로 중단되었다. 신형 무기들이 투입되었지만 구형무기를 대체하기보다 나란히 사용되었다.

11식/타이쇼 11

11식은 일본 최초의 경기관총이었다. 30발 호퍼 급탄(hopper feed) 방식을 채택하였으며 6.5mm 아리사카 38 라이플 총에 사용된 것과 같은 유형의 6 스트리퍼 클립스를 이용해 장전했다. 급탄 방식이 항상 신뢰할 만한 것은 아니었다.

제원	
개발 국가 :	일본
개발 연도 :	1922
구경 :	6.5mm 아리사카
작동방식 :	가스압, 공랭식
무게 :	10.2kg
전체 길이 :	1155mm
총열 길이 :	749mm
총구(포구) 속도 :	731m/sec
연사속도 :	400rpm
탄창 :	30발 호퍼 피드
사정거리 :	1500m

89식

전쟁 중에 사용된 더 나은 일본의 자동 무기들 중 하나인 89식은 무거운 방열용 총열을 지닌 항공 무기였다. 다양한 전투기에 장착되었다.

제원	
개발 국가 :	일본
개발 연도 :	1929
구경 :	7.7mm
작동방식 :	리코일
무게 :	16.78kg
전체 길이 :	1051mm
총열 길이 :	685mm
총구(포구) 속도 :	알려지지 않음
연사속도 :	600rpm+
탄창 :	69발 원통형 탄창
사정거리 :	2000m+

TIMELINE			
	1922 	1929 	1932

92식

일본의 92식은 앞에 나온 타이쇼 3과 거의 차이가 없다. 좀더 무거운 7.7mm 탄을 발사했고, 셔터 소리 때문에 오스트리아 군대가 '딱따구리'라 불렀다.

제원	
개발 국가 :	일본
개발 연도 :	1932
구경 :	7.7mm
작동방식 :	가스압, 공랭식
무게 :	55kg
전체 길이 :	1160mm
총열 길이 :	700mm
총구(포구) 속도 :	715 m/sec
연사속도 :	450rpm
탄창 :	30발 상자형 탄창
사정거리 :	2000m

96식

타이쇼 11의 대체용인 96식은 문제가 있는 호퍼 대신 상자형 탄창을 사용해 급탄 방식을 개선했다. 무기의 부정확성에도 불구하고 이 총을 위해 전용 망원조준경이 개발되었다.

제원	
개발 국가 :	일본
개발 연도 :	1936
구경 :	6.5mm 아리사카
작동방식 :	가스압, 공랭식
무게 :	9kg
전체 길이 :	1055mm
총열 길이 :	555 mm
총구(포구) 속도 :	730m/sec
연사속도 :	550rpm
탄창 :	30발 상자형 탄창
사정거리 :	1000m

1식 중기관총

1식 중기관총은 1941년부터 제2차 세계 대전 기간에 일본제국의 표준 중기관총이다. 근본적으로 92식보다 더 작고 더 가벼웠다.

제원	
개발 국가 :	일본
개발 연도 :	1941
구경 :	7.7mm 아리사카
작동방식 :	가스압
무게 :	31.8kg
전체 길이 :	1077mm
총열 길이 :	589mm
총구(포구) 속도 :	770m/sec
연사속도 :	450rpm
탄창 :	30발 금속 피드 트레이스
사정거리 :	1400m

1936

1941

브라우닝 M2HB Browning M2HB

수냉식 브라우닝 M1917 중기관총은 1차 세계 대전에 투입되어 성능을 입증했다. 브라우닝 총기들은 그 이후 몇년에 걸쳐 개발되었는데 비록 몇몇 버전들만이 다른 것보다 좀더 성공하긴 했어도 이 계열의 총들은 오늘날까지 사용된다. 차량 및 항공기 공격에 효과적으로 대응할 수 있는 무기를 미군에 공급하고자, 브라우닝은 M1917부터 M1921에 이르는 수냉식 기관총을 개발했다. 이것은 1930년대에 공랭식 M2 중기관총으로 발전했다. 역대 중기관총 가운데 최강의 내구력을 지닌 이 무기는 오늘날에도 미군과 세계 각국 군대에서 사용된다. 전세계 군대에서 300만 정 이상이 사용되었다.

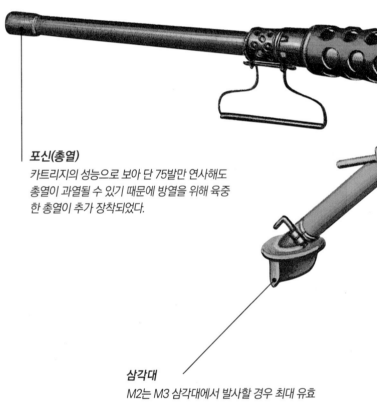

포신(총열)
카트리지의 성능으로 보아 단 75발만 연사해도 총열이 과열될 수 있기 때문에 방열을 위해 육중한 총열이 추가 장착되었다.

삼각대
M2는 M3 삼각대에서 발사할 경우 최대 유효 사거리가 1.8km이다.

제원	
개발 국가:	미국
개발 연도:	1921
구경:	12.7mm
작동방식:	쇼트 리코일, 공랭식
무게:	38.5kg
전체 길이:	1655mm
총열 길이:	1143mm
총구(포구) 속도:	898m/sec
연사속도:	450-550rpm
탄창:	110발 탄띠
사정거리:	1800m 유효

과열은 초기 M2 모델들의 공통된 문제였기 때문에 M2HB로 명명된 신형 '중(重)총열' 버전이 개발되었다. 이 무기는 그 성능에 힘입어 오늘날에도 지상용 및 차량용 무기로 사용된다.

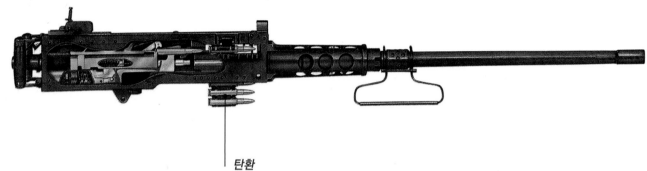

탄환
M2HB에는 여러 종류의 탄들이 사용되었다. 2차 세계
대전부터 베트남 전쟁을 거치면서 철갑탄(AP), 철갑소
이탄(API), 철갑소이 예광탄(APIT) 등이 사용되었다.

연사속도
M2는 모델에 따라 다양한 연
사속도를 갖고 있다. M2HB(중
총열) 공랭식 지상용 기관총은
분당 450-550rpm에 달한다.

브라우닝 M1919A4 Browning M1919A4

브라우닝 M1917의 주요 문제점은 총열을 식히기 위해 물덮개가 필요하다는 점이다. 물은 이동 중에 운반하기에는 무거운데다 고정된 위치에 머무를 때조차 늘 구하기 쉽지 않았다. M1919는 훨씬 가벼운 공랭식 총열을 채택하여 이러한 문제점을 해결했다. 사실 처음에는 너무 가벼웠다. 그 때문에 M1919 초기 모델들이 연사시 과열 양상을 보이자 이후 A2 등 변종 모델들에서 무거운 총열로 교체되었다.

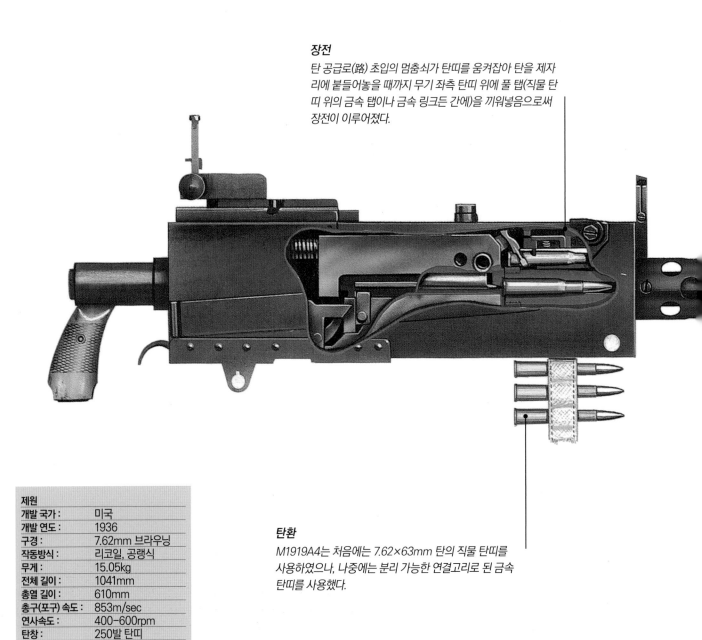

장전
탄 공급로(路) 초입의 멈춤쇠가 탄띠를 움켜잡아 탄을 제자리에 붙들어놓을 때까지 무기 좌측 탄띠 위에 풀 탭(직물 탄띠 위의 금속 탭이나 금속 링크든 간에)을 끼워넣음으로써 장전이 이루어졌다.

탄환
M1919A4는 처음에는 7.62×63mm 탄의 직물 탄띠를 사용하였으나, 나중에는 분리 가능한 연결고리로 된 금속 탄띠를 사용했다.

제원	
개발 국가 :	미국
개발 연도 :	1936
구경 :	7.62mm 브라우닝
작동방식 :	리코일, 공랭식
무게 :	15.05kg
전체 길이 :	1041mm
총열 길이 :	610mm
총구(포구) 속도 :	853m/sec
연사속도 :	400~600rpm
탄창 :	250발 탄띠
사정거리 :	2000m+

M1919는 A4 버전으로, 삼
각대뿐만 아니라 여러 종류
의 차량에 장착되어 보병을
지원한다. A5 버전도 거의
동일하나 탱크나 무장 차에
동축(co-axial) 또는 터릿
(turret) 무기로 장착하도록
내부 설계되었다.

총열

*M1919는 거의 변화가 없는 7.62×51mm 나토탄으로 전환될 위기를 견뎌내
었고, 많은 모델들이 1990년대까지 미군에서 사용되었다. 세계의 다른 지역
에서는 몇몇 군대가 지금도 이 무기를 사용한다.*

중대나 대대 지원 무기로서 M1919는 적어도 두 명으로 구성된 팀이 필요했다.
실전에서는 주로 4명이 팀을 구성했는데, 기관총을 발사하고 진군시 삼각대와
탄통을 운반하는 포수, 기관총을 장전하고 총과 예비부품 및 도구통을 운반하
는 부포수, 그리고 두 명의 탄환 운반자가 그들이다.

제2차 세계대전

제2차 세계대전은 최초의 '현대'전이었다. 이전 전쟁에서 실험적 모델을 선보였던 장갑차와 공군력은 강력하고 지대한 영향을 미치는 무기체계, 방대한 영역을 포괄하는 기민한 공격력으로 발전했다.

동시에 근거리 도시 백병전이 전례 없이 잦아지면서 평균 전투 범위가 계속해서 좁아졌다. 이들 전투에서 주화기는 기관단총, 화염방사기, 그리고 전후 무렵에는 돌격용 소총으로 발전했다. 돌격용 소총은 전쟁이 끝나고 나서야 널리 보급됐는데, 보병대의 화력은 반자동 라이플 총의 일반화로 또다른 도약을 맞이했다. 종종 구형 볼트 액션 소총과 동일한 탄을 쏘면서도, 반자동 소총을 지닌 병사는 일관된 명중률로 더 빨리 장전하고 더 빨리 사격을 가했다.

사진 미 해병대원들이 1943년 솔로몬제도 부겐빌의 정글에서 포즈를 취하고 있다. 대부분 M1 개런드(Garand) 소총으로 무장하고 있으며, 일부는 1903 스프링필드(Springfield)와 M1 카빈을 소지하고 있는데, 이 총기들 모두 정글 전투시 인기가 높았다.

러시아 그리고 동유럽의 반자동 권총들

Russian and East European Semi-Automatics

러시아에서 권총은 중요하게 취급된 적이 전혀 없었고 강력한 전투 무기로 여겨진 적도 없어 그 디자인들도 다소 뒤떨어진 편이었다. 반면 다른 동유럽 국가들에서는 우수한 성능의 권총들이 생산되었다.

토카레프 TT30

TT30은 소비에트 군대에서 나강(Nagant) 리볼버의 대체 모델로 개발되었다. 7.62×25mm 토카레프 탄환이 장전되었으며, 견고함은 입증되었지만 채택되기까지 많은 성능 개선이 필요했다.

제원	
개발 국가 :	USSR(소비에트 사회주의 연방 공화국)
개발 연도 :	1930
구경 :	7.62mm
작동방식 :	쇼트 리코일
무게 :	83kg
전체 길이 :	194mm
총열 길이 :	116mm
총구(포구) 속도 :	420/sec
탄창 :	8발 탈부착식 상자형 탄창
사정거리 :	50m

튤라 토카레프 TT33

TT30의 방아쇠, 프레임(기본구조), 총열을 개조한 모델로 200만 정 이상 생산되었다. 카트리지가 약하고 안전장치가 없지만 신뢰할 만하고 견고한 무기였다.

제원	
개발 국가 :	USSR(소비에트 사회주의 연방 공화국)
개발 연도 :	1933
구경 :	7.62mm 소비에트
작동방식 :	쇼트 리코일
무게 :	0.83kg
전체 길이 :	194mm
총열 길이 :	116mm
총구(포구) 속도 :	415m/sec
탄창 :	8발 탈부착식 상자형 탄창
사정거리 :	30m

TIMELINE

1930

1933

라티 L-35

9mm L35는 루거(Luger)와 외관상 비슷하지만 전혀 다른 노리쇠 뭉치를 가졌다. 이 권총은 매우 견고한 데다 극한(極寒)상태나 오염상태에서도 작동 가능한 것으로 증명되었다.

제원	
개발 국가 :	핀란드
개발 연도 :	1935
구경 :	9mm
작동방식 :	토글 로크트, 쇼트 리코일
무게 :	1.2kg
전체 길이 :	245mm
총열 길이 :	107mm
총구(포구) 속도 :	335.33m/sec
탄창 :	8발 탈부착식 상자형 탄창
사정거리 :	50m

라돔 wz35

그립 안전장치 외의 다른 안전장치가 없음에도 ws35는 폴란드 군을 위해 개발된, 전체적으로 매우 우수한 권총이었다. 1939년 독일군의 침공 이후 수명을 다하고 말았다.

제원	
개발 국가 :	폴란드
개발 연도 :	1935
구경 :	9mm, 파라벨룸탄
작동방식 :	쇼트 리코일
무게 :	1.022kg
전체 길이 :	197mm
총열 길이 :	115mm
총구(포구) 속도 :	350m/sec
탄창 :	8발 탈부착식 상자형 탄창
사정거리 :	30mm

CZ 모델 38

9mm의 짧고 약한 카트리지에 무거운 방아쇠를 지닌 탓에 Model 38은 성공할 수 없었다. 어쨌든 권총 부족에 시달리던 독일침략군이 대부분의 생산품을 유입해 사용했다.

제원	
개발 국가 :	체코슬로바키아
개발 연도 :	1938
구경 :	9mm(0.35in) 쇼트
작동방식 :	쇼트 리코일
무게 :	0.909kg
전체 길이 :	198mm
총열 길이 :	119mm
총구(포구) 속도 :	296m/sec
탄창 :	8발 상자형 탄창
사정거리 :	30m

 1935   1938

웰로드 소음 권총 Welrod Silent Pistol

제2차 세계대전 기간에 비밀첩보원들과 저항군을 상대로 다양한 혁신적인 무기들이 개발되었다. 정계나 군대 요인의 제거는 적에게 중대한 혼란을 야기할 수 있었다. 그러나 첩보원들이 기꺼이 자살 특공 임무를 수행하지 않으면 암살은 비밀리에 행해져야 했다.

한 차례 임무를 수행한 암살자가 탈출할 기회를 얻으려면 소음(消音) 무기가 요구된다. 총기는 칼이나 다른 휴대형 무기로는 불가능한 이점을 제공한다. 즉 암살자가 직접적인 신체접촉 없이 창문이나 다른 틈새를 통해 목표를 저격할 수 있다는 점이다.

리시버 뒷면
8발 탄창을 갖고 있지만 웰로드는 정밀 사격을 위한 것으로 새로운 탄알을 장전하는 과정이 비교적 느렸다.

손잡이
웰로드의 탄창은 손잡이에 내장되는데 재장전 시 손잡이 전체를 제거해야 한다.

제원	
개발 국가 :	영국
개발 연도 :	1940
구경 :	7.65mm(0.30in)
작동방식 :	로터리 노리쇠
무게 :	1.090kg
전체 길이 :	310mm
총열 길이 :	95mm(소음기 제외)
총구(포구) 속도 :	알려지지 않음
탄창 :	8발 상자형 탄창
사정거리 :	20m

웰로드 암살용 권총은 영국 특수작전국(British Special Operations Executive)을 위해 개발되었으며 소음기가 내장되어 있다. 그립 안전장치가 유일한 안전장치이며, 재장전은 반자동이라기보다는 수동에 가까웠다. 다음 총알을 장전하려면 총기 뒤 캡을 비틀어서 끌어당긴 다음 다시 홈을 밀어내야 했다.

총열
웰로드 권총의 소음기는 기본 설계에 포함된 것으로 제거할 수가 없었다.

전투병과 달리 암살자에게 대인저지력은 별로 중요하지 않았다. 타겟이 바로 죽지 않아도 피를 흘리며 쓰러지면 즉각 쓰러진 사람처럼 죽은 것과 마찬가지였다. 그래서 살상력이 약한 소구경 무기들이 큰 결함으로 여겨지지 않았다. 몇몇 암살행위는 소구경 연발탄으로 목표물을 근접 거리에서 집중사격하는 방식으로 이뤄졌는데, 이로 인한 출혈은 한 번의 큰 총상보다 멈추게 하기가 더 힘들었다.

리버레이터 M1942 Liberator M1942

단순다발 산탄총과 유사 기초화기를 포함한 많은 무기들이 레지스탕스용으로 개발되었다. 이 무기들은 공중에서 투하하면 레지스탕스들이 찾아내 침략자에 맞서 싸우는 수단을 확보할 수 있게 해준다는 의도에 기초하고 있다.

이러한 무기의 상당수가 조악하며 값싸게 제작되는데, 그것들이 필사항전 중인 레지스탕스들에게만 유의미하기 때문이다. 무장이 잘 된 정규 병사는 이 수송품들을 수거하더라도 별다른 소용이 없었다. 이러한 무기들 중 가장 형편없는 무기가 리버레이터 권총이었다.

제원	
개발 국가 :	미국
개발 연도 :	1942
구경 :	11.4mm
작동방식 :	수동
무게 :	0.454kg
전체 길이 :	141mm
총열 길이 :	102mm
총구(포구) 속도 :	250m/sec
탄창 :	단발
사정거리 :	8m

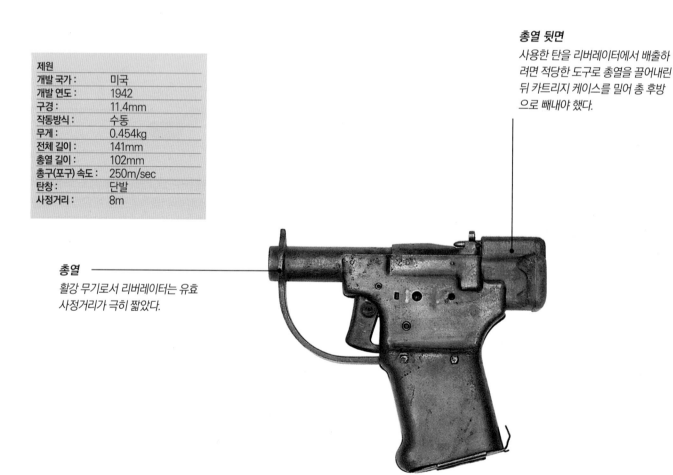

총열 뒷면
사용한 탄을 리버레이터에서 배출하려면 적당한 도구로 총열을 끌어내린 뒤 카트리지 케이스를 밀어 총 후방으로 빼내야 했다.

총열
활강 무기로서 리버레이터는 유효 사정거리가 극히 짧았다.

11.4mm(.45ACP) 탄을 발사하는 단발식 활강 권총인 리버레이터는 전투용보다는 저항군이 적의 보초병이나 고위급 타깃을 제거할 수 있도록 근거리 사정권의 암살용으로 만들어졌다. 다소 여유롭게도 각각의 총기에는 10발의 탄환이 제공되었다. 사용한 탄피는 스틱을 사용해 총기 바깥으로 튕겨내야 해서 신속하게 재장전할 수 없었다.

이론적으로는 총기 사용자가 그의 리버레이터를 희생자의 무기로 바꾸어 화력을 강화할 수는 있다. 하지만 얼마나 많은 리버레이터가 사용되었고 그와 같은 시도들이 얼마나 성공했는지 알려진 바는 없다.

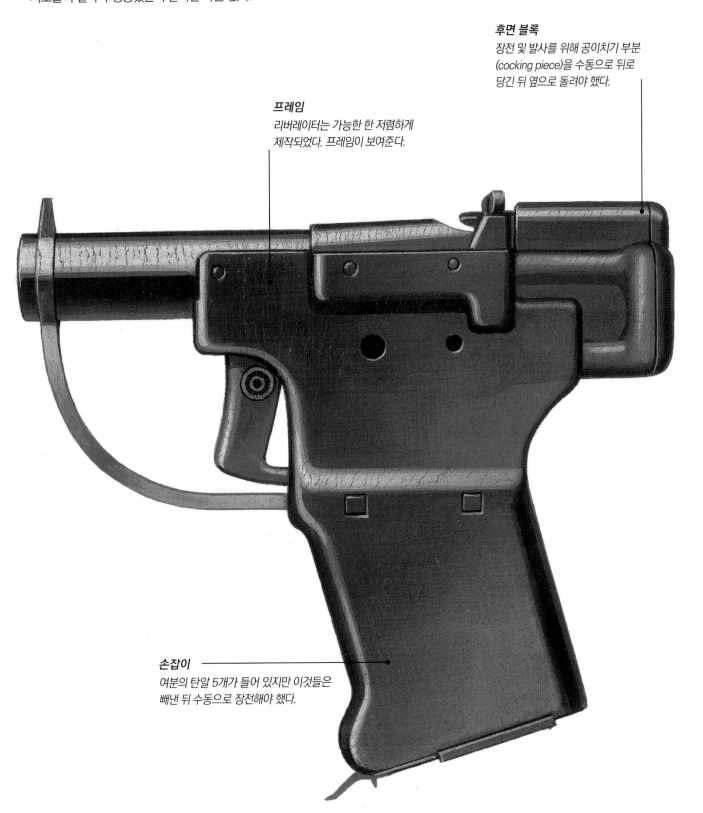

후면 블록
장전 및 발사를 위해 공이치기 부분 (cocking piece)을 수동으로 뒤로 당긴 뒤 옆으로 돌려야 했다.

프레임
리버레이터는 가능한 한 저렴하게 제작되었다. 프레임이 보여준다.

손잡이
여분의 탄알 5개가 들어 있지만 이것들은 빼낸 뒤 수동으로 장전해야 했다.

볼트 액션 소총 Bolt-Action Rifles

2차 대전 발발 당시 보병대의 표준 무기는 여전히 볼트 액션 소총이었다. 이전 세대에 비해 더 가볍고 짧아졌지만 기능적으로는 동일했다.

마우저 Kar 98 Kurz K

전시 대부분 독일 보병의 표준 무기는 성능이 우수한 마우저 98 소총 계통의 카라비너 쿠르쯔(소형 카빈) 버전이었다. 1935년 군대 표준 소총으로 채택된 Kar 98은 더 새로운 무기가 나왔음에도 불구하고 전쟁이 종식될 때까지 생산되었다.

제원	
개발 국가 :	독일
개발 연도 :	1935
구경 :	7.92mm 마우저 98
작동방식 :	노리쇠-액션
무게 :	3.9kg
전체 길이 :	1110mm
총열 길이 :	600mm
총구(포구) 속도 :	745m/sec
탄창 :	5발 일체식 상자형 탄창
사정거리 :	500m+ *기계식 조준기 사용

퓌질 MAS36

새로운 7.5×54mm 탄을 장전한 MAS36은 군용 볼트 액션 소총 가운데 마지막으로 사용된 무기 중 하나다. 몇몇 변종 모델들과 함께 거의 20년간 생산되었다.

제원	
개발 국가 :	프랑스
개발 연도 :	1936
구경 :	7.5mm
작동방식 :	노리쇠-액션
무게 :	3.7kg
전체 길이 :	1020mm
총열 길이 :	575mm
총구(포구) 속도 :	853.6m/sec
탄창 :	5발 일체식 상자형 탄창, 클립-페드
사정거리 :	320~365m

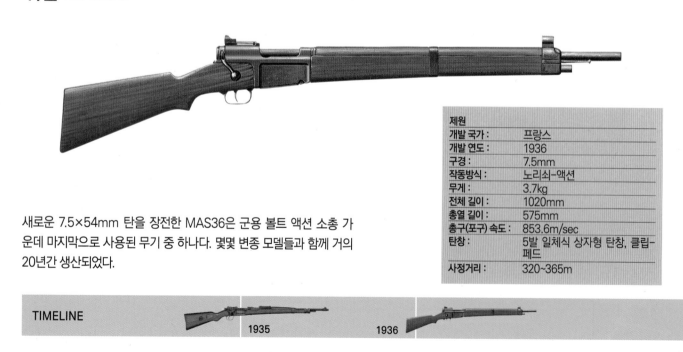

TIMELINE

1935   1936

모신-나강 M1938 카빈

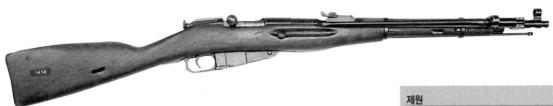

M1938은 유래 깊은 모신-나강 소총의 소형화된 카빈 버전인데 저격용으로 사용될 만큼 충분한 명중률을 지녔다. 원래 소총과 같은 5발 일체형 탄창을 장착했다.

제원	
개발 국가 :	USSR
개발 연도 :	1938
구경 :	7.62mm
작동방식 :	노리쇠-액션
무게 :	3.45kg
전체 길이 :	1020mm
총열 길이 :	510mm
총구(포구) 속도 :	800m/sec
탄창 :	5발 일체형 탄창
사정거리 :	500m

리-엔필드 소총 No4 Mk1

영국군은 당시 표준 무기였던 SMLE Mk III으로 전쟁을 시작했으나 곧 전시 대량 생산체계에 적합한 버전이 필요하다는 사실이 분명해졌다. 그 결과 제작된 이 총은 약 400만 정이 생산되었다.

제원	
개발 국가 :	영국
개발 연도 :	1939
구경 :	7.7mm(0.303in) 영국군대
작동방식 :	노리쇠-액션
무게 :	4.11kg
전체 길이 :	1128mm
총열 길이 :	640mm
총구(포구) 속도 :	751m/sec
탄창 :	10발 탈부착식 상자형 탄창
사정거리 :	1000m 이상

리-엔필드 소총 No 5/ 정글 카빈

고무 어깨 보호대와 소염기에도 불구하고, 길이를 줄인 '정글 카빈'은 과도한 반동과 총구 폭발로 골치를 썩였다. 게다가 주기적으로 배열에서 이탈하는 가늠장치도 두통거리였다. 이 때문에 소총 No 5은 1947년 폐기되었다.

제원	
개발 국가 :	영국
개발 연도 :	1944
구경 :	7.7mm 영국 군대
작동방식 :	노리쇠-액션
무게 :	3.24kg
전체 길이 :	1000mm
총열 길이 :	478mm
총구(포구) 속도 :	610m/sec
탄창 :	10발 탈부착식 상자형 탄창
사정거리 :	1000m

1938

1939

1944

저격용 소총 Sniper Rifles

2차 세계 대전 기간에 저격용 무기가 주문설계되는 경우는 거의 없었다. 대부분은 생산된 무기 중에서 선택되어 조준기가 장착된 볼트 액션 방식의 군용 소총이다. 이러한 무기들은 저격수의 손에 들려지자 실로 치명적인 무기임이 증명되었다.

마우저 카 98K 저격용 버전

K98s 생산품들은 테스트를 거쳐 가장 정확한 것들은 별도 구분되어 저격용 무기로 개조되었다. 망원조준기를 달기 위해 약간의 부가적인 기계 가공이 필요했으나, 그렇지 않을 경우 기존 생산품들과 거의 마찬 가지 상태로 남는다.

제원	
개발 국가 :	독일
개발 연도 :	1935
구경 :	7.92mm 마우저 M98
작동방식 :	볼트 액션
무게 :	3.9kg
전체 길이 :	1110mm
총열 길이 :	600mm
총구(포구) 속도 :	745m/sec
탄창 :	5발 내장식 상자형 탄창
사정거리 :	1000m+

스프링필드 모델 1903/A3

M1903A4는 사라져가는 볼트 액션 방식의 군용 소총을 꽤 성공적으 로 개조한 것이다. 조준기가 차저(장전기) 사용을 방해해 장전 속도를 떨어뜨리는 게 큰 단점이었다.

제원	
개발 국가 :	미국
개발 연도 :	1942
구경 :	7.62mm M1906
작동방식 :	볼트 액션
무게 :	3.94kg
전체 길이 :	1097mm
총열 길이 :	610mm
총구(포구) 속도 :	853m/sec
탄창 :	5발 내장식 상자형 탄창
사정거리 :	1000m +

TIMELINE		
	1935	1942

리-엔필드 소총 No. 4 Mk. 1(T) 저격용 소총

대부분의 리-엔필드 저격용 소총은 테스트 과정에서 특별히 명중률이 높아 추려낸 소총 No. 4를 개조한 것이다. 개조 수준은 망원조준경과 뺨 붙임대(cheek piece)를 추가하는 정도에 그쳤다.

제원	
개발 국가 :	영국
개발 연도 :	1942
구경 :	7.7mm 영국 군대
작동방식 :	볼트 액션
무게 :	4.11kg
전체 길이 :	1128mm
총열 길이 :	640mm
총구(포구) 속도 :	751m/sec
탄창 :	10발 탈부착식 상자형 탄창
사정거리 :	1000m+

데 리슬 카빈

톰슨 기관단총의 총열에 리-엔필드 작동방식을 적용한 짧은 사정거리의 저격용 무기로 거의 완전한 무음 총이다. 11.4mm 탄은 약 250m까지 정확했다.

제원	
개발 국가 :	영국
개발 연도 :	1943
구경 :	11.4mm .45 ACP
작동방식 :	볼트 액션
무게 :	3.7kg
전체 길이 :	960mm
총열 길이 :	210mm
총구(포구) 속도 :	260m/sec
탄창 :	7발 탈부착식 상자형 탄창
사정거리 :	400m

개런드 M1C

전쟁 막바지에 반자동 개런드 M1의 저격용 버전이 등장했다. 시험 버전이 실전에 투입됐지만 한국 전쟁 이전까지는 M1903 저격용 변종 모델을 대체하지 못했다.

제원	
개발 국가 :	미국
개발 연도 :	1944
구경 :	7.62mm US .30-06
작동방식 :	가스압
무게 :	4.37kg
전체 길이 :	1103mm
총열 길이 :	610mm
총구(포구) 속도 :	853m/sec
탄창 :	8발 내장식 상자형 탄창
사정거리 :	1000m+

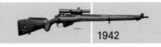

1942

1943

1944

M1 개런드 M1 Garand

현대 기준으로 보면 다소 구식이지만 당시에는 보병 화력에 일대 도약을 가져온 무기다. 8발 내장식 탄창에서 강력한 7.62mm 탄이 정확하고 빠르게 발사되었으며 신속하게 재장전된다.
최초의 M1 모델은 가스압 작동방식 때문에 총구가 막히는 경향이 있었다. 그러나 1939년 이래 총구 아래 관으로 가스를 배출하는 대체 시스템이 등장하면서 신뢰성이 크게 향상되었다.

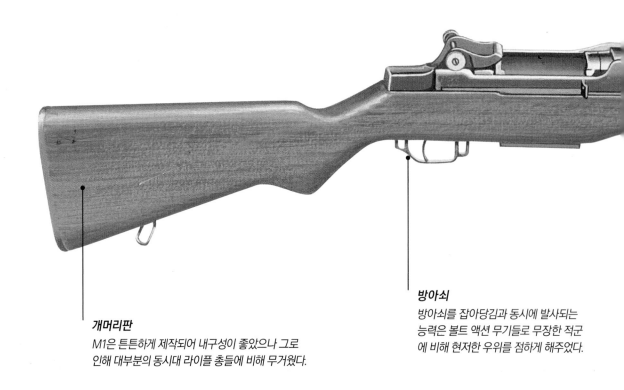

방아쇠
방아쇠를 잡아당김과 동시에 발사되는 능력은 볼트 액션 무기들로 무장한 적군에 비해 현저한 우위를 점하게 해주었다.

개머리판
M1은 튼튼하게 제작되어 내구성이 좋았으나 그로 인해 대부분의 동시대 라이플 총들에 비해 무거웠다.

제원	
개발 국가 :	미국
개발 연도 :	1936
구경 :	7.62mm US.30-06
작동방식 :	가스압
무게 :	4.37kg
전체 길이 :	1103mm
총열 길이 :	610mm
총구(포구) 속도 :	853m/sec
탄창 :	8발 내장식 상자형 탄창
사정거리 :	500m+

결코 개선된 적이 없는 M1의 한 가지 결함은 장전 시스템이었다. 개런드에 사용된 8발 일체형 탄약 클립은 탄창을 깨끗하게 비울 수 없음을 의미했다. 그리고 클립이 배출될 때 '핑' 하고 나는 큰 소리는 적군들에게 총기사용자의 위치를 알려줄 수 있었다.

장전 시스템의 문제에도 불구하고 M1 개런드는 군대의 화력을 크게 향상시키는 우수한 전투용 소총이었다. 아이젠하워 장군이 발명자(John Garand)의 이름을 따서 '개런드'라 명명한 이 무기는 2차 세계 대전을 승리로 이끈 5개의 발명품 중 하나이자 그중 유일한 개인용 무기이다.

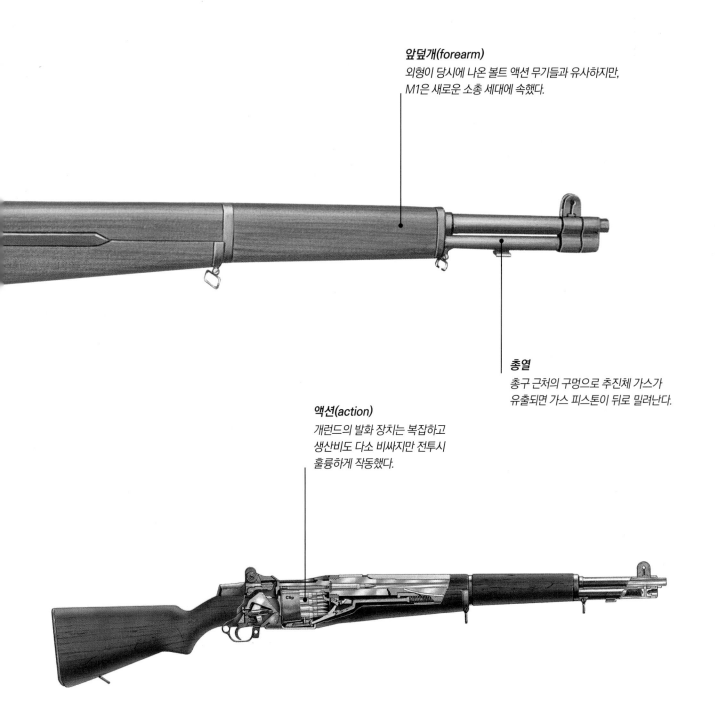

앞덮개(forearm)
외형이 당시에 나온 볼트 액션 무기들과 유사하지만, M1은 새로운 소총 세대에 속했다.

총열
총구 근처의 구멍으로 추진체 가스가 유출되면 가스 피스톤이 뒤로 밀려난다.

액션(action)
개런드의 발화 장치는 복잡하고 생산비도 다소 비싸지만 전투시 훌륭하게 작동했다.

반자동 소총 Semi-Automatic Rifles

대부분의 군대들이 주로 볼트 액션 라이플로 무장하고 전쟁을 맞았지만, 반자동 화기들은 수년이 지난 뒤에 나타나 서서히 이전 총기들을 대체했다. 이처럼 뛰어난 성능을 지닌 화기들이 대세를 점하기까지는 시간이 걸렸다.

퓌질 자동 모델 1917

M1886 르벨 소총을 개량한 M1917은 많은 요소들이 이전 모델과 동일하며 탄환 역시 동일한 것을 사용했다. 내장식 탄창에는 5발 클립을 장전했으며 1차 세계 대전에 투입된 이래 1940년대까지 사용되었다.

제원	
개발 국가 :	프랑스
개발 연도 :	1917
구경 :	8mm 르벨
작동방식 :	가스압, 회전 노리쇠
무게 :	5.25kg
전체 길이 :	1331mm
총열 길이 :	798mm
총구(포구) 속도 :	853m/sec
탄창 :	5발 상자형 탄창
사정거리 :	300m

M11 A2 소총용 수류탄을 장착한 M1 개런드

개런드 계열 소총에는 많은 변종 모델이 있지만 주로 저격용 버전만이 전투에 투입되었다. 수류탄 발사가 가능한 변종은 예외였으나, 일반적으로 이 역할은 구식 M1903s 모델이 담당했다.

제원	
개발 국가 :	미국
개발 연도 :	1936
구경 :	7.62mm US .30-06
작동방식 :	가스압
무게 :	4.37kg
전체 길이 :	1103mm
총열 길이 :	610mm
총구(포구) 속도 :	853m/sec
탄창 :	N/A
사정거리 :	100m
*수류탄을 제외한 무기의 스펙	

TIMELINE
1917   1936   1940

토카레프 SVT-40

초기 SVT-38에서 발전한 SVT-40은 독일의 러시아 침공 시기에 소비
에트 보병들을 재무장시키는 데 사용되었다. 이로 인한 화력의 증강은
침입자들에게 달갑지 않은 충격을 안겼다.

제원	
개발 국가 :	USSR
개발 연도 :	1940
구경 :	7.62mm 캐빈
작동방식 :	가스압
무게 :	3.90kg
전체 길이 :	1226mm
총열 길이 :	610mm
총구(포구) 속도 :	840m/sec
탄창 :	10발 탈부착식 상자형 탄창
사정거리 :	500m+

카빈, .30구경, M1

지원부대를 위한 경(輕)화기로서 구상된 M1 카빈 총은 사정거리나 대
인저지력이 제한된 탄창을 사용했다. 그럼에도 불구하고 600만 정 이
상 생산된 성능 좋고 인기있는 무기였다.

제원	
개발 국가 :	미국
개발 연도 :	1942
구경 :	7.62mm
작동방식 :	가스압
무게 :	2.5kg
전체 길이 :	905mm
총열 길이 :	457mm
총구(포구) 속도 :	595m/sec
탄창 :	15발, 또는 30발 탈부착식 상 자형 탄창
사정거리 :	c.300m

게베어 43

발터가 설계한 게베어 43은 정확하고 성능이 좋았으나 구조가 복잡해
생산 시간이 길었고 그 결과 적은 수만이 공급되었다. 다른 국가의 군대
들과 마찬가지로 독일 군에서 반자동 무기들은 결코 널리 사용되지 않
았다.

제원	
개발 국가 :	독일
개발 연도 :	1943
구경 :	8mm IS
작동방식 :	가스압
무게 :	4.1kg
전체 길이 :	1130mm
총구(포구) 속도 :	853.6m/sec
탄창 :	10발 탈부착식 상자형 탄창
사정거리 :	500m, 800m(조준경 장착시)

1942

1943

초기 돌격용 소총 Early Assault Rifles

'슈튬게베어(Sturmgewehr, 돌격 소총)'라는 용어는 StG44로 명명된 전자동 무기를 묘사하기 위해 아돌프 히틀러가 지어붙인 것이다. 돌격용 소총은 교외 원거리 사격보다 종종 도심지 근접전 용으로 최적화되었다.

토카레프 AVT-40

참된 의미에서의 돌격용 소총은 아니지만, AVT-40은 반자동 SVT-40을 전자동으로 개조한 것이었다. 분대용 자동 무기로 설계된 AVT-40은 다루기가 까다로운 데다 탄약 공급도 매우 제한적이었다.

제원	
개발 국가 :	USSR
개발 연도 :	1940
구경 :	7.62mm
작동방식 :	가스압 쇼트 스트로크 피스톤
무게 :	3.90kg
전체 길이 :	1226mm
총열 길이 :	610mm
총구(포구) 속도 :	840m/sec
탄창 :	10발 탈부착식 상자형 탄창
사정거리 :	500m

찰턴 자동 소총

자동 지원 무기의 부족은 리-엔필드와 리-멧포드를 전자동 무기로 개조하게끔 유도했다. 찰턴 자동 소총은 브렌 탄창이나 자체 10발 탄창을 사용했다.

제원	
개발 국가 :	뉴질랜드
개발 연도 :	1941
구경 :	7.7mm
작동방식 :	가스압 반자동
무게 :	7.3kg
전체 길이 :	1150mm
총열 길이 :	알려지지 않음
총구(포구) 속도 :	744m/sec
탄창 :	10발 탄창
사정거리 :	910m

TIMELINE

1940

1941   1942

팔슈름재거게베어 42

낙하산 부대(독일어로 Fallschirmjäger)용으로 개발된 FG42는 경기관총과 돌격소총의 중간 모델 격이다. 20발 탄창을 지닌 풀파워 소총 카트리지는 비교적 빠른 750rpm의 연사속도를 지닌다.

제원	
개발 국가 :	독일
개발 연도 :	1942
구경 :	7.92mm 마우저
작동방식 :	가스압
무게 :	4.53kg
전체 길이 :	940mm
총열 길이 :	502mm
총구(포구) 속도 :	761m/sec
탄창 :	20발 탈부착식 상자형 탄창
사정거리 :	400m+

마쉬넨카라비너 42(H) / 마히넨피스톨레 43

자동소총과 경기관총. 도심 전투시 소비에트 군대가 대량 사용한 기관총들은 독일군과의 교전에서 유리한 형세를 제공했다. 그러나 히틀러는 마쉬넨카라비너 42 프로젝트를 근본적으로 차단했고, 이로 인해 MP43이라는 명칭으로 조용히 진행되었다.

제원	
개발 국가 :	독일
개발 연도 :	1943
구경 :	7.92mm 쿠르츠
작동방식 :	가스압
무게 :	5.1kg
전체 길이 :	940mm
총열 길이 :	418mm
총구(포구) 속도 :	700m/sec
탄창 :	30발 탈부착식 상자형 탄창
사정거리 :	c.300m

슈튬게베어 44

히틀러가 최종 승인한 MP43 프로젝트의 결과 독일군은 StG44를 사용하게 되었다. 짧은 7.92mm 카트리지를 사용해 자동 발사를 제어하며 400m까지 정확한 사격이 가능했다. 이 무기는 돌격소총의 전 모델에 영향을 미쳤다.

제원	
개발 국가 :	독일
개발 연도 :	1944
구경 :	7.92mm 쿠르츠
작동방식 :	가스압
무게 :	5.1kg
전체 길이 :	940mm
총열 길이 :	418mm
총구(포구) 속도 :	700m/sec
탄창 :	30발 탈부착식 상자형 탄창
사정거리 :	c.400m

1943

1944

가스압 방식 대(對) 수동식

Gas-Operated vs Manual

가스압 방식의 무기와 볼트 액션 방식의 총기는 둘 다 동일한 기본 시스템을 채택한다. 노리쇠가 앞뒤로 움직이면서 사용한 케이스를 배출하고, 탄창 스프링을 밀어 새 탄약을 약실에 넣고, 발사 준비가 된 약실을 닫고 밀봉한다.

둘 사이에 존재하는 단 하나의 차이는 노리쇠 작동방식이다. 볼트 액션 방식의 무기는 사용자가 붙잡을 수 있는 돌출부가 있어서 그로 인해 손을 총기에서 차례로 떼내게 된다. 가스압 무기는 비록 실제로는 수동 코킹 핸들이 외부에 있지만, 이론상 전체 작동 장치가 일체형으로 내장될 수 있다.

팔슈름재거게베어 42
FG42는 1942년부터 독일에서 생산되었으며 선택적 발사가 가능한 전투용 소총이다. 이 무기는 공수부대용으로 특수 개발되었으며, 전쟁이 끝날 때까지 매우 한정된 수량만 배치되었다. 표준규격의 보급형 Kar98k 소총보다 크지 않은 가벼운 형태로 경기관총의 화력과 특징들을 지니고 있었다. 당대 가장 앞선 총기 디자인 중 하나로 여겨진 FG42는 현대 돌격용 소총의 개념 형성에 이바지했다.

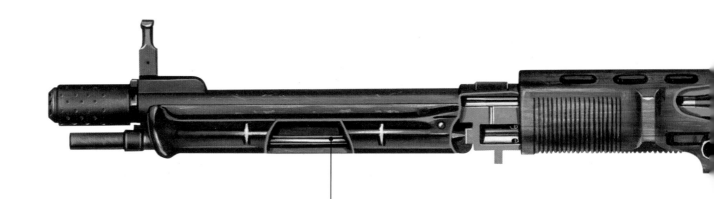

제원	
개발 국가 :	독일
개발 연도 :	1942
구경 :	7.92mm 마우저
작동방식 :	가스압
무게 :	4.53kg
전체 길이 :	940mm
총열 길이 :	502mm
총구(포구) 속도 :	761m/sec
탄창 :	20발 탈부착식 상자형 탄창
사정거리 :	400m+

가스 작동 방식
FG42는 나선형 리코일 스프링에 적합하도록 만들어진 가스압에 의한 터닝 볼트 액션을 채택했다. 이 시스템은 포강(砲腔)에 주입된 가압 배기가스를 사용하며, 이를 다시 총열 속으로 뚫린 구멍을 통해 총열 아래 가스 실린더로 보낸다.

가스-작동 방식

점화실 내 추진연료의 폭발로 형성된 고온가스는 탄환을 총열 아래 구멍으로 밀어낸다. 이는 가스가 팽창할 수 있는 길을 추가적으로 열어준다. 노리쇠와 연결된 가스 피스톤은 급히 뒤쪽으로 밀려나는데, 이는 배출구를 열어주어 뒤쪽의 움직임이 스프링에 의해 막히기 전에 사용된 카트리지를 배출한다.

그러면 노리쇠는 다시 앞쪽으로 밀려가면서, 약실이 닫혀서 밀봉되기 전에 새로운 탄을 집어 장전한다. 무기의 설계는 무기가 다시 공이치기를 잡아당기는 지점이 정확히 어디인지에 따라 달라진다. 가스 피스톤과 리코일 스프링의 작용으로 무기는 반동을 어느 정도 흡수하여 속사 중에도 명중률을 유지시킨다.

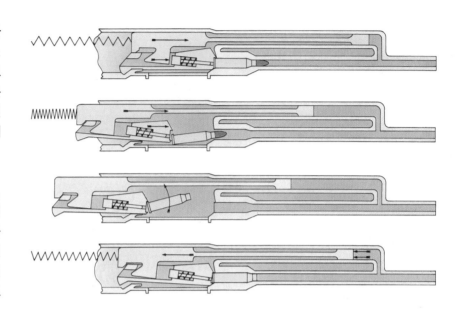

피스톤
급속히 형성된 추진가스가 후방 압력을 가해 롱스트로크 피스톤을 뒤로 밀어낸다.

SKS 카빈 SKS Carbine

제2차 세계 대전은 크게 도심과 정글에서, 그리고 예컨대 노르망디 보까즈 같은 밀집지형에서 전개되는 단거리 총격전으로 특징지어질 수 있었다. 더불어 엔진차량의 사용이 늘어나자 차량 안팎으로 이동할 때 쉽게 사용할 수 있는 더 짧은 보병 무기의 필요성도 높아졌다.

이러한 흐름의 결과가 돌격용 소총이다. 전형적인 '전투용' 소총과 달리 가벼운 탄창을 쓰는 경량급 카빈 소총으로, 800m 이상의 거리에서 정확성을 발휘하기보다 200-400m 내 전투에 최적화된 것이다. 하지만 그러한 기능을 만족하기까지 수많은 단계가 필요했다.

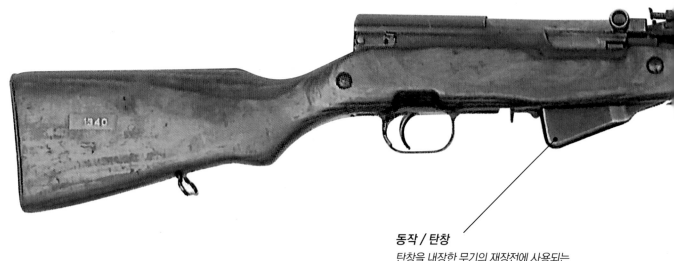

동작 / 탄창
탄창을 내장한 무기의 재장전에 사용되는 스트리퍼 클립에서, 탈부착식 탄창에 종종 그럴싸하게 잘못 적용된 오칭(誤稱) '클립'이 유래한다.

제원	
개발 국가:	USSR
개발 연도:	1945
구경:	7.62mm
작동방식:	가스압, 쇼트 스트로크 피스톤
무게:	3.85kg
전체 길이:	1021mm
총열 길이:	521mm
총구(포구) 속도:	735m/sec
탄창:	10발 내장식 상자형 탄창
사정거리:	400m+

SKS 카빈은 1945년에 등장했다. 실제적인 돌격용 소총은 아니지만 무기 설계의 나아갈 방향을 나타내 준다. 짧은 7.62×39mm 탄(2년 후 AK47에 사용된다)을 발사하는 SKS는 짧고 사용하기 편했다. 그러나 반자동 무기였고 탄장전수에 제약이 있었다.

총검
*SKS는 고정된 접이식 총검을 장착하고
있는데, 흔한 탈부착형 칼이나 총검에
비해 독특한 장치였다.*

앞덮개(총대)
*SKS는 소비에트 육군에서 사용된, 재래식
규격으로는 마지막 소총이었다. 몇 년 뒤
근본적으로 다른 AK47이 보급되었다.*

SKS는 수동으로 또는 스트리퍼 클립으로 장전되는 10발 내장식 탄창을 장착
했으며, 돌격용 소총의 몇몇 특징들-가벼운 카트리지, 짧은 길이, 그리고 감량
된 무게-을 지니고 있다. 그러나 자동 발사 능력, 그리고 실전에서 더욱 중요하
게 여겨지는 신속한 재장전 기능이 결여돼 있었다.

스텐 계열 총기들 The Sten Family

제2차 세계 대전이 발발하자 영국은 값싸고 신속하게 만들 수 있는 가볍고 단순한 자동 무기를 필요로 했다. 스텐 계열은 투박했지만 목적에 부합하여 대량 생산되었다.

스텐 Mk I

최초의 스텐 총은 편리한 소지를 위해 접힌 앞덮개와 소염기를 장착했으며, 총몸은 목재로 되어 있었다. 탄창은 독일의 MP40을 모방했는데 원본처럼 기능이 곧잘 정지되곤 했다.

제원	
개발 국가 :	영국
개발 연도 :	1940
구경 :	9mm 파라벨룸
작동방식 :	블로백
무게 :	3.1kg
전체 길이 :	760mm
총열 길이 :	196mm
총구(포구) 속도 :	365m/sec
탄창 :	32발 탈부착식 상자형 탄창
사정거리 :	60m

스텐 Mk II

스텐 총은 금속 구조물로 제작되어 극히 투박했다. 47개의 부품들은 주로 압착된 금속으로 제작되었고 노리쇠와 총열만 기계 가공되었다. 스텐 MkII는 연합군과 더불어 레지스탕스들에게도 공급되었다.

제원	
개발 국가 :	영국
개발 연도 :	1942
구경 :	9mm 파라벨룸
작동방식 :	블로백
무게 :	2.95kg
전체 길이 :	762mm
총열 길이 :	196mm
총구(포구) 속도 :	380m/sec
탄창 :	32발 탈부착식 상자형 탄창
사정거리 :	70m

TIMELINE 1940 1942 1943

스텐 Mk II '사일런트 스텐'

스텐 MkII의 은폐된 버전으로 영국 특수작전국(SOE) 소속 정보원용이다. 유럽과 동남아시아에 실전 투입되었으며, 후일 베트남에서 오스트레일리아 특수부대가 썼다.

제원	
개발 국가 :	영국
개발 연도 :	1943
구경 :	9mm 파라벨룸
작동방식 :	블로백
무게 :	2.95kg
전체 길이 :	762mm
총열 길이 :	196mm
총구(포구) 속도 :	380m/sec
탄창 :	32발 탈부착식 상자형 탄창
사정거리 :	70m

스텐 Mk IV(시제품)

시제품 단계를 지나서 결코 개발된 적이 없는 미니어처 모형의 스텐 Mk IV는 피스톨 손잡이와 소염기를 단 매우 짧은 총열이 특징적이다.

제원	
개발 국가 :	영국
개발 연도 :	1944
구경 :	9mm 파라벨룸
작동방식 :	블로백
무게 :	알려지지 않음
전체 길이 :	알려지지 않음
총열 길이 :	알려지지 않음
총구(포구) 속도 :	380m/sec
탄창 :	32발 탈부착식 상자형 탄창
사정거리 :	N/A

스텐 Mk V

공수부대 용으로 제작된 스텐 Mk V는 고정된 목재 개머리판과 앞덮개를 갖고 있었고, 비록 매우 제한적으로 사용되기는 했지만 총검을 고정시킬 수 있었다.

제원	
개발 국가 :	영국
개발 연도 :	1944
구경 :	9mm 파라벨룸
작동방식 :	블로백
무게 :	3.86kg
전체 길이 :	762mm
총열 길이 :	196mm
총구(포구) 속도 :	380m/sec
탄창 :	32발 탈부착식 상자형 탄창
사정거리 :	70m

1944

스텐 총 Sten Gun

스텐이라는 명칭은 설계자들(셰퍼드 그리고 터핀)과 탄생지인 엔필드 공장의 이름 첫글자를 합성한 것이다. 대량 생산하기에 편리한 총, 그것이 설계자들의 의도였다. 그들의 의도는 성공했지만 저비용에는 대가가 따랐다.

스텐은 단순하고 투박하게 제작되었으며 어디서든 조립할 수 있었다. 실제로 초등학교 남학생들이 조립했다는 이야기도 전해진다. 매우 싸고 다른 무기에 필요한 재원들을 사용하지 않았으며, 필요하다면 독일 9mm 탄도 장전할 수 있었다.

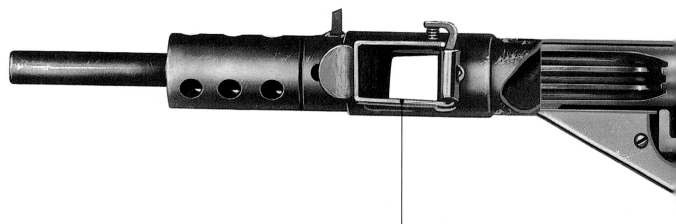

매거진 웰(탄창 삽입부)
스텐은 탄창이 측면에 탑재돼 앞덮개 사용이 편리했지만, 이것이 탄창의 배열을 흐트러지게 해 막힘현상을 일으킬 수 있었다.

제원	
개발 국가 :	영국
개발 연도 :	1942
구경 :	9mm 파라벨룸
작동방식 :	블로백
무게 :	2.95kg
전체 길이 :	762mm
총열 길이 :	196mm
총구(포구) 속도 :	380m/sec
탄창 :	32발 탈부착식 상자형 탄창
사정거리 :	70m

스텐이 지닌 예상 밖의 문제는 잼(막힘) 현상이었다. 이 총은 MP40과 동일한 결함을 지녔는데, 이는 스텐이 MP40의 탄창을 복제했기 때문이다. 충격이 가해지면 발포되는 아주 나쁜 경향을 지닌 데다, 그밖에도 거칠고 예리한 가장자리 때문에 보관이 쉽지 않았다.

많은 결점에도 불구하고 스텐은 전쟁 기간에 주요 무기 중 하나 였는데, 이는 주로 상당한 수량 때문이다. 전쟁 기간에 널리 복 제되었으며 나중에는 이를 기반으로 더 좋은 다른 무기들이 개 발되기도 했다.

스프링

스텐의 주요 결점은 저절로 발포된다는 점이 었다. 날카로운 충격을 받으면 노리쇠가 리코 일 스프링에 부딪히면서 방아쇠와 상호작용 하지 않고도 장전과 발사가 이어졌다.

개머리판

투박한 금속 개머리판은 최소한의 재료로만 만들어졌는데 이는 다량의 무기가 급히 필요 하던 전쟁 초기에 중요한 고려사항이었다.

방아쇠

스텐의 방아쇠와 실렉터(발사 모드를 조절하는 일종의 스위치)는 늘 신뢰할 만한 것은 아니었다. 낡거나 잘못 만들어진 것들은 실렉터의 세팅 여부와 무관하게 종종 자동발사될 수 있었다.

독일의 기관단총들 German Submachine Guns

1차 세계 대전이 끝나기 몇 달전에 기관단총들(SMGs)에 대한 실험을 성공적으로 마친 독일 군은 베르사유 조약에 따라 그러한 무기들의 소유를 금지당했다. 그러나 조약의 조건들이 점 차 폐기되면서 독일군은 기관단총을 다시 도입했다. 독일 기관단총들은 보통 '마쉬넨피스톨레 (Maschinenpistole)'의 약어인 MP로 불렸다.

MP28

베르사유 조약 범위 내의 법 집행용으로 개발된 MP28은 MP18을 살 짝 개량한 것인데 조약의 금지에도 불구하고 상당수 보유되고 있었다.

제원	
개발 국가 :	독일
개발 연도 :	1928
구경 :	9mm 파라벨룸
작동방식 :	오픈 노리쇠 블로백
무게 :	4.18kg
전체 길이 :	832mm
총열 길이 :	200mm
총구(포구) 속도 :	380m/sec
탄창 :	32발 탈부착식 원통형 탄창
사정거리 :	70m

에르마 MPE

MPE는 1930년에 생산에 들어가 수출품목으로 상당한 성공을 거두었 는데, 특히 중앙 아메리카와 남아메리카로 많이 팔려나갔다. 스페인 내 전에서 널리 사용되었다.

제원	
개발 국가 :	독일
개발 연도 :	1930
구경 :	9mm 파라벨룸
작동방식 :	블로백
무게 :	4.15kg
전체 길이 :	902mm
총열 길이 :	254mm
총구(포구) 속도 :	395m/sec
연사속도 :	500rpm
탄창 :	20발 또는 30발 상자형 탄창
사정거리 :	70m

TIMELINE　　1928　　1930　　1938

MP38

금속 기계로 찍어내 값싸게 생산된 MP38은 일반적으로 신뢰할 만했지만 사용자가 탄창을 앞손잡이 삼아 뒤로 잡아당기면 막힘 현상이 일어나곤 했다. 또 충격이 가해지면 우발적으로 발사되기도 했다.

제원	
개발 국가 :	독일
개발 연도 :	1938
구경 :	9mm 파라벨룸
작동방식 :	블로백
무게 :	4.1kg
전체 길이 :	832mm(개머리판을 펼쳤을 때), 630mm(개머리판을 접었을 때)
총열 길이 :	248mm
총구(포구) 속도 :	395m/sec
연사속도 :	500rpm
탄창 :	32발 상자형 탄창
사정거리 :	70m

MP40

MP40은 단순제조 방식으로 신속하게 대량생산되었다. 종종 '슈마이서'라고 잘못 불리기도 했지만 휴고 슈마이서는 이 무기의 설계에 참여하지 않았다.

제원	
개발 국가 :	독일
개발 연도 :	1940
구경 :	9mm 파라벨룸
작동방식 :	블로백
무게 :	3.97kg
전체 길이 :	832mm(개머리판을 펼쳤을 때), 630mm(개머리판을 접었을 때)
총열 길이 :	248mm
총구(포구) 속도 :	395m/sec
연사속도 :	500rpm
탄창 :	32발 상자형 탄창
사정거리 :	70m

MP41

MP41은 휴고 슈마이서가 설계했다. 이는 본질적으로 MP40 수신부를 MP28의 개머리판과 실렉터에 연결한 것이다. 만들어진 대부분의 무기를 SS부대(독일 친위대)에서 은밀히 구매했다.

제원	
개발 국가 :	독일
개발 연도 :	1941
구경 :	9mm 파라벨룸
작동방식 :	블로백
무게 :	3.87kg
전체 길이 :	860mm
총열 길이 :	250mm
총구(포구) 속도 :	381m/sec
연사속도 :	500rpm
탄창 :	32발 상자형 탄창
사정거리 :	150~200m

1940

1941

MP40 MP40

MP38과 이를 개량한 MP40이 등장하기 전에는 총기들이 세심하게 기계 가공되고 고품질의 부품들로 조립되는 경향이 있었다. MP38은 이 모두를 뒤집었고, MP40은 그 흐름을 오래 지속시켰다.

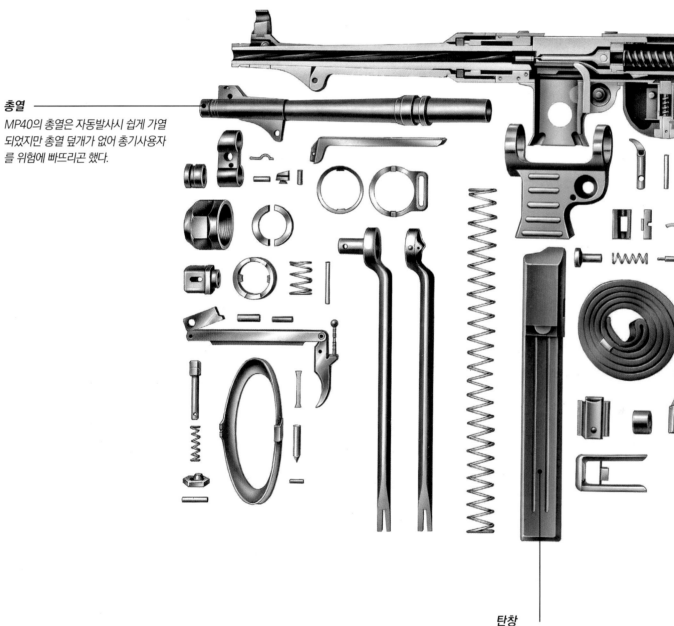

총열
MP40의 총열은 자동발사시 쉽게 가열되었지만 총열 덮개가 없어 총기사용자를 위험에 빠뜨리곤 했다.

탄창
길다란 싱글 스택의 탄창은 편리한 앞손잡이가 되기도 했지만, 그렇게 사용할 경우 작동이 정지될 수 있어 조작 훈련시 금지되었다.

MP40은 정밀한 기계 가공보다는 값싼 금속 주형을 썼고, 우아함을 주는 목재 대신 철사로 세공된 개머리판과 플라스틱 부품들로 만들었다. 외관상 정말로 투박해 보였지만 기본 기능에 충실한 설계 목적에 맞게 필요시 자동 발사 기능을 제대로 수행했다.

MP38과 MP40의 주된 차이는, 더욱 단순화된 생산 외에도, 노리쇠 블록의 본래 위치에 있는 구멍(slot)을 기계 가공하여 핀을 삽입함으로써 무기가 절로 발사되는 것을 방지한 데 있다. MP38의 경우 공이치기를 잡아당긴 상태에서 기능을 정지시키면 저절로 자동발사되기도 했다. 마찬가지로 값싼 스텐 총 역시 동일한 오작동으로 살인을 저지를 수 있어 골칫거리가 되곤 했다.

제원	
개발 국가 :	독일
개발 연도 :	1940
구경 :	9mm 파라벨룸
작동방식 :	블로백
무게 :	3.97kg
전체 길이 :	832mm(개머리판을 펼쳤을 때), 630mm(개머리판을 접었을 때)
총열 길이 :	248mm
총구(포구) 속도 :	395m/sec
연사속도 :	500rpm
탄창 :	32발 상자형 탄창
사정거리 :	70m

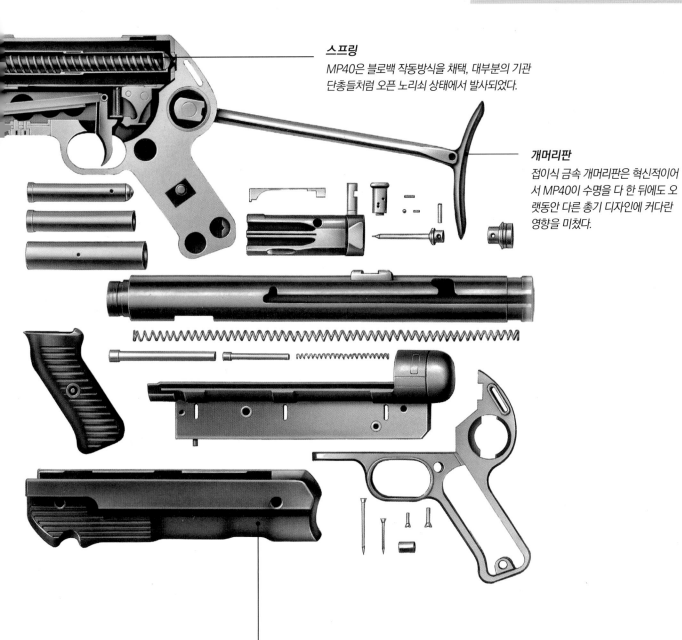

스프링
MP40은 블로백 작동방식을 채택, 대부분의 기관단총들처럼 오픈 노리쇠 상태에서 발사되었다.

개머리판
접이식 금속 개머리판은 혁신적이어서 MP40이 수명을 다 한 뒤에도 오랫동안 다른 총기 디자인에 커다란 영향을 미쳤다.

윗덮개(핸드가드)
방아쇠울에서부터 탄창삽입부(매거진 웰)까지 움직이는 윗덮개(총신의 열기로부터 사수의 손을 보호해준다)는 왼손으로 무기를 붙잡는 데 사용될 수 있었다. 달리 탄창 삽입부를 붙잡는 방법도 있다.

측면 장전 기관단총들

Side-Loading Submachine Guns

측면 장전 기관단총은 지금은 거의 일반적이지 않지만 제2차 세계 대전 기간에는 그러한 모델들이 꽤 있었다. 그들 대부분은 최초의 전투용 SMG로 증명된 MP18의 설계에서 영향ㅅ을 받았다.

슈타이어-졸로투른 S1-100

베르사유 조약의 법망을 회피하기 위해 독일은 다른 유럽국가들과 자국의 몇몇 무기를 개발해주기로 하는 계약을 맺었다. 그 결과물인 S1-100은 오스트리아의 주문으로 개발되어 상당한 해외 판매가 이루어졌다.

제원	
개발 국가 :	오스트리아
개발 연도 :	1930
구경 :	9mm
작동방식 :	블로백
무게 :	4.48kg
전체 길이 :	850mm
총열 길이 :	200mm
총구(포구) 속도 :	418m/sec
연사속도 :	500rpm
탄창 :	32발 상자형 탄창
사정거리 :	100m

ZK 383

체크 ZK383은 9mm 피스톨 탄을 장전하고도 분대 지원 무기로 만들어졌다. 전쟁 전 수출에 다소 성공했으며, 전쟁 기간에 만들어진 대부분의 총기들은 무장 친위대(Waffen-SS) 수중에 들어갔다.

제원	
개발 국가 :	체코슬로바키아
개발 연도 :	1938
구경 :	9mm
작동방식 :	블로백
무게 :	4.83kg
전체 길이 :	875mm
총열 길이 :	325mm
총구(포구) 속도 :	365m/sec
탄창 :	30발 상자형 탄창
사정거리 :	100m

TIMELINE   1930   1938   1941

란체스터

정교한 조립품인 란체스터는 근본적으로 베르크만 MP28의 복제품이
었다. 리-엔필드 소총의 부품들을 사용했으며 고급 재질로 만들어졌다.
이로 인해 생산하는데 비용과 시간이 많이 들었다.

제원	
개발 국가 :	영국
개발 연도 :	1941
구경 :	9mm 파라벨룸
작동방식 :	블로백
무게 :	4.34kg
전체 길이 :	850mm
총열 길이 :	203mm
총구(포구) 속도 :	380m/sec
연사속도 :	600rpm
탄창 :	50발 상자형 탄창
사정거리 :	70m

100식

100식은 전쟁기간에 사용된 일본의 유일한 기관단총(SMG)이었다. 위
력이 떨어지는 8mm 남부 피스톨 탄을 사용했으며, 초기 연사속도가
400rpm으로 느렸다. 업그레이드된 1944 버전도 서양 무기들에 열세
를 보였다.

제원	
개발 국가 :	일본
개발 연도 :	1942
구경 :	8mm 남부
작동방식 :	블로백
무게 :	3.83kg
전체 길이 :	890mm
총열 길이 :	228mm
총구(포구) 속도 :	335m/sec
연사속도 :	450rpm(1940), 800rpm(1944)
탄창 :	30발 상자형 탄창
사정거리 :	70m

패칫 Mk1

패칫은 스텐 총의 대체용 개량품으로 개발되었다. 1944년 아른헴 전투
에서 그 가치를 증명했으며, 결국에는 Mk2를 거쳐 스터링 SMG로 발
전했다.

제원	
개발 국가 :	영국
개발 연도 :	1944
구경 :	9mm 파라벨룸
작동방식 :	블로백
무게 :	2.7kg
전체 길이 :	685mm
총열 길이 :	195mm
총구(포구) 속도 :	395m/sec
연사속도 :	550rpm
탄창 :	32발 탈부착식 상자형 탄창
사정거리 :	70m

1942

1944

미군 기관단총들 US Submachine Guns

'서브머신 건(기관단총)'은 애초 톰슨 1921를 묘사하기 위해 고안된 용어였다. 비록 이 분야 최초의 무기는 아니었지만, 톰슨은 최초의 기관단총으로 분류될 만한 자격이 있다.

톰슨 모델 1921

11.4mm ACP 탄의 우수한 대인저지력과 높은 화력을 가진 M1921은 즉시 상업적인 성공을 거두었다. 범죄자들과 법 집행요원들 양측에서 호의를 얻는 바람에 일부 군인들은 총기의 '갱스터' 이미지를 의심스런 눈초리로 쳐다보기도 했다.

제원	
개발 국가 :	미국
개발 연도 :	1921
구경 :	11.4mm M1911
작동방식 :	지연 블로백
무게 :	4.88kg
전체 길이 :	857mm
총열 길이 :	266mm
총구(포구) 속도 :	280m/sec
연사속도 :	800rpm
탄창 :	18발20발30발 탈부착식 상자형 탄창, 50발 또는 100발 원통형 탄창
사정거리 :	120m

톰슨 모델 1928

M1928은 단순화한 지연 블로백 액션을 사용했으나 M1921과는 기능적으로 거의 차이가 없었다. 미 해병대에 의해 군사용으로 채택된 최초의 톰슨 모델로, 전시 무기로 제 역할을 해냈다.

제원	
개발 국가 :	미국
개발 연도 :	1928
구경 :	11.4mm M1911
작동방식 :	지연 블로백
무게 :	4.88kg
전체 길이 :	857mm
총열 길이 :	266mm
총구(포구) 속도 :	280m/sec
연사속도 :	700rpm
탄창 :	18발20발30발 탈부착식 상자형 탄창, 50발 또는 100발 원통형 탄창
사정거리 :	120m

TIMELINE  1921  1928

레이징 모델 55

흔한 오픈 노리쇠 블로백 액션이 아닌 닫힌 노리쇠에서 발사되는 복잡한 무기인 레이징 모델 55는 공수부대용으로 만들어졌지만, 군사용으로 사용하기에는 이물질에 너무 민감했다.

제원	
개발 국가 :	미국
개발 연도 :	1941
구경 :	11.4mm M1911
작동방식 :	지연 블로백
무게 :	2.89kg
전체 길이 :	787mm
총열 길이 :	266mm
총구(포구) 속도 :	280m/sec
연사속도 :	500rpm
탄창 :	12발 또는 25발 상자형 탄창
사정거리 :	120m

톰슨 M1

M1은 군수품에 걸맞게 더 싸게 단순화한 톰슨 기관단총이었다. 그래서 앞선 버전들처럼 대량 장전이 가능한 원통형 탄창을 사용할 수 없었고, 대신 이 결점을 보완하기 위해 부분적으로 30발 상자형 탄창을 도입했다.

제원	
개발 국가 :	미국
개발 연도 :	1942
구경 :	11.4mm M1911
작동방식 :	지연 블로백
무게 :	4.74kg 장전시
전체 길이 :	813mm
총열 길이 :	267mm
총구(포구) 속도 :	280m/sec
연사속도 :	700rpm
탄창 :	20발 또는 30발 상자형 탄창
사정거리 :	120m

유나이티드 디펜스 M42

M42는 상업용으로 설계되었지만 부분적으로 미군에 유입돼 비밀 조직이나 레지스탕스 조직들에 공급되었다. 고성능 무기임에도 불구하고 주류 시장에 커다란 인상을 남기지 못했다.

제원	
개발 국가 :	미국
개발 연도 :	1942
구경 :	11.4mm M1911
작동방식 :	지연 블로백
무게 :	4.1kg
전체 길이 :	820mm
총열 길이 :	279mm
총구(포구) 속도 :	335.3m/sec
연사속도 :	900rpm
탄창 :	25발 상자형 탄창
사정거리 :	120m

1941

1942

톰슨 기관단총 M1928

Thompson Submachine Gun M1928

톰슨 기관단총은 700~800rpm의 연사속도로 11.4mm 탄을 발사할 정도로 가공할 화력을 지니고 있었다. 그러나 반동이 심한 데다, 오픈 볼트(사격하지 않을 때 약실이 비어 있다가 발사 직전 노리쇠가 움직이는 방식)의 특성으로 인해 정확성이 떨어졌다. 이는 노리쇠가 뒤쪽에서 발사 동작을 시작해 앞의 약실 쪽으로 도달한 다음 탄이 발사되기 때문이다.

일부 톰슨 모델들은 총구 끝에 커츠 컴펜세이터 (cutts compensator, 가변식 초크)를 적용했는데, 이것은 총구 가스가 위쪽으로 향하게 해 부분적으로 총구가 위로 솟는 것을 막아주었다.

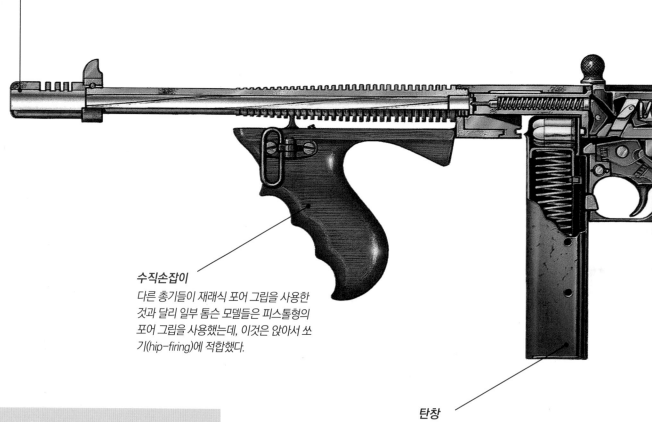

수직손잡이
다른 총기들이 재래식 포어 그립을 사용한 것과 달리 일부 톰슨 모델들은 피스톨형의 포어 그립을 사용했는데, 이것은 앉아서 쏘기(hip-firing)에 적합했다.

탄창
할리우드 영화 덕에 원통형 탄창이 유명해졌지만, 대부분의 톰슨 모델들은 상자형 탄창을 사용했다.

제원	
개발 국가 :	미국
개발 연도 :	1928
구경 :	11.4mm M1911
작동방식 :	지연 블로백
무게 :	4.88kg
전체 길이 :	857mm
총열 길이 :	266mm
총구(포구) 속도 :	280m/sec
연사속도 :	700rpm
탄창 :	18발20발30발 탈부착식 상자형 탄창, 50발 또는 100발 원통형 탄창
사정거리 :	120m

커츠 컴펜세이터(총구가 들리지 않게 하는 조치)나 피스톨형 포어 그립은 제어력 향상을 위해 취해진 다양한 시도의 일부다. 그러나 기관단총은 정밀성보다는 화력을 중시한 무기이며 그런 면에서 톰슨은 탁월했다.

무겁고 사정거리가 짧으며 엄호물을 잘
뚫지는 못해도 한 번 사용해본 군대들은
그 신뢰성을 높이 샀다. 50발 원통형 탄
창은 군사용으로 쓰기에는 너무 크고 잡
음이 많은 데다 막힘 현상도 잦았다. 그
대안으로 20발 상자형 탄창이 나왔다가
더욱 성능이 뛰어난 30발 '스틱'형으로 보
완되었다.

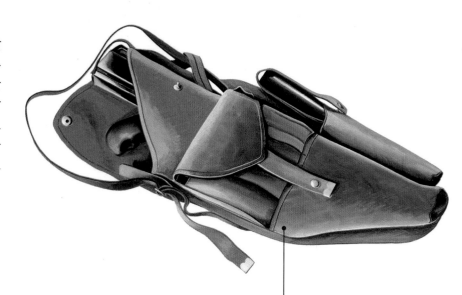

휴대형 파우치
휴대형 파우치는 M1917 기관단총용
으로 처음 개발되었으며 다양한 부품
이 들어가는 포켓을 갖추고 있다.

개머리판
톰슨은 견고하고 잘 만들어진 무기였
으며 50발탄을 장전한 원통 없이도
충분히 무거웠다.

개머리판 내부
개머리판 속의 텅빈 칸에는 급유(給油) 병이
들어 있었다. 몇몇 모델의 개머리판은 2개의
나사만 제거해 신속히 분해된다.

실험적이고 가변적인 기관단총들

Experimental and Varient Submachine Guns

제2차 세계 대전 기간에 개발된 기관단총들 중에는 성공을 거둔 것도, 혁신적인 것도 있었고, 혁신적이면서도 성공을 거둔 것들도 있었다. 그러나 이와 달리 암담하게 막다른 골목에 내몰린 모델들도 있었다.

스타 SI35

스타 SI35는 연사속도를 선택할 수 있고, 탄창이 비워지면 노리쇠가 열리는 시스템 등 흥미로운 특징들을 많이 지니고 있었다. 그러나 더 단순한 무기들이 인기를 끌면서 사라졌다.

제원	
개발 국가 :	스페인
개발 연도 :	1935
구경 :	9mm 라르고
작동방식 :	지연 블로백
무게 :	3.74kg
전체 길이 :	900mm
총열 길이 :	269mm
총구(포구) 속도 :	410m/sec
연사속도 :	300rpm 또는 700rpm
탄창 :	10발,30발,40발 탈부착식 상자형 탄창
사정거리 :	50m

모스케토 오토 베레타 38

베레타 1938A는 정교한 무기였으나 많은 다른 총기들처럼 군수용 대량 생산에는 어울리지 않았다. 모델 1938/42로 명명된 단순한 버전이 공급되면서 값싼 금속판 무기가 널리 사용되었다.

제원	
개발 국가 :	이탈리아
개발 연도 :	1938
구경 :	9mm 파라벨룸
작동방식 :	블로백
무게 :	2.72kg
전체 길이 :	798mm
총열 길이 :	198mm
총구(포구) 속도 :	395m/sec
탄창 :	34발 탈부착식 상자형 탄창
사정거리 :	70m

TIMELINE   1935   1938

마스 38

조금 이상한 외관과 약한 7.65mm 긴 카트리지로 제한되었음에도 불구하고 마스 38은 잘 설계된 무기였다. 게다가 반동이 거의 없었기 때문에 총구가 들려 올라가지도 않았다.

제원	
개발 국가 :	프랑스
개발 연도 :	1938
구경 :	7.65mm 롱그
작동방식 :	블로백
무게 :	4.1kg
전체 길이 :	832mm
총열 길이 :	247mm
총구(포구) 속도 :	395m/sec
연사속도 :	500rpm
탄창 :	32발 상자형 탄창
사정거리 :	70m

퓌러 MP41/44

작은 자동화기에 전혀 어울리지 않는 '맥심 토글록'을 뼈대 삼아 기관단총을 만들고자 한 시도가 이와 같이 복잡하고 신뢰하기 어려운 무기를 탄생시켰다. 당연히 스위스 군용 총기로 사용될 수 없었다.

제원	
개발 국가 :	스위스
개발 연도 :	1941
구경 :	9mm 파라벨룸
작동방식 :	리코일, 토글록
무게 :	5.2kg
전체 길이 :	775mm
총열 길이 :	247mm
총구(포구) 속도 :	395m/sec
연사속도 :	800 rpm
탄창 :	40발 탈부착식 상자형 탄창
사정거리 :	70m

MP3008

연합군의 침공에 맞서 독일은 시민의용군(민병대)을 무장시킬 수 있는 값싸고 대량 생산 가능한 기관단총을 찾았다. 그 결과 채택된 것이 MP3008인데, 이것은 측면 대신 밑에서 급탄되는 탄창을 가진 스텐 복제품이었다.

제원	
개발 국가 :	독일
개발 연도 :	1945
구경 :	9mm 파라벨룸
작동방식 :	블로백
무게 :	3.2kg
전체 길이 :	760mm
총열 길이 :	196mm
총구(포구) 속도 :	365m/sec
탄창 :	32발 탈부착식 상자형 탄창
사정거리 :	70m

1941

1945

핀란드와 소비에트 기관단총들

Finnish and Soviet Submachine Guns

2차 세계 대전 기간에 많은 독특한 기관단총들이 핀란드와 소비에트 러시아에서 생산되었다. 당시 일반적으로는 원통형 탄창을 사용했지만, 이러한 무기들은 운반에 용이한 스틱형 탄창도 사용했다.

수오미 KP/-31

수오미 모델 31은 71발 대형 원통형 탄창을 장착할 수 있는 것으로 증명되면서 크게 영향을 떨쳤다. 세련되게 가공된 덕에 다른 대부분의 기관단총들보다 훨씬 멀리 약 300m 거리까지 명중시킬 수 있었다.

제원	
개발 국가 :	핀란드
개발 연도 :	1931
구경 :	9mm 파라벨룸
작동방식 :	블로백
무게 :	4.87kg
전체 길이 :	870mm
총열 길이 :	319mm
총구(포구) 속도 :	400m/sec
연사속도 :	900rpm
탄창 :	30발, 50발 탈부착식 상자형 탄창 또는 71발 원통형 탄창
사정거리 :	100m+

PPD-1934/38

MP18과 MP28과 더불어 수오미에서 파생된 PPD는 크롬 계통 총열로 마모를 줄인 고품질 무기였다. 그러나 생산하는 데 돈이 많이 들었다.

제원	
개발 국가 :	USSR
개발 연도 :	1934
구경 :	7.62mm 소비에트
작동방식 :	블로백
무게 :	5.69kg 장전시
전체 길이 :	780mm
총열 길이 :	269mm
총구(포구) 속도 :	488m/sec
연사속도 :	800rpm
탄창 :	25발 상자형 탄창 또는 71발 원통형 탄창
사정거리 :	100m+

TIMELINE

1931

1934

PPS-42

독일군의 침공에 저항하기 위해 값싼 기관단총이 필요했던 소비에트 연합군은 저비용의 스탬핑된, 즉 형단조된 금속 무기로 눈을 돌렸다. PPS-42는 매우 신뢰할 만하고 견고한 것으로 드러났으며, 양쪽 군대 모두 이 무기를 높이 평가했다.

제원	
개발 국가 :	USSR
개발 연도 :	1942
구경 :	7.62mm 소비에트
작동방식 :	블로백
무게 :	2.95kg
전체 길이 :	907mm
총열 길이 :	273mm
총구(포구) 속도 :	500m/sec
연사속도 :	650rpm
탄창 :	35발 탈부착식 상자형 탄창
사정거리 :	100m+

PPS-43

PPS-43은 PPS-42를 약간 수정한 것으로 독일군이 포위중이던 레닌그라드에서 설계되고 생산되었다. 조악한 구조에도 불구하고 이 무기는 특히 차량 승무원들에게 인기가 있었으며 오랫동안 사용되었다.

제원	
개발 국가 :	USSR
개발 연도 :	1943
구경 :	7.62mm 소비에트
작동방식 :	블로백
무게 :	3.36kg
전체 길이 :	820mm
총열 길이 :	254mm
총구(포구) 속도 :	500m/sec
연사속도 :	650rpm
탄창 :	35발 탈부착식 상자형 탄창
사정거리 :	100m+

코네피스툴리 M44

근본적으로 소비에트 PPS-43의 복제품인 M44는 50발 상자형 탄창이나 수오미 71발 원통형 탄창을 사용할 수 있는 단순하고 효율적인 무기였다. 나중에는 36발 칼 구스타프 탄창을 사용할 수 있도록 개조되었다.

제원	
개발 국가 :	핀란드
개발 연도 :	1944
구경 :	9mm 파라벨룸
작동방식 :	블로백
무게 :	2.8kg
전체 길이 :	825mm
총열 길이 :	247mm
총구(포구) 속도 :	395m/sec
연사속도 :	650rpm
탄창 :	50발 상자형 탄창 또는 71발 원통형 탄창
사정거리 :	70m

1942   1943   1944

PPSh-41 PPSh-41

처음부터 값싸고 빨리 대량 생산할 수 있도록 설계된 PPSh-41이지만 2차 대전 중 가장 정교한 무기들 중 하나였다. 내구력과 신뢰성이 높고 크롬 계통의 총열은 러시아 전장에서 직면한 엄혹한 환경에서 마모에 강한 면모를 보였다.

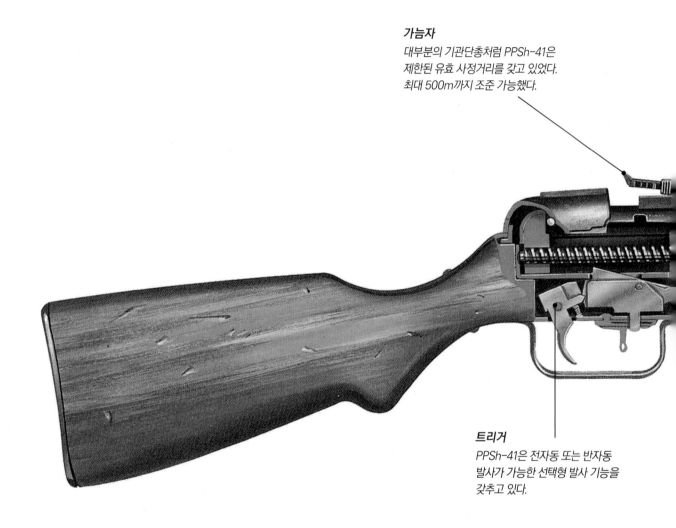

가늠자
대부분의 기관단총처럼 PPSh-41은 제한된 유효 사정거리를 갖고 있었다. 최대 500m까지 조준 가능했다.

트리거
PPSh-41은 전자동 또는 반자동 발사가 가능한 선택형 발사 기능을 갖추고 있다.

제원	
개발 국가 :	USSR
개발 연도 :	1941
구경 :	7.62mm 소비에트
작동방식 :	블로백
무게 :	3.64kg
전체 길이 :	838mm
총열 길이 :	266mm
총구(포구) 속도 :	490m/sec
연사속도 :	900rpm
탄창 :	35발 상자형 탄창 또는 71발 원통형 탄창
사정거리 :	120m

PPSh-41은 커다란 71발 원통형 또는 좀더 편리한 35발 곡선형 탄창을 사용할 수 있었다. 약간 반동이 느껴지는 7.62×25mm 피스톨 탄을 발사했다. 연사속도가 높아 총기사용자는 많은 탄을 목표물에 쏠 수 있었으며 근접전에서 매우 치명적이었다.

총열
총열 덮개는 극히 뜨거운 총열과의 접촉에서
총기사용자를 보호해 주었다.

약실
신속하고 단순하게 만들어졌음에도 불구하고,
PPSh-41은 부식을 견디도록 총열과 약실을 크
롬 계통으로 제작했다.

원통
PPSh-41의 원통형 탄창은 이론적으로
71발을 장전할 수 있었으나 급탄 착오
에 대비, 보통 65발 가량 장전되었다.

PPSh-41이 제2차 세계 대전 기간에 교전국 양측으로부터 인정받아, 독일 부
대들은 가능하면 언제나 이 무기들을 노획했다. 전시에 많은 군인들이 노획하
거나 버려진 개머리판에 몸을 의지했던 것처럼 일부 부대원들은 독일 탄을 장
전하기 위해 이 총을 개조했다.

9mm 대(對) .45구경 기관단총들

9mm vs .45 calibre Submachine Guns

제2차 세계 대전 중 사용된 기관단총의 주요 구경은 9mm와 11.4mm였다. 각각 자체의 이점과 단점이 있었는데 몇몇 설계자는 둘다 장전할 수 있는 무기를 선보였다.

오웬

9mm 오웬 기관단총는 상부 장착형 탄창과 신속하게 분리할 수 있는 총열이 주목할 만했다. 그 신뢰도가 높아 오스트레일리아 군인들은 오스틴 총기보다 이를 선호했다.

제원	
개발 국가 :	오스트레일리아
개발 연도 :	1941
구경 :	9mm 파라벨룸
작동방식 :	블로백
무게 :	4.21kg
전체 길이 :	813mm
총열 길이 :	247mm
총구(포구) 속도 :	380m/sec
연사속도 :	700rpm
탄창 :	33발 탈부착식 상자형 탄창
사정거리 :	70m

오스틴

오스틴은 스텐에서 파생되었지만, 앞손잡이가 고정돼 있었다. 생산할 때 주로 다이캐스팅(압력주조) 방식 주물을 사용했다. 이 총의 은폐된 미발표 변종 모델과 개량형 Mk2가 전쟁 말미에 선보였다.

제원	
개발 국가 :	오스트레일리아
개발 연도 :	1942
구경 :	9mm 파라벨룸
작동방식 :	블로백
무게 :	3.98kg
전체 길이 :	845mm
총열 길이 :	196mm
총구(포구) 속도 :	380m/sec
연사속도 :	500rpm
탄창 :	28발 탈부착식 상자형 탄창
사정거리 :	50m

TIMELINE

1941

1942

M2(하이드-인랜드 M2)

11.4mm 탄을 장전한 M2는 M1(톰슨)을 대체하려 한 것으로 M1의 탄창을 사용할 수 있었다. 그러나 생산 시간이 너무 걸려 채택되지 못했다.

제원	
개발 국가 :	미국
개발 연도 :	1942
구경 :	11.4mm .45 ACP
작동방식 :	블로백
무게 :	4.19kg
전체 길이 :	813mm
총열 길이 :	305mm
총구(포구) 속도 :	292m/sec
연사속도 :	500 rpm
탄창 :	탈부착식 상자형 탄창(톰슨)
사정거리 :	50m

M3 '그리스 건'

M3는 매우 투박하고 값싼 무기로 안전장치조차 없었지만 전쟁이 발발하자 신속하게 대량 생산되었다. 9mm와 11.4mm 탄을 장전할 수 있었다.

제원	
개발 국가 :	미국
개발 연도 :	1942
구경 :	11.4mm .45 ACP
작동방식 :	블로백
무게 :	4.65kg 장전시
전체 길이 :	745mm
총열 길이 :	203mm
총구(포구) 속도 :	280m/sec
연사속도 :	450rpm
탄창 :	30발 탈부착식 상자형 탄창
사정거리 :	50m

소음기를 장착한 허드슨 M3A1

M3 '그리스 건'의 변종 모델로 미 전략사무국(OSS, CIA의 전신)용으로 생산되었다. 상대적으로 저속 11.4mm 탄을 장전했으며 일체형 소음기를 장착했다.

제원	
개발 국가 :	미국
개발 연도 :	1944
구경 :	9mm 또는 11.4mm.45 ACP
작동방식 :	블로백
무게 :	3.7kg
전체 길이 :	762mm
총열 길이 :	203mm
총구(포구) 속도 :	275m/sec
연사속도 :	450rpm
탄창 :	30발 탈부착식 상자형 탄창
사정거리 :	50m

1944

M3A1 '그리스 건' M3A1 'Grease Gun'

M3A1은 값싸게 대량 생산할 수 있게 설계되었으며, 낮은 성능을 수량으로 만회한 꼭 필요한 요소만 갖춘 무기였다. 미국이 2차 세계 대전 초기에 정확히 이 무기를 필요로 한 이유가 그것이다. 9mm 총이지만 다른 표준 구경인 11.4mm 총으로 손쉽게 개조할 수 있었다.

가늠자(조준기)
고정된 가늠자는 90m 거리의 사격을 위해 미리 준비된 구멍 형태의 후방 가늠자와 날개 형태의 전방 가늠쇠로 구성되었다.

메커니즘
끌어당기는 손잡이를 이용해 노리쇠를 뒤쪽으로 잡아당겼다. 방아쇠를 잡아당기면 노리쇠가 리코일 스프링에 의해 앞쪽으로 밀려가고 탄창의 피드 립에서 탄이 떼어져 약실 속으로 들어간다.

방아쇠
이 기관단총은 방아쇠를 고정시킬 기계적 수단이 없다. 장전된 탄창을 삽입하는 것만으로도 무기는 발사 준비를 완료한다.

제원	
개발 국가 :	미국
개발 연도 :	1944
구경 :	9mm 파라벨룸 또는 11.4mm 45 ACP
작동방식 :	블로백
무게 :	3.7kg
전체 길이 :	762mm
총열 길이 :	203mm
총구(포구) 속도 :	275m/sec
연사속도 :	450rpm
탄창 :	30발 탈부착식 상자형 탄창
사정거리 :	50m

단기의 임시처방적인 성격의 무기였지만, M3A1은 상당 기간 사용되었다. 1990년대까지 미군이 차량 승무원용으로 사용했다.

의심할 나위 없는 기본 무기임에도 불구하고 M3A1은 교묘하게 설계되었다. 개머리판은 몇몇
기능을 수행하기 위해 떼어낼 수 있다. 한 팔로 총열을 청소할 수 있었으며, 총열을 제거할 때
두 팔을 이용한다. 'L'자 형태의 금속 덩어리인 개머리판 내부에 장전시 피로를 크게 줄일 수 있
는 30발 탄창 장전 도구가 내장된다.

총열

이 무기는 구조물에 광범위하게 금속 압인과 압축,
용접을 가해 기계 조립에 필요한 시간을 줄였다.
대신 총열, 노리쇠, 발사 메커니즘은 정밀하게 기
계 가공되었다.

탄창

톰슨과 달리 M3은 더블 컬럼 싱글-피드형 30발 탈부착식 상자
형 탄창으로 탄을 공급하는데 이는 영국제 스텐 탄창을 본뜬 것
이다. 하지만 수동 장전이 힘든 싱글-피드 설계 탓에 가끔 전장
에서 문제를 일으키는 것으로 드러났다.

다목적 기관단총들 General-Purpose Machine Guns

양 대전 사이에 독일 총기설계자들은 가벼운 다목적용 무기들이자 경지원화기의 틈새 시장을 지배하기에 이른 신형 무기군을 창조함으로써, 중형(中型) 및 중형(重型) 기관단총 개발을 금지하는 국제 조약의 감시망을 비켜나갔다.

데그차레프 DP

DP는 매우 견고한 무기로 쉽게 손상되는 원통형 피드 시스템에 문제가 있었다. 그럼에도 불구하고 DP는 전쟁 기간에 적절히 사용되었고 1950년대까지 생산되었다.

제원	
개발 국가:	USSR / 러시아
개발 연도:	1928
구경:	7.62mm 소비에트
작동방식:	가스압, 공랭식
무게:	9.12kg
전체 길이:	1290mm
총열 길이:	605mm
총구(포구) 속도:	840m/sec
연사속도:	475 rpm
탄창:	47발 원통형 탄창
사정거리:	2000m

푸실레 미트라글리아토레 브레다 모델로 30

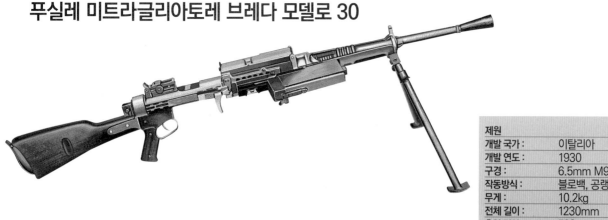

모델로 30은 장전시 소총 장전기를 열어서 채우는 경첩 달린 탄창 같은, 다소 기발한 특징을 갖고 있었다. 그러나 손상의 우려가 커 사용되지 않았다.

제원	
개발 국가:	이탈리아
개발 연도:	1930
구경:	6.5mm M95 등
작동방식:	블로백, 공랭식
무게:	10.2kg
전체 길이:	1230mm
총열 길이:	520mm
총구(포구) 속도:	610m/sec
연사속도:	475rpm
탄창:	20발 내장식 상자형 탄창
사정거리:	1000m

TIMELINE

1928

졸로툰 MG30

MG30은 적은 수량만이 제작되었지만 탁월한 성능을 지닌 MG34의
조상 격이다. 싱글 샷이나 전자동 발사를 선택할 수 있는 이 총의 방아
쇠 시스템은 MG34에 고스란히 이어진다.

제원	
개발 국가 :	독일
개발 연도 :	1930
구경 :	7.5mm 슈미트-루빈
작동방식 :	리코일, 공랭식
무게 :	7.7kg
전체 길이 :	1175mm
총열 길이 :	595mm
총구(포구) 속도 :	800m/sec
연사속도 :	500rpm
탄창 :	25발 탈부착식 상자형 탄창
사정거리 :	2000m+

마쉬넨게베어 MG13

MG13은 1차 세계 대전 중에 수냉식에서 공랭식으로 개조되
었다. 1930년에 군용으로 채택되었지만 그다지 큰 성공을 거
두지는 못했다. 전체적으로 더 나은 MG34가 사람들로부터
사랑을 받게 되면서 관심 밖으로 사라졌다.

제원	
개발 국가 :	독일
개발 연도 :	1930
구경 :	7.92mm 마우저
작동방식 :	쇼트 리코일
무게 :	13.3kg
전체 길이 :	1443mm
총열 길이 :	알려지지 않음
총구(포구) 속도 :	890m/sec
연사속도 :	600rpm
탄창 :	25발 상자형 탄창 또는 75발 안장형 원통형 탄창
사정거리 :	2000m

브레다 모델로 30

브레다 모델로 30은 경(經)기관총 설계 중 거의 성공을 거두지 못한 것
가운데 하나다. 1930년부터 이탈리아 육군의 표준형 경기관총으로 채
택되었지만 급탄 방식에 문제를 드러냈고, 더욱이 북아프리카 작전시
사막 환경을 극복해낼 만큼 견고하지 못했다.

제원	
개발 국가 :	이탈리아
개발 연도 :	1930
구경 :	6.5mm
작동방식 :	블로백
무게 :	10.2kg
전체 길이 :	1230mm
총열 길이 :	520mm
총구(포구) 속도 :	610m/sec
연사속도 :	475rpm
탄창 :	20발 상자형 탄창
사정거리 :	600m

1930

마쉬넨게베어 MG34 Maschinengewehr MG34

참된 의미에서의 다목적용 기관총으로 세계 최초라 할 MG34는 보병 지원, 대공(對空) 무기 또는 차량 탑재용으로 두루 적합했다. 이와 같이 하나의 무기로 다양한 용도를 처리하게 될 경우 특히 보병용 소총과 동일한 탄을 사용하게 되면 물류 관리가 단순화되는 이점이 있다.

특이한 안장용 원통형 탄창은 보병 지원용 무기보다는 포가(砲架) 설치용 기관총에 더 빈번히 사용되었고, 250발 탄띠는 보병부대에서 더 선호했다. MG34는 탄띠의 탄들을 빨리 소모했으나 격렬한 집중 사격을 가능하게 했고 동시에 뛰어난 제어력을 갖추고 있었다. 마쉬넨게베어 (Mashinengewehr)는 기관총이라는 뜻.

총구
MG34는 반동을 늘리기 위해 머즐 부스터를 사용했으며, 회전 속도를 높여 결과적으로 연사율을 높였다.

양각대
비록 포가(砲架) 범위 내에서 사용되었지만, 무엇보다 MG34는 가벼운 양각대를 갖춘 보병 지원 무기였다.

제원	
개발 국가 :	독일
개발 연도 :	1936
구경 :	7.92mm 마우저
작동방식 :	리코일, 공랭식
무게 :	12.1kg
전체 길이 :	1219mm
총열 길이 :	627mm
총구(포구) 속도 :	762m/sec
연사속도 :	800~900rpm
탄창 :	250발 탄띠, 또는 75발 안장용 원통형 탄창
사정거리 :	2000m+

MG34의 주요 결점은 엄청난 양의 탄을 소비한다는 것 외에도 복잡하다는 점이었다. 생산하는데 비용이 많이 들고 시간도 오래 걸렸으며, 이는 대량생산이 요구되던 2차 세계 대전 기간에는 심각한 문제였다.

중기관총으로 사용될 경우 MG34는 좀더 큰
삼각대 위에 장착되어 탄띠로 탄이 공급된다.
2개의 삼각대 중 하나에 탑재될 수 있었으며
작은 것은 6.75kg, 큰 것은 23.6kg이었다.
큰 삼각대는 망원조준경과 간접 사격을 위한
조준 장비 기능도 갖추고 있다.

원통형 탄창
안장용 원통은 부분적으로 편리했지만
휴대하기에 부피가 너무 컸으며 화력도
상대적으로 제한되었다.

개머리판
직선형으로 설계된 개머리판은 반동을 줄이고
명중률을 높이는 데 도움이 되었다.

방아쇠
두 부분으로 이뤄진 방아쇠는 방아쇠의 위쪽 또는 아래쪽을 잡
아당기는 동작을 통해 반자동 또는 전자동 발사가 가능했다.

베살 Mk II와 비커스-베르티에

BESAL Mk II and Vickers-Berthier

브렌 기관총과 같은 톱로딩 방식 기관총들은 제2차 세계 대전 때 큰 성공을 거두었다. 실로 브렌의 생산시설은 영국의 전쟁물자 공급에 매우 중요했으며, 매주 1000정을 생산하는 공장이 적의 폭격으로 파괴될 경우 그 결과에 비상한 관심이 쏠릴 정도였다.

베살(BESAL) 기관총은 브렌 총의 저가 버전으로 상대적으로 열악한 시설에서 제작될 수 있도록 설계되었다. 비록 기본 구조만을 지닌 총기였지만 작동에 문제가 없었고 브렌의 생산이 심각한 차질을 빚을 경우 합리적인 대체물이 될 수 있었다. 비커스-베르티에는 전쟁 이전에 브렌과 경쟁하던 총이었다.

제원	
개발 국가 :	영국
개발 연도 :	1940
구경 :	7.7mm
작동방식 :	가스압, 공랭식
무게 :	9.75kg
전체 길이 :	1185mm
총열 길이 :	558mm
총구(포구) 속도 :	730m/sec
연사속도 :	600rpm
탄창 :	225발 탄띠
사정거리 :	2000m+

개머리판
베살 기관총의 개머리판은 소총형으로 어깨에 댈 수 있도록 제작되었으며, 무거운 소총처럼 사용될 수 있었다.

방아쇠
베살은 주로 값싼 금속 압착물들과 매우 단순한 기계가공품들로 조립되었다. 낙후한 환경 속에 여기저기 흩어진 곳에서도 제작할 수 있게 설계되었다.

비커스 G.O.(Gas-Operated, 가스압)로 명명된 비커스-베르티에는 1940년 보안 활동과 이착륙장 방어를 위해 저장고 밖으로 나왔다. 북부아프리카에서 적진 후방에서 활동하던 기습부대의 차량을 무장하는 데도 사용되었다.

손잡이
비커스-베르티에의 M3 버전에 추가된 운반용 손잡이는 1933년에 소개되었다.

양각대
많은 유사 무기들에서처럼 비커스-베르티에의 양각대는 총열보다는 가스 실린더에 부착되었다.

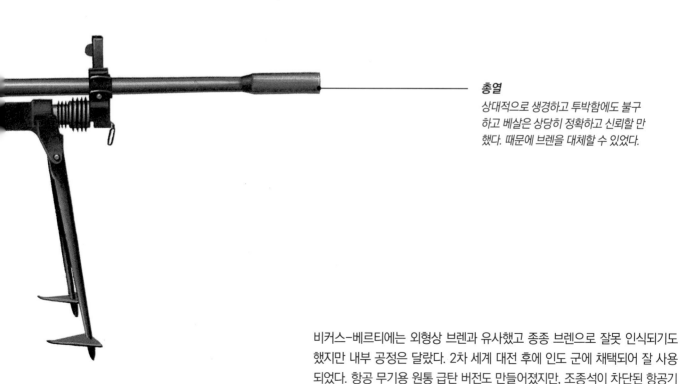

총열
상대적으로 생경하고 투박함에도 불구하고 베살은 상당히 정확하고 신뢰할 만했다. 때문에 브렌을 대체할 수 있었다.

비커스-베르티에는 외형상 브렌과 유사했고 종종 브렌으로 잘못 인식되기도 했지만 내부 공정은 달랐다. 2차 세계 대전 후에 인도 군에 채택되어 잘 사용되었다. 항공 무기용 원통 급탄 버전도 만들어졌지만, 조종석이 차단된 항공기들이 일반화되면서 쓸모가 없어졌다.

무거운 포가(砲架) 설치형 기관총들

Heavy and Mounted Machine Guns

무거운 기관총들은 일반적으로 비행기와 차량을 무장하거나 벙커나 다른 고정된 위치에서 방어 사격용으로 사용된다. 이러한 기관총들에 사용되는 무거운 탄들은 가벼운 차량을 위협하며 적군 보병들의 은신처를 대부분 관통했다.

피아트 모델로 35

모델로 1914의 개량형인 모델로 35는 더 강력한 8mm 탄을 사용했지만, 이 탄은 효율성을 높여야 했다. 그러나 쉽게 과열되는 데다 탄이 다 떨어질 때까지 제멋대로 총알을 쏴대는 등 제어하기 힘들었다.

제원	
개발 국가 :	이탈리아
개발 연도 :	1935
구경 :	8mm
작동방식 :	가스압, 공랭식
무게 :	19.5kg
전체 길이 :	1270mm
총열 길이 :	680mm
총구(포구) 속도 :	790m/sec
연사속도 :	450rpm
탄창 :	50발 탄띠
사정거리 :	2000m

베사

체코에서 설계되어 ZB53으로 명명된 이 기관총은 영국에서 무장 차량용으로 헌정된 무기이며 베사라는 이름으로 생산되었다. Mk1과 Mk2은 연사속도 실렉터를 갖추고 있었으나, Mk3는 연사속도를 고정시켰다.

제원	
개발 국가 :	영국/ 체코
개발 연도 :	1936
구경 :	7.92mm 마우저
작동방식 :	가스압, 공랭식
무게 :	21.5kg
전체 길이 :	1105mm
총열 길이 :	736mm
총구(포구) 속도 :	825m/sec
연사속도 :	750-850rpm
탄창 :	225발 탄띠
사정거리 :	2000m+

TIMELINE

1935　1936　1938

DShK

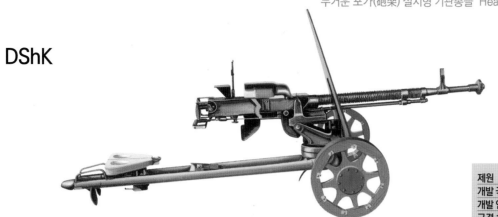

1938년도에 나온 DShK 기관총은 이전의 소비에트 중(重)기관총들보
다 다소 가벼웠는데, 이러한 점은 무거운 포가(砲架)로 인해 상쇄되었
다. 성능 좋은 무기로 '붉은 군대'의 표준형 차량 탑재 기관총이 되었다.

제원	
개발 국가 :	USSR
개발 연도 :	1938
구경 :	12.7mm 소비에트
작동방식 :	가스압, 공랭식
무게 :	35.5kg
전체 길이 :	1586mm
총열 길이 :	1066mm
총구(포구) 속도 :	850m/sec
연사속도 :	550rpm
탄창 :	50발 탄띠
사정거리 :	2000m+

마쉬넨게베어 MG42

MG34는 위력적인 무기였으나 생산 비용이 많이 들었다. MG42는 더
저렴한 버전이지만 사용자들과 적군에게서 호평을 들었다. 발사시 높은
연사속도로 인해 독특하고 위협적인 소리를 냈다.

제원	
개발 국가 :	독일
개발 연도 :	1942
구경 :	7.92mm 마우저
작동방식 :	쇼트 리코일, 공랭식
무게 :	11.5kg
전체 길이 :	1220mm
총열 길이 :	535mm
총구(포구) 속도 :	800m/sec
연사속도 :	1200rpm
탄창 :	50발 탄띠
사정거리 :	3000m+

고류노프 SG-43(SGM)

종종 2개의 바퀴가 달린 포가 위에 장착된 중(中)기관총인 SG-43은
신뢰할 만했고 견고하게 구성되었다. 무장 차량용으로 개조한 업데이트
버전(SGM)의 토대가 되었다.

제원	
개발 국가 :	USSR
개발 연도 :	1943
구경 :	7.62mm 소비에트
작동방식 :	가스압, 공랭식
무게 :	13.6kg
전체 길이 :	1120mm
총열 길이 :	719mm
총구(포구) 속도 :	850m/sec
연사속도 :	650rpm
탄창 :	250발 탄띠
사정거리 :	1000m

1942

1943

대 전차용 소총 Anti-Tank Rifles

대(對) 전차용 소총은 제1차 세계 대전의 개발품이지만 1939년께 들어서는 거의 쓸모가 없어졌다. 이론적으로는 대구경 장갑관철탄은 전차를 깨트릴 수 있었으나, 실제 이 무기는 주로 더 소형 차량을 공격하는 데 유용했다.

97식

A20mm 전자동 대 전차용 무기인 일본의 97식은 7발들이 탄창에서 급탄되었으며 대부분의 지역에 들고 이동하기에 충분할 만큼 가벼웠다. 그러나 반동이 지나쳐 명중률이 극히 낮았다.

제원	
개발 국가 :	일본
개발 연도 :	1937
구경 :	20mm
작동방식 :	가스압
무게 :	59kg
전체 길이 :	2060mm
총열 길이 :	1200mm
총구(포구) 속도 :	750m/sec
탄창 :	7발 탈부착식 박스형 탄창
사정거리 :	350m(30mm 장갑차), 700mm(20mm 장갑차)

판쩨어뷕서 39

7.92×94mm 카트리지를 사용하는 매우 긴 싱글샷 라이플 총인 판쩨어뷕서 39는 포획한 폴란드 무기를 복제한 텅스텐 노심 탄을 장착하면서 새롭게 수명이 연장되었다. 그러나 효과는 아주 미미했다.

제원	
개발 국가 :	독일
개발 연도 :	1939
구경 :	7.92mm
작동방식 :	볼트 액션
무게 :	11.6kg
전체 길이 :	1620mm
총열 길이 :	1085mm
총구(포구) 속도 :	1265m/sec
탄창 :	싱글 샷
사정거리 :	300m(25mm 장갑차)

TIMELINE   1937   1939

PTRD-41

스틸 또는 텅스텐 노심 탄을 발사하는 매우 긴 라이플 총인 PTRD는 다른 군대들이 대(對) 전차용 라이플 총들을 폐기할 때 붉은 군대가 채택했다. 소비에트 군대들은 적 보병 기지를 공격할 때 종종 대(對)전차용 소총을 사용했다.

제원	
개발 국가 :	USSR
개발 연도 :	1941
구경 :	14.5mm
작동방식 :	단발 발사
무게 :	17.3kg
전체 길이 :	2020mm
총열 길이 :	1350mm
총구(포구) 속도 :	1114 m/sec
연사속도 :	rpm
탄창 :	싱글 샷
사정거리 :	1000m

PTRS-41

PTRS-41은 PTRD-41보다 더 복잡하고 무거웠으나 5발 탄창을 채택한 것 외에는 기능 면에서 거의 비슷했다. 총열이 탈부착식이어서 수송하기 쉬웠지만 오작동하는 경향은 더 강했다.

제원	
개발 국가 :	USSR
개발 연도 :	1941
구경 :	14.5mm
작동방식 :	단발 발사
무게 :	20.3kg
전체 길이 :	2100mm
총열 길이 :	1219mm
총구(포구) 속도 :	1114m/sec
탄창 :	5발 탄창
사정거리 :	800m

그라나트뷕서 39

판쩨어뷕서 39의 개조품으로 수류탄 발사기를 갖춘 그라나트뷕서는 경전차 파괴용 대(對)장갑 수류탄을 장착하고 있었다.

제원	
개발 국가 :	독일
개발 연도 :	1942
구경 :	N/A
작동방식 :	알려지지 않음
무게 :	알려지지 않음
전체 길이 :	알려지지 않음
총열 길이 :	590mm
총구(포구) 속도 :	N/A
탄창 :	싱글 샷
사정거리 :	125m

1941

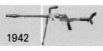
1942

보이스 Mk1 대(對)전차용 소총

Boys Mk1 Anti-Tank Rifle

최고의 대(對)전차용 소총은 보이스 Mk1이었을 것이다. 3.97mm 탄을 발사하는 볼트 액션 방식의 소총은 앞에는 양각대, 속을 채운 개머리 아래에는 분리된 손잡이를 갖고 있어 육중했다. 이 때문에 반동이 아주 심하고 무게가 매우 많이 나갔다. 총열은 슬라이드에 탑재되고, 충격 흡수 장치는 양각대에 고정된다.

총몸
보이스 Mk1은 5발 탄창을 사용하지만 신속한 사격을 위한 것은 아니다. 그 역할은 적의 보병부대와 교전하지 않으면서 어려운 목표물에 강력한 한 발을 발사하는 것이었다.

총열
긴 총열은 총구속도를 높여주며 무거운 탄이 전차의 기갑을 뚫을 확률을 높인다.

제원	
개발 국가 :	영국
개발 연도 :	1937
구경 :	13.97mm
작동방식 :	볼트 액션
무게 :	16kg
전체 길이 :	1575mm
총열 길이 :	910mm, 762mm(항공기용 버전)
총구(포구) 속도 :	747m/sec
탄창 :	5발 탈부착식 상자형 탄창
사정거리 :	90m(16-19mm 장갑차)

대(對) 전차용 소총은 더 이상 효과적이지 않다는 이유로 관심 밖으로 떨어졌지만 최근 새로운 형태로 전장에 되돌아오고 있다. 대구경을 지닌 '앤티-머티어리얼 소총(anti-materiel rifle)'으로서 적의 통신장비와 지원화기를 박살내고, 경차량들의 엔진을 망가뜨리는 데 사용될 수 있다. 때때로 사정거리가 매우 긴 저격용 소총으로 사용된다.

보이스 소총은 때론 유니버설 캐리어(오른쪽) 같은 경차량을 무장하는 데 사용되었으며, 차체에 장착되었다. 1930년대 초에는 적합한 대(對)장갑 무기로 여겨졌다. 장갑차의 발달은 곧 이 소총을 원래 목적용으로는 그다지 쓸모없는 구식 무기로 만들어버렸으나, 여전히 덮개로 사용되는 많은 물체들을 뚫거나, 바위를 쏴서 소나기처럼 쏟아지는 돌조각으로 은신한 적군에게 부상을 입힐 수 있는 유용한 무기였다.

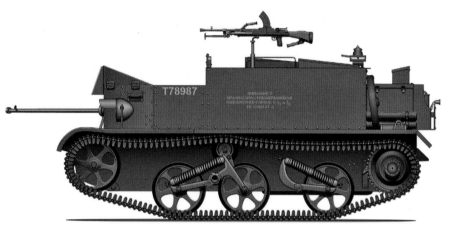

T78987

총구
소염기(muzzle brake)는 어느 정도 반동을 조절했고 무기에 나타나는 흔적, 즉 발사할 때 일어나는 많은 섬광과 먼지를 줄이는 데 도움이 되었다.

탄환
보이스는 13.97mm 탄을 발사했는데, 이 탄은 300m에서 21mm의 장갑차를 뚫을 수 있었다.

개머리판
대 전차용 소총은 이동하면서 사용할 수 없다. 이것은 은폐물의 위치에서 발사되도록 설계되었으며, 강력한 반동을 조금이나마 흡수할 수 있도록 커다란 패드도 들어 있었다.

대 전차용 무기들 Anti-Tank Weapons

장갑 차량이 널리 보급됐다는 것은 보병대에게 그것들을 무력화시킬 수단들이 필요하다는 것을 의미했다. 전쟁 기간에 선보인 대 전차용 무기들 모두가 특별히 좋은 것은 아니었으며, 일부는 사실상 사용하기에 몹시 위험했다.

노스오버 프로젝터

노스오버 프로젝터는 적의 차량에 인으로 채워진 용기를 발사하기 위해 흑색화약 폭탄을 사용했다. 전쟁 초기에 적의 침입에 부딪힌 영국이 급하게 선보인 매우 조악한 무기였으며, 아마 그다지 효과적이지도 않았던 듯하다.

제원	
개발 국가 :	영국
개발 연도 :	1940
구경 :	63.5mm
작동방식 :	흑색화약 폭발, 무반동 포
무게 :	27.2kg 프로젝터, 33.6kg 탑재시
전체 길이 :	다양
총구(포구) 속도 :	N/A
탄창 :	브리치 로더
사정거리 :	90m(유효), 275mm(최대)

PIAT(발사체용, 보병용, 대 전차용)

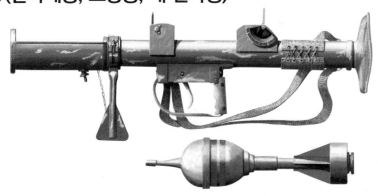

PIAT는 스피것 박격포로, 성형작약 탄두를 발사했다. 공이치기를 잡아당기기가 힘들고 발사하기에 불편했으며 설사 맞히더라도 효과가 크지 않았다. 다만 벙커나 다른 보병 진지 공격에는 유용한 것으로 드러났다.

제원	
개발 국가 :	영국
개발 연도 :	1942
구경 :	89mm
작동방식 :	발사 스프링
무게 :	14.51kg(발사대), 1.36kg(수류탄)
전체 길이 :	990mm
총구(포구) 속도 :	76-137m/sec
탄창 :	프런트 로디드
사정거리 :	100m(전투시), 340m(최대)

TIMELINE

1940

1942

판짜슈레크(RPzB 54)

노획한 초기모델 M1 바주카 포를 개량한 판짜슈레크는 큰 탄두 효과를 꽤 본 무기였다. 바주카 포처럼 후폭풍 범위가 넓어 발포자의 위치를 정확히 찾아가며 응사했다.

제원	
개발 국가 :	독일
개발 연도 :	1942
구경 :	88mm 고성능폭약(HE), 대전차 고성능유탄(HEAT) 탄두
작동방식 :	솔리드 로켓 모터
무게 :	11kg(비었을 경우)
전체 길이 :	1640mm
총구(포구) 속도 :	110m/sec
탄창 :	브리치 로더
사정거리 :	150m

M9 바주카

M9 바주카는 로켓 추진식의 성형폭탄두를 발사하는 단순한 튜브형 발사기였다. 좋은 장갑 전차에 대해서는 효과가 별로 없었으며, 유효 사정거리가 짧아 측면이나 뒷면에서 사용하는 것이 최상이었다.

제원	
개발 국가 :	미국
개발 연도 :	1943
구경 :	60mm 고성능폭약(HE), 대전차 고성능유탄(HEAT) 탄두
작동방식 :	솔리드 로켓 모터
무게 :	5.98kg
전체 길이 :	1545mm
총구(포구) 속도 :	83m/sec
탄창 :	브리치 로더
사정거리 :	640m

판쩌파우스트

판쩌파우스트는 로켓 추진식의 탄두를 매우 기초적인 발사대에서 발사하는 일회용 무기였다. 사정거리가 짧지만 놀랄 만큼 효과적이었다. 좀더 강력한 버전이 전쟁 중에 소개되었다. 판쩌파우스트에는 종종 튜브 뒤쪽 끝에 빨간 글씨로 크게 경고문이 쓰여 있었다. 악퉁! 포이어슈탈!(주의! 파이어 제트!)

제원	
개발 국가 :	독일
개발 연도 :	1943
구경 :	100mm
작동방식 :	무반동 포
무게 :	1.475kg
전체 길이 :	1000mm
총구(포구) 속도 :	30m/sec
탄창 :	N/A
사정거리 :	30m

화염방사기들 Flamethrowers

지금껏 고안된 가장 끔찍한 무기 중 하나인 화염방사기는 살아 있는 목표물을 태울 뿐만 아니라 좁고 사방이 막힌 공간 안의 산소를 모조리 흡수하여 화염을 피해 숨은 상대를 질식사시킨다.

모델 93

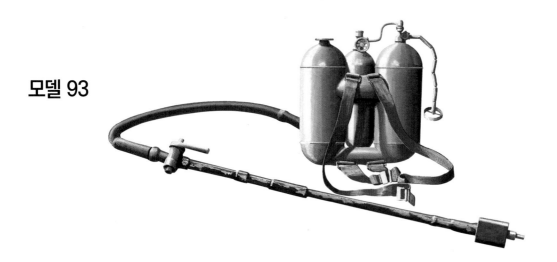

일본의 모델 93 화염방사기는 1930년대에 중국에서 효과적으로 사용되었지만, 기온이 낮으면 발화되지 않는 경향이 있었다. 재설계된 버전은 모델 100으로 명명되었는데 1940년에 선보였다.

제원	
개발 국가 :	일본
개발 연도 :	1933
무게 :	25kg
연료 용량 :	14.7리터
방사 지속 시간 :	10초
방사 거리 :	23-27m

플라멘베르퍼 41

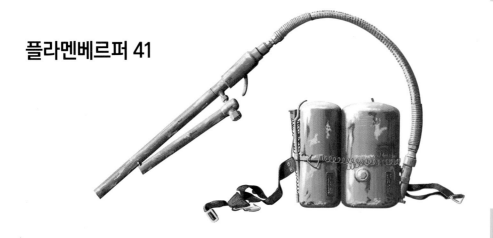

플라멘베르퍼 41은 초기 독일 화염 무기의 개량형으로 개선된 점화 시스템과 나란히 있는 연료와 압축가스통이 있었다. 전쟁 후반부 독일의 표준 화염방사기였다.

제원	
개발 국가 :	독일
개발 연도 :	1941
무게 :	35.8kg
연료 용량 :	11.8리터
방사 지속 시간 :	10초
방사 거리 :	25-30m

TIMELINE

1933　　　　1941

화염-방사기 M1A1

M1은 미군의 필요를 맞추기 위해 개발되었으나 신뢰성이 떨어져 1943년부터 M1A1로 대체되었다. M1A1은 개선되기는 했어도 여전히 흠이 있는 버전이었으며, 곧이어 훨씬 성능이 좋은 M2가 등장했다.

제원	
개발 국가 :	미국
개발 연도 :	1942
무게 :	31.8kg
연료 용량 :	18.2리터
방사 지속 시간 :	8-10초
방사 거리 :	41-45m

No 2 화염방사기 Mk 1(구명용품)

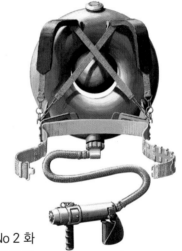

연료통에 가능한 한 많은 연료를 휴대할 수 있게 설계된 No 2 화염방사기는 모양 때문에 '라이프부이(구명용품)'라는 별칭으로 불렸다. 하지만 이 분야의 발전 속도가 너무 빨라 별로 사용되지도 않다 1944년 Mk2 버전으로 대체되었다.

제원	
개발 국가 :	영국
개발 연도 :	1942
무게 :	29kg
연료 용량 :	18.2리터
방사 지속 시간 :	10초
방사 거리 :	27-36m

ROKS-3 화염방사기

ROKS-2 화염방사기를 단순화한 버전으로, 대량 생산할 수 있도록 설계된 전시 임시방편용 무기였다. 농도가 더 높은 연료가 사용되면서 효율성도 높아지고 무기의 방사 거리도 늘어났다.

제원	
개발 국가 :	USSR
개발 연도 :	1943
무게 :	22.7kg
연료 용량 :	9리터
방사 지속 시간 :	8-10초
방사 거리 :	23-27m

1942   1943

제2차 대전 이후

제2차 세계 대전이 끝났어도 평화는 찾아오지 않았다. 얼마 지나지 않아 참전국들은 한국전쟁과 말레이 비상사태에 개입하게 되었다. 이를 전후한 중국의 국공내전, 동남아시아 각국의 독립 전쟁과 아프리카 사태 등으로 주요 강대국들은 반 전시 상황에 놓이고 말았다.

이 시기는 냉전이 시작되면서 나토-바르샤바 조약 연합군들이 형성되고, 제2차 세계 대전이 유럽에서 동-서 충돌로 지속될 가능성이 현실성을 띤 시기이기도 했다.

사진 1957년 영국 특수부대가 말레이 반도 어딘가에서 울창한 정글 속을 헤쳐 나가고 있다. 사진에서 선봉에 선 남자는 리-엔필드 No 5 Mk 1 '정글 카빈'으로 무장한 반면, 뒤쪽 전우들은 L1A1 SLR을 들고 있다. 맨 뒤에 있는 또다른 군인은 브렌 경기관총을 소지하고 있다.

전투용 리볼버들 Combat Revolvers

대부분의 군대들이 수십년 동안 그들의 군사용 리볼버들을 반자동 피스톨로 교체해 왔음에도 불구하고, 리볼버는 국방용 및 자기방어용으로 인기를 끌었다. 몇몇 법 집행기관들에서도 계속해서 수년 동안 리볼버를 사용했다.

스미스 앤드 웨슨 36 '치프스 스페셜'

총신이 짤막한 '치프스 스페셜'은 역사상 가장 영향력 있는 권총 중 하나다. 이름에서 알 수 있듯이 법 집행기관들에서 인기를 끌었으나 소형 자기방어용 권총을 필요로 하는 항공승무원이나 민간인들 사이에서도 상당수 사용되었다.

제원	
개발 국가 :	미국
개발 연도 :	1950
구경 :	9.6mm 스페셜
작동방식 :	리볼버
무게 :	0.553kg
전체 길이 :	176mm
총열 길이 :	47.6mm
총구(포구) 속도 :	알려지지 않음
탄창 :	5발 실린더
사정거리 :	23m

스미스 앤드 웨슨 '센테니얼'

총몸이 작은 더블 액션 방식의 9.6mm 또는 9.1mm의 리볼버인 센테니얼은 몇몇 변종 모델들과 함께 시장에 나왔다. 주로 자기방어용의 작고 숨길 수 있는 총 또는 백업 총으로 사용되었다.

제원	
개발 국가 :	미국
개발 연도 :	1952
구경 :	9.6mm(.38 스페셜+P), 9.1mm(.357 매그넘)
작동방식 :	더블 액션(DAO) 리볼버
무게 :	알려지지 않음
전체 길이 :	알려지지 않음
총열 길이 :	50.8mm 또는 76mm
총구(포구) 속도 :	알려지지 않음
탄창 :	5발 실린더
사정거리 :	50m

TIMELINE

1950

1952

1953

콜트 트루퍼 Mk V

5.6mm 또는 9.6mm 탄을 장전하는 콜트 트루퍼는 법 집행기관과 민간인용 시장을 겨냥한 것이었다. 후에 트루퍼는 저가의 9.1mm 매그넘 탄 리볼버로 사용되었으며, 고가의 파이톤 모델을 보완했다.

제원	
개발 국가 :	미국
개발 연도 :	1953
구경 :	9.1mm .357매그넘
작동방식 :	더블 액션 리볼버
무게 :	1.2kg
전체 길이 :	260mm
총열 길이 :	203mm
총구(포구) 속도 :	455m/sec
탄창 :	6발 실린더
사정거리 :	50m

콜트 파이톤 .357

파이톤은 콜트 모델 357의 개량형으로 시장에서 이전 모델을 완전히 대체했다. 비록 무겁고 비싸기는 했지만 엄청난 대인저지력을 지닌 고품질의 내구성 높은 무기였다.

제원	
개발 국가 :	미국
개발 연도 :	1955
구경 :	9.1mm .357 매그넘
작동방식 :	리볼버
무게 :	1.08-1.2kg
전체 길이 :	235mm
총열 길이 :	102mm 또는 204mm
총구(포구) 속도 :	455m/sec
탄창 :	6발 실린더
사정거리 :	50m

스미스 앤드 웨슨 모델 29

M29는 1970년대 영화 '더티 하리'로 인해 유명해졌으며 1955년부터 사용돼 왔다. 오늘날에도 몇몇 버전이 남아 있는데 대부분 629시리즈 모델들이며 총열 길이와 마감 형태가 다르다.

제원	
개발 국가 :	미국
개발 연도 :	1955
구경 :	11.2mm .44 매그넘
작동방식 :	더블 액션 리볼버
무게 :	총열 길이에 따라 다양
전체 길이 :	총열 길이에 따라 다양
총열 길이 :	102-270mm
총구(포구) 속도 :	총열 길이에 따라 다양
탄창 :	6발 실린더
사정거리 :	50m

1955

전투용 반자동 무기들 Combat Semi-Automatics

매우 다양한 반자동 권총들이 전후 시기에 등장했다. 아주 새로운 것들도 있고, 길게 이어진 특정 계열의 일종인 것도 있었다. 종종 특허법의 세부사항을 무시한 채 기존 설계를 단순 복제한 것들이 많았다.

MAS 1950

MAS 1950은 프랑스 군과 경찰에서 기존 권총의 사정거리를 개선하기 위해 개발했다. 비록 특별히 명중률이 높지는 않았지만 견고해서 총기 사용자들에게 인기가 있었다.

제원	
개발 국가 :	프랑스
개발 연도 :	1950
구경 :	9mm 파라벨룸
작동방식 :	쇼트 리코일, 로크트-브리치
무게 :	0.86kg
전체 길이 :	195mm
총열 길이 :	111mm
총구(포구) 속도 :	315m/sec
탄창 :	9발 탈부착식 상자형 탄창
사정거리 :	50m

베레타 M1951

M1951는 군수 시장을 겨냥해 개발되었으며 이탈리아 육군은 물론 이집트와 이스라엘군에서도 사용되었다. 때때로 전방 그립이 고정된, 전자동이 가능한 버전도 개발되었다.

제원	
개발 국가 :	이탈리아
개발 연도 :	1951
구경 :	9mm 파라벨룸
작동방식 :	쇼트 리코일, 로크트 브리치
무게 :	0.87kg(장전되지 않았을 때)
전체 길이 :	203mm
총열 길이 :	114mm
총구(포구) 속도 :	350m/sec
탄창 :	8발 탈부착식 상자형 탄창
사정거리 :	50m

TIMELINE

1950

1951

1955

헬완

베레타 1951을 직접 복제한 헬완은 라이선스 하에 생산되었으며 토카집트 모델을 대신해 사용되었다. M1951과 본질적으로 같은 총인 만큼 기능도 동일했다.

제원	
개발 국가 :	이집트
개발 연도 :	1955
구경 :	9mm 파라벨룸
작동방식 :	쇼트 리코일
무게 :	0.89kg
전체 길이 :	203mm
총열 길이 :	114mm
총구(포구) 속도 :	350m/sec
탄창 :	8발 탈부착식 상자형 탄창
사정거리 :	50m

아스트라 팰컨

팰컨은 아스트라의 '물 권총' 스타일로는 마지막 모델이었다. 본질적으로 아스트라 400의 축소형이며 오늘날에도 군대에서 발견될 수 있는데 좀더 가볍고 편리한 형태로 만들어진다.

제원	
개발 국가 :	스페인
개발 연도 :	1956
구경 :	9mm 쇼트
작동방식 :	블로백
무게 :	0.646kg
전체 길이 :	164mm
총열 길이 :	98.5mm
총구(포구) 속도 :	c.300m/sec
탄창 :	7발 탈부착식 상자형 탄창
사정거리 :	30m

토카집트 58

토카집트는 토카레프 TT33 피스톨의 복제품으로, 9mm 파라벨룸탄을 장전하며, 이집트 육군을 위해 헝가리에서 생산되어 그 때문에 토카집트라는 이름이 생겼다. 불행하게도 이집트 군에 채택되지 않고 경찰용 및 개방시장으로 유입되었다.

제원	
개발 국가 :	이집트/헝가리
개발 연도 :	1958
구경 :	9mm 파라벨룸
작동방식 :	쇼트 리코일
무게 :	0.91kg
전체 길이 :	194mm
총열 길이 :	114mm
총구(포구) 속도 :	350m/sec
탄창 :	7발 탈부착식 상자형 탄창
사정거리 :	30m

1956

1958

추진력의 새로운 대안 : MBA 자이로제트 Alternative Propulsion : MBA Gyrojet

자이로제트 피스톨은 새로운 종류의 무기를 개발하려는 시도의 산물로서, 전통적인 탄환보다 소형 로켓을 사용했다. 이론적으로 이것은 저소음, 저반동 그리고 수중 발사 기능 등의 이점을 제공했다.

총구
자이로제트는 총구 속도가 매우 낮았지만 탄도를 초당 약 1250피트까지 높일 수 있었다.

카트리지
본래 12.95mm 구경 용으로 개발되었지만, 12.44mm와 6-20mm 구경의 자급식 자체 추진 로켓이었다.

제원	
개발 국가 :	미국
개발 연도 :	1965
구경 :	12.95mm 로켓
작동방식 :	블로-포워드
무게 :	0.4kg
전체 길이 :	2760mm
총열 길이 :	127mm
총구(포구) 속도 :	380m/sec
탄창 :	6발 내장식 상자형 탄창
사정거리 :	50m

자이로제트 탄은 로켓 추진력을 이용했다. 안정성을 위해 발사체를 회전시키는 각진 구멍이 있었다. 그러나 이것은 탄이 꽤 낮은 속도로 총구를 떠나는 것을 의미하며, 불안정하고 비효과적이었다. 속도와 치사율은 높아졌지만 명중률은 더 낮아졌다.

코킹
자이로제트는 이 레버를 앞으로 밀어서 공이치기를 잡아당기고, 탄을 장전했다.

로딩 포트
자이로제트는 탄창 위의 포트를 통해 장전되었다. 발사체 전체가 발사되기 때문에 배출 시스템이 필요없었다.

손잡이
자이로제트는 손잡이 안쪽에 탄창을 내장, 기존 반자동 피스톨 총들과 비교해 재장전 속도가 매우 느렸다.

반자동 소총 Semi-Automatic Rifles

돌격용 소총은 몇몇 국가에서 개발되고 있었고, 시장에서 모든 다른 무기들을 즉시 휩쓴 것은 아니었다. 실제로 영국 같은 나라들에서는 반자동 군사용 소총이 수십년간 사용되었다.

융만 AG 42

제2차 세계 대전 기간에 한정 수량만 공급돼 1960년대까지 사용된 스웨덴의 무기로 6.5×55mm 탄을 장전했다. 이집트 하킴 소총과 라쉬드 카빈의 토대가 되었다.

제원	
개발 국가 :	스웨덴
개발 연도 :	1941
구경 :	6.5mm
작동방식 :	가스압
무게 :	4.7kg
전체 길이 :	1214mm
총열 길이 :	622mm
총구(포구) 속도 :	알려지지 않음
탄창 :	10발 탈부착식 상자형 탄창
사정거리 :	500m

퓌질 미트레일러 모델 49 (MAS 49)

프랑스는 제2차 세계 대전 후 재무장하면서 기존 구형 총기를 새로운 반자동 소총으로 대체했다. 그 결과 보급된 MAS 49 소총은 매우 신뢰성이 높았지만 나토 표준인 7.62mm 탄 대신 7.5mm 탄을 장전했다.

제원	
개발 국가 :	프랑스
개발 연도 :	1949
구경 :	7.5mm
작동방식 :	가스압
무게 :	3.9kg
전체 길이 :	1010mm
총열 길이 :	521mm
총구(포구) 속도 :	817m/sec
탄창 :	10발 탈부착식 상자형 탄창
사정거리 :	500m

TIMELINE  1941  1949  1949

FN 1949(FN AL, or SAFN)

FN 1949는 제2차 세계 대전 이전에 개발을 시작했지만 오랫동안 중단 상태로 있다 1949년이 되어서야 등장했다. 국제 시장에서 호평을 받았는데 특히 남아메리카에서 많이 판매되었다.

제원	
개발 국가 :	벨기에
개발 연도 :	1949
구경 :	8mm 등 다양
작동방식 :	가스압
무게 :	4.31kg
전체 길이 :	1116mm
총열 길이 :	590mm
총구(포구) 속도 :	710m/sec
탄창 :	10발 고정식 상자형 탄창
사정거리 :	500m

사모나비젝트 푸스카 vz52(CZ52)

vz52는 짧은 7.62×45mm 탄을 장전하며 접이식 총검이 특징적이다. 소련이 체코를 장악한 뒤 바르샤바 조약에 따라 표준형 7.62×39mm 탄을 장전한, 다소 신뢰성이 떨어지는 버전이 등장했다.

제원	
개발 국가 :	체코
개발 연도 :	1952
구경 :	7.62mm M52 또는 7.62mm 소비에트M1943
작동방식 :	가스압
무게 :	3.11kg
전체 길이 :	843mm
총열 길이 :	400mm
총구(포구) 속도 :	710m/sec
탄창 :	10발 탈부착식 상자형 탄창
사정거리 :	500m+

라쉬드

AG42 생산 도구들을 이집트가 사들였는데, 이집트에서는 하캄 소총처럼 7.92×57mm 구경용 무기로 생산되었다. 이후 소련제 7.62×39mm 탄을 발사하는 라쉬드 카빈 총으로 개량되었다.

제원	
개발 국가 :	이집트
개발 연도 :	1960
구경 :	7.62mm
작동방식 :	가스압
무게 :	4.19kg
전체 길이 :	1035mm
총열 길이 :	520mm
총구(포구) 속도 :	알려지지 않음
탄창 :	10발 탈부착식 상자형 탄창
사정거리 :	300m

1952

1960

FN FAL 시리즈 The FN FAL Series

파브리끄 나시오날 퓌질 오토마티끄 레제(FN FAL)는 StG44을 위해 만든 독일의 7.92×33mm 카트리지용으로 개발되었지만, 나토의 표준화로 인해 최종적으로 7.62×51mm 탄을 장전했다. 90여개 국에서 이 우수한 무기를 채택했다.

FN FAL

무겁지만 매우 잘 설계된 소총인 FN FAL은 서로 다른 환경들 속에서도 내구력과 성능이 극히 뛰어난 것으로 드러났다. 비록 반동으로 인해 무기 제어에 약간의 문제는 있었지만 대부분의 FALs는 전자동 발사가 가능했다.

제원	
개발 국가 :	벨기에
개발 연도 :	1954
구경 :	7.62mm 나토
작동방식 :	가스압, 자동장전
무게 :	4.31kg
전체 길이 :	1053mm
총열 길이 :	533mm
총구(포구) 속도 :	853m/sec
탄창 :	20발 탈부착식 상자형 탄창
사정거리 :	800m+

L1A1 SLR

영국 군대에서 FAL은 L1A1 SLR(Self-Loading Rifle)로 불렸다. 1954년부터 더욱 소구경인 L85A1에 의해 1985년초 대체될 때까지 사용되었다.

제원	
개발 국가 :	영국
개발 연도 :	1954
구경 :	7.62mm 나토
작동방식 :	가스압, 자동장전
무게 :	4.31 kg
전체 길이 :	1055mm
총열 길이 :	535mm
총구(포구) 속도 :	853m/sec
탄창 :	20발 탈부착식 상자형 탄창
사정거리 :	800m+

TIMELINE

1954

FN 파라

대부분의 FN FALs는 단단한 개머리판을 가지고 있었지만 가벼운 접이식 개머리판의 변종 모델들이 낙하산부대용으로 개발되었다. 다수 낙하산부대용 변종 모델들은 표준 길이의 총열을 사용했지만, 비행기에 더 쉽게 적재할 수 있게 총열을 줄인 것들도 있었다.

제원	
개발 국가 :	벨기에
개발 연도 :	1954
구경 :	7.62mm 나토
작동방식 :	가스압
무게 :	4.36kg
전체 길이 :	1020mm(개머리판을 펼쳤을 때), 770mm(개머리판을 접었을 때)
총열 길이 :	436mm
총구(포구) 속도 :	853m/sec
탄창 :	20발 탈부착식 상자형 탄창
사정거리 :	500m+

FN FAL(아르젠틴)

1982년 포클랜드 전쟁 기간에 아르헨티나 육군은 FAL의 전자동 버전을 사용했다. 반면 상대방인 영국군은 같은 무기의 반자동 변종모델을 채택했다.

제원	
개발 국가 :	벨기에
개발 연도 :	1958
구경 :	7.62mm 나토
작동방식 :	가스압
무게 :	4.31kg
전체 길이 :	1053mm
총열 길이 :	533mm
총구(포구) 속도 :	853m/sec
탄창 :	20발 탈부착식 상자형 탄창
사정거리 :	800m+

FN FNC

5.56×45mm 탄을 장전한 FAL의 변종 모델 FNC(또는 FN Carbine)는 표준형 M16 탄창을 사용할 수 있다. 국제적으로 상당량 판매되었으며 오늘날에도 군대에서 사용된다.

제원	
개발 국가 :	벨기에
개발 연도 :	1976
구경 :	5.56mm 나토
작동방식 :	가스압
무게 :	3.8kg
전체 길이 :	997mm(개머리판을 펼쳤을 때), 766mm(개머리판을 접었을 때)
총열 길이 :	449mm
총구(포구) 속도 :	965m/sec
탄창 :	30발 탈부착식 상자형 탄창
사정거리 :	500m+

1958

1976

L1A1 자동장전 소총 L1A1 Self-Loading Rifle(SLR)

영국 육군에 채택된 L1A1 SLR은 '전투용 소총'으로 대구경 탄을 사용했다. 다른 국가들에서 사용된 동일 무기의 전자동 버전들도 돌격용 소총으로는 여겨질 수가 없다. 그것들은 너무 크고 무거운 데다 소구경 탄을 사용할 수 없기 때문이다. 이러한 무기들은 다른 모델과 마찬가지로 '자동 소총'으로 불린다.

그러나 영국은 전자동 발사 기능을 원하지 않았다. SLR의 20발 탄창을 신속히 비워내며 7.62mm 탄을 자동 발사하는 일은 제어가 힘들었기 때문이다. 오히려 뛰어난 사격술과 신속한 반자동 발사가 좀더 효율적인 것으로 간주되었다.

가늠쇠
SLR은 일반 병사들이 정확하게 사격할 수 있는 거리보다 훨씬 멀리, 약 800m까지는 명중률이 높았으며 화력 대신 사격술에 의존하는 군대에 매우 적합했다.

소염기
화력이 센 소총들은 상당한 양의 섬광이 일어나며, 사격자의 위치를 노출시킬 정도로 먼지를 일으킨다. 소염기는 이 문제를 다소 줄여준다.

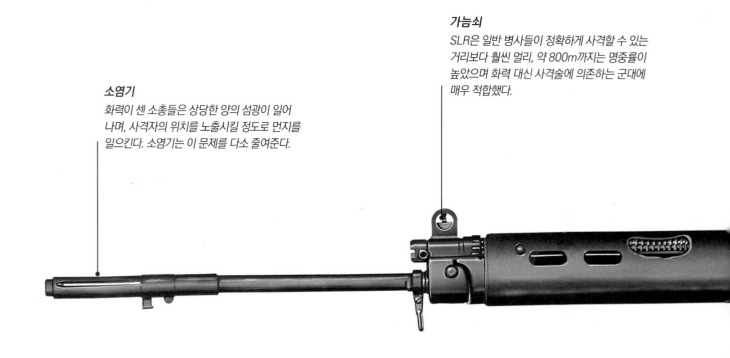

제원	
개발 국가:	영국
개발 연도:	1954
구경:	7.62mm 나토
작동방식:	가스압, 자동장전
무게:	4.31kg
전체 길이:	1055mm
총열 길이:	535mm
총구(포구) 속도:	853m/sec
탄창:	20발 탈부착식 상자형 탄창
사정거리:	800m+

7.62mm 탄은 많은 이점을 제공했다. 높은 속도는 정확한 원거리 사격을 더 쉽게 만들었으며, 무거운 탄은 대부분의 은폐물을 뚫고 들어갔다. 벽돌 벽처럼 단단한 것들조차도 이 소총으로부터 안전한 은폐물이 되지 못했다. GPMGs(다목적 기관총들)의 상용탄을 사용함으로써 지원 및 물류 업무도 간결해졌다.

SLR은 열대 정글이나 극한의 산악지대, 그리고 도시지역과 같은 다양한 환경 속에서도 사용하기에 좋았다. 그러나 결국 5.56mm 탄을 사용하는 좀더 가볍고, 좀더 짧은 무기들이 인기를 끌면서 관심 밖으로 사라졌다. 다른 나라 군대들은 몇 년 일찍 돌격용 소총을 채택했으나, 영국은 그들의 전투용 라이플 총들을 1980년대 중반까지 계속해서 사용했다.

뒷가늠자
총기사용자들 중 일부는 저격용 소총과 전투용 무기를 결합한 것처럼 명사수들이 사용하던 조준기를 라이플 총에 부착해 사용했다.

개머리판
SLR은 매우 무거운 무기였다. 플라스틱이나 금속으로 만든 개머리판과 좀더 짧은 총열을 사용하는 가벼운 버전들이 개발되었지만, 풀사이즈의 소총이 여전히 널리 사용되었다.

탄창
SLR의 20발 탄창은 반자동 무기에 아주 적합했으나, 전자동 무기에서 사용했다면 더 빨리 탄창을 비울 수 있었을 것이다.

자동 소총 Automatic Rifles

전후(戰後) 시기에 자동 발사가 가능한 전투용 소총 구경의 무기들이 등장했다. 이론적으로는 소총수가 자동 제압 사격을 포기할 만큼 성능이 좋아 보이나, 실제로는 그러한 무기들이 전적으로 성공을 거둔 것은 아니었다.

M14

M1 개런드의 개량형인 M14는 탈부착형 20발 상자형 탄창과 자동발사 기능을 갖고 있었다. 비록 투박하고 내구력이 있기는 했지만 M14는 전자동 발사를 제어하기가 어렵고, 과열되는 경향이 있었다.

제원	
개발 국가 :	미국
개발 연도 :	1957
구경 :	7.62mm 나토
작동방식 :	가스압
무게 :	3.88kg
전체 길이 :	1117mm
총열 길이 :	558mm
총구(포구) 속도 :	595m/sec
탄창 :	20발 탈부착식 상자형 탄창
사정거리 :	800m+

CETME M58

CETME M58은 StG45 프로젝트 관련 전시 업무를 계속하던 독일 주도 팀에 의해 스페인에서 개발되었다. 단순하고 생산하기 쉬우면서도 효과적인 자동 소총이었다.

제원	
개발 국가 :	스페인
개발 연도 :	1958
구경 :	7.62mm 나토
작동방식 :	딜레이드 블로백
무게 :	4.4kg
전체 길이 :	1015mm
총열 길이 :	450mm
총구(포구) 속도 :	800m/sec
탄창 :	20발 또는 30발 탈부착식 상자형 탄창
사정거리 :	500m+

TIMELINE			
	1957	1958	1959

베레타 BM59

M1 개런드에서 유래한 또다른 무기인 BM59는 20발 탈부착식 탄창과 선택 발사 기능에서 M1 개런드와 차이가 있었다. 가능한 한 많이 M1 개런드의 특징들을 차용하면서도 BM59는 개런드의 흔적을 지울 만큼 평판을 얻었다.

제원	
개발 국가 :	이탈리아
개발 연도 :	1959
구경 :	7.62mm 나토
작동방식 :	가스압
무게 :	4.6kg
전체 길이 :	1095mm
총열 길이 :	490mm
총구(포구) 속도 :	823m/sec
탄창 :	20발 탈부착식 상자형 탄창
사정거리 :	800m

M14A1

전자동 M14A1은 분대 지원 무기 용으로 양각대와 피스톨 형의 앞손잡이가 있었다. 그러나 여전히 과열되는 경향이 있었으며, 뜨거워진 총열은 교체할 수가 없었다.

제원	
개발 국가 :	미국
개발 연도 :	1963
구경 :	7.62mm 나토
작동방식 :	가스압
무게 :	3.88kg
전체 길이 :	1117mm
총열 길이 :	558mm
총구(포구) 속도 :	595m/sec
탄창 :	20발 탈부착식 상자형 탄창
사정거리 :	800m+

루거 미니-14

루거 미니-14를 언뜻 보면 제2차 세계 대전시 미군의 표준형 소총이었던 M1 개런드에서 파생한 M14 소총의 좀더 간결한 소형 버전 같다. 미니-14는 가볍고 제어하기가 쉬워 민간인들, 군인, 경찰들이 사용하였으며 인기를 끌었다.

제원	
개발 국가 :	미국
개발 연도 :	1973
구경 :	5.56mm 나토 또는 M193
작동방식 :	가스압
무게 :	2.9kg
전체 길이 :	946mm
총열 길이 :	470mm
총구(포구) 속도 :	1005m/sec
탄창 :	5발, 10발, 20발 또는 30발 탈부착식 상자형 탄창
사정거리 :	400m

1963

1973

M14 카빈 M14 Carbine

M14는 그 계보가 M1 개런드까지 이어지는, 도입 당시 혁신적인 무기였다. 실험을 거쳐 20발 탄창을 내장한 다양한 M1 기반 변종 모델들이 등장했다. 이 무기를 신형 7.62×51mm 나토탄에 맞게 개조한 무기가 T44로 명명되었다.

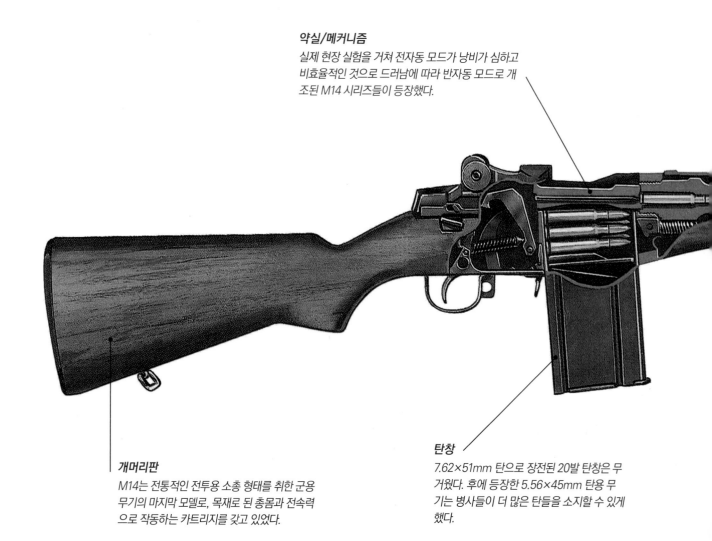

약실/메커니즘
실제 현장 실험을 거쳐 전자동 모드가 낭비가 심하고 비효율적인 것으로 드러남에 따라 반자동 모드로 개조된 M14 시리즈들이 등장했다.

개머리판
M14는 전통적인 전투용 소총 형태를 취한 군용 무기의 마지막 모델로, 목재로 된 총몸과 전속력으로 작동하는 카트리지를 갖고 있었다.

탄창
7.62×51mm 탄으로 장전된 20발 탄창은 무거웠다. 후에 등장한 5.56×45mm 탄용 무기는 병사들이 더 많은 탄들을 소지할 수 있게 했다.

M14의 주요 결점은 총기와 탄환 무게였다. 이 무게 때문에 도보 순찰시 소지할 수 있는 양이 제한되었다. 비록 정확하고 강력했지만 M14는 자동발사시 제어하기가 어려웠다. 본래 M14E2로 명명된 그 변종 모델은 분대 지원 무기로서 1963년 군대에 보급되었는데, 1966년에 M14A1으로 재명명되었다.

조준기(가늠자)

M14는 표준 사이즈의 철제 조준기과 함께 공급되었으나 '명중률을 강화한' 저격용 버전들은 다양한 조준기들을 사용했다.

총열

'카빈' 또는 '소총'으로 다양하게 언급되기는 하지만, M14는 꽤 긴 무기로 복잡한 도시나 정글 지역에서는 다루기가 어렵다.

가스 피스톤

M14 액션은 먼저 나온 M1 개런드의 증명된 가스압 시스템에 토대를 두었다.

제원	
개발 국가 :	미국
개발 연도 :	1957
구경 :	7.62mm 나토
작동방식 :	가스압
무게 :	3.88kg
전체 길이 :	1117mm
총열 길이 :	558mm
총구(포구) 속도 :	595m/sec
탄창 :	20발 탈부착식 상자형 탄창
사정거리 :	800m+

T44는 M14처럼 1957년 미군에 보급되기 시작했으며 베트남 전쟁에 실전 투입되었다. 좀더 가벼운 M16이 군대에 보급되기 시작한 1960년대 후반까지 미군 주력 보병용 소총으로 사용되었다. 다수 M14계열들이 후일 M21 저격수용 버전으로 개조되었다.

전후 기관단총들 Post-War Submachine Guns

전후 시기 초기에 기관단총들은 대부분 전시 프로젝트에서 유래한 것들이었다. 오늘날 시각에서 보면 이들 중 많은 무기들이 투박했지만, 그러나 대량 생산하기에는 충분히 효과적이었다.

칼 구스타프 M/45

좀더 정확히는 쿨스프루타 피스톨 M45로 명명된('칼 구스타프'는 공장 이름이다) M/45는 스웨덴 육군과 미 특수부대에 채택되었으며 해외에서도 라이선스를 얻어 제작되었다.

제원	
개발 국가 :	스웨덴
개발 연도 :	1945
구경 :	9mm 파라벨룸
작동방식 :	블로백
무게 :	3.9kg
전체 길이 :	808mm
총열 길이 :	213mm
총구(포구) 속도 :	410m/sec
탄창 :	36발 탈부착식 상자형 탄창
사정거리 :	120m

마드센 M1950

덴마크의 M1950 기관단총은 스텐 기종처럼 전시에 임시방편으로 등장한 무기들의 개념을 차용했다. 비록 성능은 실망스러웠지만 M1950보다 좀더 나은 무기들의 개발을 이끌어내었다.

제원	
개발 국가 :	덴마크
개발 연도 :	1950
구경 :	9mm 파라벨룸
작동방식 :	블로백
무게 :	3.17kg
전체 길이 :	800mm(개머리판을 펼쳤을 때), 530mm(개머리판을 접었을 때)
총열 길이 :	197mm
총구(포구) 속도 :	380m/sec
탄창 :	32발 탈부착식 상자형 탄창
사정거리 :	150m+

TIMELINE

1945   1950   1952

비뉴홍

콩고에서 작전을 벌이던 벨기에 군대에 비뉴홍 SMG가 널리 보급되었으며, 콩고가 독립하자 콩고에서 사용되었다. 오늘날 아프리카 전지역에서 발견된다.

제원	
개발 국가 :	벨기에
개발 연도 :	1952
구경 :	9mm 파라벨룸
작동방식 :	블로백
무게 :	3.29kg
전체 길이 :	890mm(개머리판을 펼쳤을 때), 705mm(개머리판을 접었을 때)
총열 길이 :	305mm
총구(포구) 속도 :	365m/sec
탄창 :	32발 탈부착식 상자형 탄창
사정거리 :	200m+

지그 MP310

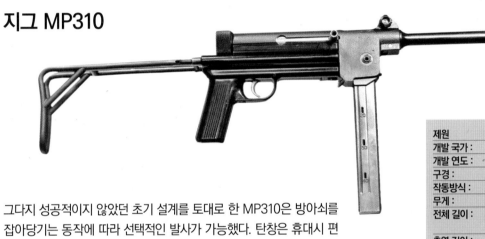

그다지 성공적이지 않던 초기 설계를 토대로 한 MP310은 방아쇠를 잡아당기는 동작에 따라 선택적인 발사가 가능했다. 탄창은 휴대시 편리하게 앞으로 접었다. 비록 스위스 경찰이 채택하기는 했지만 그다지 널리 성공하지는 않았다.

제원	
개발 국가 :	스위스
개발 연도 :	1956
구경 :	9mm 파라벨룸
작동방식 :	블로백
무게 :	2.35kg(장전하지 않았을 때)
전체 길이 :	735mm(개머리판을 펼쳤을 때), 610mm(개머리판을 접었을 때)
총열 길이 :	200mm
총구(포구) 속도 :	365m/sec
탄창 :	40발 탈부착식 상자형 탄창
사정거리 :	150-200m

에르마 MP58

독일 연방 정부가 저가 기관단총을 필요로 함에 따라 에르마 사는 이 잘 만들어지고 신뢰할 만한 무기를 생산했다. 그런데 독일 정부가 이를 채택하지 않자 에르마는 결국 상용 시장으로 진출했다.

제원	
개발 국가 :	독일
개발 연도 :	1958
구경 :	9mm 파라벨룸
작동방식 :	블로백
무게 :	3.1kg
전체 길이 :	405mm
총열 길이 :	190mm
총구(포구) 속도 :	395m/sec
탄창 :	30발 탈부착식 상자형 탄창
사정거리 :	70m

1956

1958

스털링 계통 무기들 The Sterling Family

패쳇(Patchett) 계열 기관단총은 조악한 스텐의 대체 무기로 개발되었다. 1944년 이래 여러 전투에서 성능을 입증했으며, 전쟁 뒤 독특한 스털링 계통 무기들의 토대가 되었다.

스털링 L2A1

스털링은 튜브형 총몸에 토대를 둔 단순 블로백 무기였다. 군대에서 즉각 효과적이고 신뢰할 만한 총으로 증명되었다. L3A1 모델은 스털링 계통으로 영국 육군에 최초로 보급된 무기다.

제원	
개발 국가 :	영국
개발 연도 :	1953
구경 :	9mm 파라벨룸
작동방식 :	블로백
무게 :	2.72kg
전체 길이 :	690mm(개머리판을 펼쳤을 때), 483mm(개머리판을 접었을 때)
총열 길이 :	198mm
총구(포구) 속도 :	395m/sec
탄창 :	34발 탈부착식 상자형 탄창
사정거리 :	70m

스털링 L2A3

스털링은 수 차례의 개선을 거쳐 최종적으로 A3(또는 스털링 Mk4로 알려지기도 했다) 모델에 이르러 군대에 채택되었다. 다소 기묘한 외관을 제외하면 스털링은 효율성이 입증되어 캐나다와 인도 군에 채택되었다.

제원	
개발 국가 :	영국
개발 연도 :	1956
구경 :	9mm 파라벨룸
작동방식 :	블로백
무게 :	2.7kg(장전되지 않았을 때)
전체 길이 :	686mm(개머리판을 펼쳤을 때), 481mm(개머리판을 접었을 때)
총열 길이 :	196mm
총구(포구) 속도 :	395m/sec
탄창 :	34발 탈부착식 상자형 탄창
사정거리 :	200m

TIMELINE

1953   1956   1967

스털링 L34A1

무음의 스털링 총기는 다른 버전에 비해 반동을 제어할 수 있고 반동도 훨씬 적게 일어났다. 소음기로 인해 총구 속도가 줄어들기는 했지만 은 밀한 역할을 수행하는데 크게 제약을 초래하지는 않았다.

제원	
개발 국가 :	영국
개발 연도 :	1967
구경 :	9mm 파라벨룸
작동방식 :	블로백
무게 :	3.6kg
전체 길이 :	864mm(개머리판을 펼쳤을 때), 660mm(개머리판을 접었을 때)
총열 길이 :	198mm
총구(포구) 속도 :	300m/sec
탄창 :	34발 탈부착식 상자형 탄창
사정거리 :	120m

스털링 Mk7 '패러-피스톨'

짤막한 형태의 스털링 Mk7은 낙하산 부대와 차량 승무원용으로 개발되었고 군수용으로 채택되지는 않았다. 제조된 무기 대부분은 국제 상업용 시장에서 팔렸다.

제원	
개발 국가 :	영국
개발 연도 :	1960년대
구경 :	9mm
작동방식 :	블로백
무게 :	3kg
전체 길이 :	381mm
총열 길이 :	190.5mm
총구(포구) 속도 :	300m/sec
탄창 :	10발, 15발 탈부착식 상자형 탄창
사정거리 :	80m

SAF 카빈 1A(인디안)

인도 육군은 스털링 L2A1의 변종 모델을 일반 보급형으로 채택했으며, 비밀 작전 수행을 위한 무음 버전을 생산했다. 오늘날에도 두 가지 모두 생산된다.

제원	
개발 국가 :	인도
개발 연도 :	1960년대
구경 :	9mm 파라벨룸
작동방식 :	블로백
무게 :	2.72kg
전체 길이 :	690mm(개머리판을 펼쳤을 때), 483mm(개머리판을 접었을 때)
총열 길이 :	198mm
총구(포구) 속도 :	395m/sec
탄창 :	34발 탈부착식 상자형 탄창
사정거리 :	70m

1960s

베레타 모델로 12 Beretta Modello 12

모델로 12는 길이를 줄인 '랩어라운드' 노리쇠(부분적으로 총열 주변을 감싼 것)를 내장한 정통 블로백 무기이며, 베레타의 이전 디자인들과는 다른 모습을 보여주었다. 튜브형 총몸, 그 당시 인기있던 디자인, 근접전을 위한 피스톨 형의 앞손잡이 등을 사용했다.

모델로 12는 비록 원가절감을 위해 금속 형단조(스탬핑)를 지나치게 사용했지만, 매우 잘 만들어진 무기로 내구성이 뛰어나며 정확했다. 고정된 개머리판이나 접이식 금속 개머리판 둘 다 사용 가능하며 20발, 30발 또는 40발 탄창도 착용할 수 있었다.

탄창

편의성을 위해 소형 탄창을 휴대할 수 있지만, 처음 장전하거나 전투가 예상될 때는 큰 탄창으로 바꿀 수 있다.

제원	
개발 국가 :	이탈리아
개발 연도 :	1959
구경 :	9mm 파라벨룸
작동방식 :	블로백
무게 :	2.95kg
전체 길이 :	660mm(목재 개머리판), 645mm(금속 개머리판을 펼쳤을 때), 416mm(금속 개머리판을 접었을 때)
총열 길이 :	203mm
총구(포구) 속도 :	380m/sec
탄창 :	20발, 30발 또는 40발 탈부착식 상자형 탄창
사정거리 :	120m

모델로 12는 국제적으로 상당한 성공을 거두었으며, 원산지 이탈리아 뿐만 아니라 남아메리카와 아프리카에서 경찰용과 군사용으로 채택되었다. 약간 업데이트된 버전은 모델로 12S로 명명되었는데, 1970년대 후반에 출시되었다.

이 무기가 사용되던 시기에 기관단총의 쓰임새가 다소 달라졌다. 다목적 용도에 더 적합한 돌격용 소총으로 인해 군사 무기 시스템으로서는 그 중요성을 잃게 되고, 도심 보안용으로 역할을 더 옮기게 되었다. 모델로 12와 같은 무기들은 법 집행 및 VIP 보호를 위해 사용하기에 이상적인데, 이는 주로 도심과 분쟁 지역에 해당한다. 만에 하나 그러한 일이 일어날 경우 강력하고 정확한 근거리용 무기로 위협을 신속하게 제거해야 하기 때문이다.

총몸
모델로 12는 원가절감을 위해 기계 가공보다 형단조된 금속을 사용했지만 여전히 잘 구성된 무기였다.

실렉터 버튼
원래의 모델로 12는 푸시-스로 (push-through) 실렉터 버튼을 사용했다. 나중에 나온 버전들은 기존의 레버 타입 안전장치 또는 실렉터로 되어 있다.

탄창
중앙 급탄식의 큰 탄창은 '급습' 위치에서 사격하기에 적합하도록 만들어진 무기에는 그다지 거추장스럽지 않았다.

다목적 지원 무기들 Versatile Support Weapons

제2차 세계 대전의 경험은 용도별로 각기 다른 무기를 만들려고 노력하기보다 하나로 여러 역할을 할 수 있는 무기가 더 바람직함을 보여주었다.

MAS AAT-52

프랑스는 보병 무장 합리화 시도의 일환으로 7.5mm AAT-52를 채택했다. 이 무기는 대량 생산용으로 설계되었으며, 가급적 간단하게 찍어내고 용접한 부품들을 사용했다. 일반적인 추세와 달리 딜레이드 블로백 액션을 사용했다.

제원	
개발 국가 :	프랑스
개발 연도 :	1952
구경 :	7.5mm
작동방식 :	레버-딜레이드 블로백
무게 :	9.97kg(양각대와 가벼운 총열을 포함할 경우), 11.37kg(양각대와 무거운 총열을 포함할 경우)
전체 길이 :	1080mm
총열 길이 :	500mm(가벼운 총열)
총구(포구) 속도 :	840m/sec
연사속도 :	700rpm
탄창 :	50발 금속-링크 탄띠
사정거리 :	800m

MAS AAT-52(삼각대 장착)

AAT-52는 경지원 무기로 사용될 때 삼각대와 가벼운 총열을 사용하도록 설계되었다. 연속 사격을 위해 열 내구성이 강한 무거운 총열을 사용하였으며, 삼각대에 장착했다.

제원	
개발 국가 :	프랑스
개발 연도 :	1952
구경 :	7.55mm
작동방식 :	레버-딜레이드 블로백
무게 :	10.6kg
전체 길이 :	1080mm
총열 길이 :	600mm
총구(포구) 속도 :	840m/sec
연사속도 :	700rpm
탄창 :	50발 금속-링크 탄띠
사정거리 :	1200m

TIMELINE

1952   1952   1955

NF-1 GPMG

프랑스 군은 나토(NATO) 진영에 가입하기 위해 AAT-52 기관총을 7.62×51mm 탄에 적합하도록 개조해 NF-1이라 재명명했다. 유효 사정거리를 200-400m 늘려 성능을 개선했다.

제원	
개발 국가 :	프랑스
개발 연도 :	1955
구경 :	7.62mm 나토
작동방식 :	딜레이드 블로백
무게 :	11.37kg
전체 길이 :	1245mm
총열 길이 :	600mm
총구(포구) 속도 :	830m/sec
연사속도 :	900rpm
탄창 :	탄띠 급탄
사정거리 :	1500m+

MG42/59

전시의 우수한 무기였던 MG42에서 파생한, 참된 의미에서 최초의 다목적용 기관총 중 하나인 독일 MG3는 큰 성공을 거두었다. MG42/59는 이 모델의 수출용 버전이었으며, 다른 국가들 가운데 이탈리아 육군이 이를 채택했다.

제원	
개발 국가 :	서독
개발 연도 :	1959
구경 :	7.62mm
작동방식 :	쇼트 리코일, 공랭식
무게 :	12kg
전체 길이 :	1220mm
총열 길이 :	531mm
총구(포구) 속도 :	820m/sec
연사속도 :	800rpm
탄창 :	탄띠 급탄
사정거리 :	3000m+

레키 쿨로멧 vz59

외관상 초기 vz52 모델과 비슷한 체코의 vz59는 이전 모델의 좋은 특징들을 갖춘 좀더 단순한 무기였다. 보병의 연속 사격을 지원하거나 차량 탑재용으로 사용하기 위해 무거운 총열을 고정할 수도 있었다.

제원	
개발 국가 :	체코
개발 연도 :	1959
구경 :	7.62mm
작동방식 :	블로백
무게 :	8.67kg(양각대와 가벼운 총열 포함시), 19.24kg(삼각대와 무거운 총열 포함시)
전체 길이 :	1116mm(가벼운 총열 장착시), 1215mm(무거운 총열 장착시)
총열 길이 :	593mm(가벼운 총열 장착시), 693mm(무거운 총열 장착시)
총구(포구) 속도 :	810m/sec(가벼운 총열 장착시), 830m/sec(무거운 총열 장착시)
연사속도 :	700-800rpm
탄창 :	탄띠 급탄
사정거리 :	800m

1959

L4 브렌 건 L4 Bren Gun

나토(NATO)가 사용하는 탄들을 표준규격화 하기까지 장기간이 소요되긴 했지만, 브렌 무기는 대량 사용되었고 우수한 경지원화기로서 꾸준하고도 널리 인정받았다. 따라서 영국 육군이 브렌 만큼 좋지 않을 수도 있는 새로운 무기를 개발하기보다 향상된 탄환을 사용하도록 브렌 무기를 개조한 일은 타당성이 있었다.

새로운 구경으로 개조하는 일은 잘 증명된 설계 방식에 따라 약간의 변경을 가하는 것으로 달성되었고, 브렌은 L4라는 새 명칭을 얻으며 계속 사용되었다. 그렇지만 브렌은 마침내 L7 다목적 기관총으로 대체되었는데, 영국 육군은 이를 FN MAG-58이라 명명하고 있다.

총열
L4는 크롬 플레이트 총열로 되어 있으며 과열과 마모를 크게 줄여주었다. 잦은 총열 교체가 불필요해져 예비 총열이 배급되는 일은 극히 드물었다.

영국 육군이 사용한 마지막 브렌 모델은 L4A4였는데, 이 모델은 최전방 적군과 교전할 것으로 예상되지 않는 부대에 우선적으로 지급되었다. 잔존수명의 마지막 몇 년 동안 L4A4s는 다양한 차량 및 방어용 항공기에 탑재되어, 포병대 포대나 통신부대에서, 그리고 가벼운 대공 무기로 사용되었다. RAF(영국 공군) 또한 유사한 목적을 위해 L4A4s를 사용했다.

가스 피스톤
브렌의 가스압 메커니즘은 나토 표준탄으로 개조되는 동안에는 변하지 않았다.

제원	
개발 국가 :	영국
개발 연도 :	1958
구경 :	7.62mm 나토
작동방식 :	가스압, 공랭식
무게 :	10.25kg
전체 길이 :	1150mm
총열 길이 :	625mm
총구(포구) 속도 :	730m/sec
탄창 :	30발 탈부착식 상자형 탄창
사정거리 :	1000m+

탄창

L4는 고유의 30발 탄창뿐만 아니라 20발의 L1A1 SLR 탄창을 사용할 수 있었다.

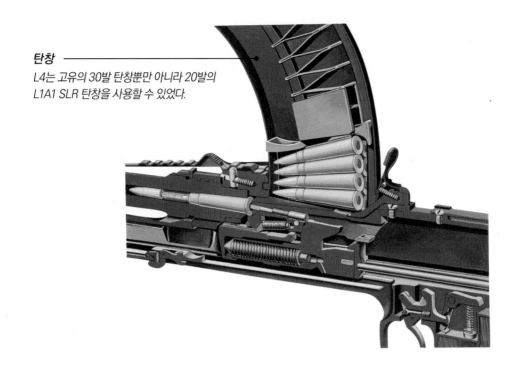

총몸

L4의 레이아웃과 기본 작동방식은, L4s가 새롭게 제작된 무기들이 아니라 개조한 모델들이었던 관계로 초기 브렌 총들과 동일했다.

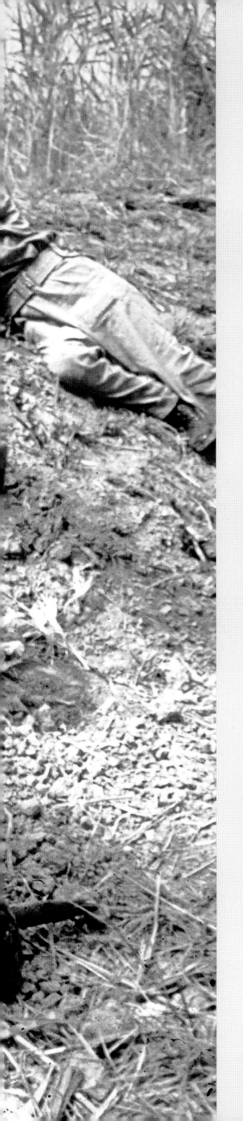

냉전시대

1960년과 1990년 사이 세계에는 북대서양조약기구(NATO·나토)와 바르샤바조약기구 간의 냉전으로 인해 크게 그늘이 드리워져 있었다.

강대국들은 늘 정치적 단서조항들을 달고 약소국에 무기와 군사고문을 제공하면서 군수품 조달에 크게 관여했다. 많은 국가들은 자국 군사장비를 서양이나 바르샤바 조약기구 중 어느 한쪽에서 구입했다. 한 나라가 양 극단의 세력군으로부터 혼합된 무기 시스템을 갖추는 경우는 드물었다. 그 결과 무기 종류 및 호환성과 관련해 중대한 양극화 현상이 생겨났다.

사진 AK-47 돌격용 자동 소총과 소비에트산 RPG-7 로켓추진 유탄 발사기로 무장한 이라크 병사들이 실전 훈련을 받고 있다.

전투용 권총들 Combat Handguns

다양한 전투용 권총들이 냉전시대에 등장했다. 많은 무기들이 초기의 검증된 설계들에 따라 개발되었으나, 흥미로운 새 개념들을 도입했을 뿐만 아니라 현대적인 소재들을 사용했다.

발터 P1/P4

우수한 무기인 P38을 기반으로 한 발터 P1은 P38과 동일한 메커니즘을 사용했지만 무게를 줄이기 위해 가벼운 알루미늄으로 제조했다. P4는 총열이 짧은 버전이며, P1과 P4 둘 다 독일군에 채택되었다.

제원	
개발 국가 :	서독
개발 연도 :	1957
구경 :	9mm 파라벨룸
작동방식 :	더블 액션 블로백
무게 :	0.84kg(스틸 프레임), 0.77kg(알루미늄 프레임)
전체 길이 :	216mm(P1), 19mm(P4)
총열 길이 :	125mm(P1), 104mm(P4)
총구(포구) 속도 :	365m/sec
탄창 :	8발 탄창
사정거리 :	50m

마뉘랭 MR73

MR73은 매우 잘 만들어진 프랑스 리볼버로 다양한 크기의 총열과 구경에 적용할 수 있으며 9mm 탄도 사용 가능하다. 경찰과 민간인 사용자들로부터 사랑을 받았으며, 경쟁 버전들은 오늘날에도 여전히 인기를 끌고 있다.

제원	
개발 국가 :	프랑스
개발 연도 :	1973
구경 :	9,6mm ,38 스페셜, 9.1mm ,357 매그넘, 9mm 패러벨렘
작동방식 :	리볼버
무게 :	0.88kg
전체 길이 :	195mm
총열 길이 :	63.5mm
총구(포구) 속도 :	카트리지에 따라 다양
탄창 :	6발 실린더
사정거리 :	카트리지에 따라 다양

TIMELINE   1957   1973

MAB PA-15

PA-15는 일련의 소구경 실험을 거쳐 9mm 파라벨룸탄용으로 생산되었으며 프랑스 육군에서 1975년부터 1990년까지 사용했다.

제원	
개발 국가 :	프랑스
개발 연도 :	1975
구경 :	9mm 파라벨룸
작동방식 :	딜레이드 블로백
무게 :	1.07kg
전체 길이 :	203mm
총열 길이 :	114mm
총구(포구) 속도 :	330m/sec
탄창 :	15발 탈부착식 상자형 탄창
사정거리 :	40m

발터 P5

P5는 P38의 우수한 메커니즘에 토대를 두고 있는 또다른 무기로 독일 경찰용으로 개발되었다. 엄격한 안전장치 요건을 갖추었고 우발적 발사를 방지할 수 있는 무기들 중 하나로 유용했다.

제원	
개발 국가 :	서독
개발 연도 :	1975
구경 :	9mm 파라벨룸
작동방식 :	쇼트 리코일
무게 :	0.79kg
전체 길이 :	180mm
총열 길이 :	90mm
총구(포구) 속도 :	350m/sec
탄창 :	8발 탈부착식 상자형 탄창
사정거리 :	40m

슈타이어 모델 GB

1981년 선보인 슈타이어 모델 GB는 전시 실험에 근거를 두고 있으며, 18발 들이 대용량 탄창이 특징적이다. 성공이 기대되는 전도 유망한 무기였지만 같은 시장의 틈새에 글록17이 등장하면서 수포로 돌아가고 말았다.

제원	
개발 국가 :	오스트리아
개발 연도 :	1981
구경 :	9mm 파라벨룸
작동방식 :	가스 딜레이드 블로백
무게 :	0.845kg
전체 길이 :	216mm
총열 길이 :	136mm
총구(포구) 속도 :	330m/sec
탄창 :	18발 탈부착식 상자형 탄창
사정거리 :	40m

1975

1981

베레타 반자동 무기들 Beretta Semi-Automatics

1990년대 미 육군의 표준 휴대형 권총으로 선택된 베레타 권총이 구식 콜트 M1911A1을 대체하게 되는데, 이는 민간 판매를 확대시켜 총기 제작사에 커다란 성공을 가져다 주었다.

베레타 치타(베레타 시리즈 81)

치타(또는 시리즈 80)는 5.6mm에서 8.1mm를 거쳐 9.6mm까지 다양한 구경의 탄을 장전할 수 있는 소형 반자동 무기였다. 타깃 버전은 2000년에 선보였다.

제원	
개발 국가 :	이탈리아
개발 연도 :	1976
구경 :	8.1mm .32 ACP
작동방식 :	블로백
무게 :	0.68kg
전체 길이 :	172mm
총열 길이 :	97mm
총구(포구) 속도 :	380m/sec
탄창 :	12발 탈부착식 상자형 탄창
사정거리 :	50m

베레타 92F

베레타 92는 더블 액션 방아쇠와 향상된 급탄 능력을 소지한 M1951의 업데이트 모델로 출발했으며, 많은 법 집행기관들의 요구를 맞추기 위해 92S로 개량되었다.

제원	
개발 국가 :	이탈리아
개발 연도 :	1976
구경 :	9mm 파라벨룸
작동방식 :	블로백
무게 :	0.97kg
전체 길이 :	211mm
총열 길이 :	119mm
총구(포구) 속도 :	380m/sec
탄창 :	10발, 15발, 17발, 18발 또는 20발 탈부착식 상자형 탄창
사정거리 :	50m

TIMELINE 1976   1981

베레타 92SB

92SB는 92S를 좀더 개선한 모델로, 미 육군의 피스톨 시용(試用) 최종 단계 참가 모델이었으며, 최초의 인체공학적 업그레이드판이 92F였다. 미군은 이를 채택한 뒤 M9이라 명명했다.

제원	
개발 국가 :	이탈리아
개발 연도 :	1981
구경 :	9mm 파라벨룸
작동방식 :	쇼트 리코일
무게 :	0.98kg
전체 길이 :	197mm
총열 길이 :	109mm
총구(포구) 속도 :	385m/sec
탄창 :	13발 탈부착식 상자형 탄창
사정거리 :	40m

베레타 93R

93R(R은 Raffica, 또는 'Burst'를 의미)은 베레타 92의 버스터 발사 기능이 있는 버전이다. 1100rpm의 연사속도에서 제어성을 높이기 위해 접이식 앞손잡이와 선택 사양의 접이식 개머리판을 채택했다.

제원	
개발 국가 :	이탈리아
개발 연도 :	1986
구경 :	9mm 파라벨룸
작동방식 :	쇼트 리코일
무게 :	1.12kg
전체 길이 :	240mm
총열 길이 :	156mm
총구(포구) 속도 :	375m/sec
탄창 :	15발, 20발 탈부착식 상자형 탄창
사정거리 :	40m

베레타 96

베레타 96은 근본적으로는 10.16mm S&W탄을 재장전한 베레타 92였다. 10.16mm 구경은 9mm 구경 무기의 특징을 지니면서도 탄도 성능이 우수해 몇몇 법 집행기관들로부터 인기를 끌고 있다.

제원	
개발 국가 :	이탈리아
개발 연도 :	1992
구경 :	10.16mm S&W
작동방식 :	블로백
무게 :	0.97kg
전체 길이 :	211mm
총열 길이 :	119mm
총구(포구) 속도 :	380m/sec
탄창 :	12발 탈부착식 상자형 탄창
사정거리 :	50m

1986

1992

매그넘 반자동 무기들 : AMT 오토맥 III

Magnum Semi-Automatics : AMT AutoMag III

매그넘 구경탄을 발사하는 권총을 개발하는 것은 상당한 도전이었다. 리볼버가 발사 중에 움직이는 부분들이 거의 없는 데 반해, 반자동 권총은 고압 가스 배출에 실패할 수 있는 많은 요소들을 갖고 있다.

가늠자
많은 오토맥 무기들은 관찰경(觀察鏡, scope)이 장착돼 있으며 사냥용 또는 전문가들의 사격대회 용으로 사용되었다.

손잡이
대구경 피스톨 총의 한 가지 결점은 탄의 부피 때문에 탄의 장전 수량이 제한된다는 점이다.

제원	
개발 국가 :	미국
개발 연도 :	1966
구경 :	7.62mm
작동방식 :	쇼트 리코일, 로크트 브리치
무게 :	1.275kg
전체 길이 :	350mm
총열 길이 :	165mm
총구(포구) 속도 :	알려지지 않음
탄창 :	8발 상자형 탄창
사정거리 :	50m

극히 화력이 센 반자동 무기들은 오토맥이 그 가능성을 시연해서 보여준 이후
많이 등장했지만 비주력 무기들로 남아 있다. 대부분의 반자동 무기들은 표준
구경을 계속 사용한다.

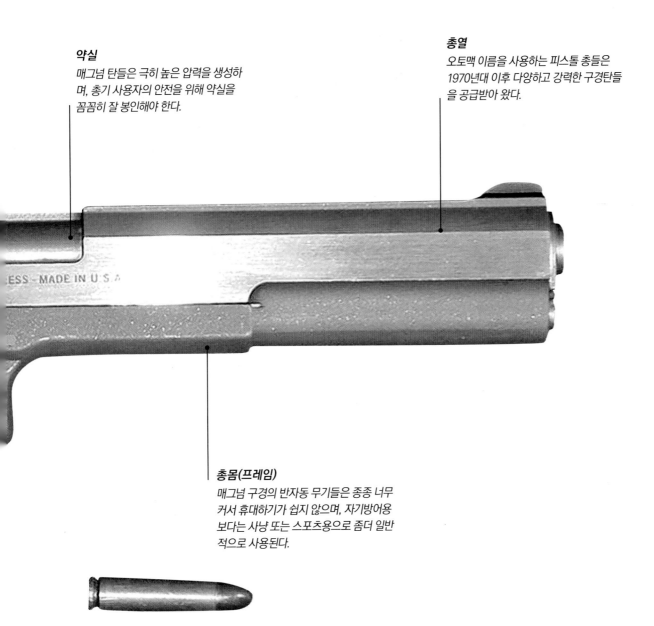

약실
매그넘 탄들은 극히 높은 압력을 생성하
며, 총기 사용자의 안전을 위해 약실을
꼼꼼히 잘 봉인해야 한다.

총열
오토맥 이름을 사용하는 피스톨 총들은
1970년대 이후 다양하고 강력한 구경탄들
을 공급받아 왔다.

총몸(프레임)
매그넘 구경의 반자동 무기들은 종종 너무
커서 휴대하기가 쉽지 않으며, 자기방어용
보다는 사냥 또는 스포츠용으로 좀더 일반
적으로 사용된다.

원래의 매그넘 구경 반자동 무기들은 1971년에 11.2mm 탄을 장전하는 오토
맥과 함께 생산되기 시작했다. .44 매그넘 리볼버에 유사한 성능을 입히고 반
동을 다소 줄이면서 탄 장전 수량을 늘린 오토맥은 핸드건 사냥꾼들에게서 틈
새 시장을 발견했다.

소형 권총들 Compact Handguns

항상 휴대할 수 있도록 작고 가벼운 소형 권총들은 당장 긴박한 문제는 없으리라 예상하면서 막연히 미래의 어느 시점에 무기를 소지할 필요가 있다고 느끼는 사람들에게 적합하다.

콜트 디펜더 플러스

콜트 디펜서는 투박하지만 풀파워 11.4mm 카트리지를 사용하는 가벼운 알루미늄 프레임의 반자동화기다. 크기가 작은 데도 7발을 장전했다.

제원	
개발 국가 :	미국
개발 연도 :	1948
구경 :	11.4mm .45 ACP
작동방식 :	싱글 액션
무게 :	0.63kg
전체 길이 :	171mm
총열 길이 :	76.2mm
총구(포구) 속도 :	알려지지 않음
탄창 :	7발 탄창
사정거리 :	20m

스미스 앤드 웨슨 모델 60

9.6mm(.38 스페셜) 또는 9.1mm(.357매그넘) 탄을 사용하는 소형 5샷 리볼버로, 모델 60의 총열을 짧게 한 버전은 즉각적인 성공을 거두었으며, 은밀한 휴대무기로 인기가 있다.

제원	
개발 국가 :	미국
개발 연도 :	1965
구경 :	9.6mm(.38 스페셜), 9.1mm(.357 매그넘)
작동방식 :	더블 액션 리볼버
무게 :	0.64kg
전체 길이 :	168mm
총열 길이 :	53.9mm
총구(포구) 속도 :	알려지지 않음
탄창 :	5발 실린더
사정거리 :	23m

TIMELINE

 1948　　 1965　　 1972

지그-자우어 P-230

제원	
개발 국가 :	스위스, 서독
개발 연도 :	1972
구경 :	9mm 폴리스
작동방식 :	더블 액션/ 싱글 액션(DA/SA)
무게 :	0.5kg
전체 길이 :	68mm
총열 길이 :	91.4mm
총구(포구) 속도 :	알려지지 않음
탄창 :	7발, 또는 8발 탄창
사정거리 :	20m

P-230은 총기를 매우 얇게 만들기 위해 소구경으로 되어 있으며, 은밀하게 소지하거나 예비용 무기로 사용하는 데 적합하다. 사격시 더블 액션이나 싱글 액션 둘 다 가능하다.

디토닉스 컴뱃 마스터

제원	
개발 국가 :	미국
개발 연도 :	1975
구경 :	11.4mm .45ACP
작동방식 :	블로백
무게 :	0.96kg
전체 길이 :	177mm
총열 길이 :	88.9mm
총구(포구) 속도 :	390m/sec
탄창 :	6발 탄창
사정거리 :	20m

디토닉스는 컴뱃 마스터와 합쳐져 명명되었으며 M1911에 토대를 둔 소형 11.4mm 반자동 무기였다. 큰 카트리지를 사용하는 소형 총들에 반동은 종종 발생하는 문제였지만 컴뱃 마스터는 향상된 메커니즘을 채택하여 이러한 문제에 대응했다.

COP .357 데린저

제원	
개발 국가 :	미국
개발 연도 :	1978
구경 :	9.1mm .357 매그넘
작동방식 :	회전 발사핀 실렉터를 장착한 더블 액션 방아쇠
무게 :	0.8kg
전체 길이 :	142mm
총열 길이 :	알려지지 않음
총구(포구) 속도 :	알려지지 않음
탄창 :	브레이크-오픈, 4발 장착 가능
사정거리 :	10m

COP 데린저는 4개의 약실에 각각 자체 발사 핀을 장착하고 있으며 회전하는 스트라이커에 의해 차례로 작동된다. 더블 액션 방식으로 위협에 신속히 대응할 수 있지만 그 때문에 방아쇠를 당기는 데 좀더 힘을 가해야 했다.

1975

1978

루거 리볼버 Ruger Revolvers

스텀, 루거 앤드 코 사는 라이플 총, 산탄총, 반자동 권총 말고도 다양한 리볼버 총들을 생산해 왔다. 이들 회사는 매우 전통적인 외관을 지닌 독특하고 영향력있는 디자인을 선보여 왔다.

루거 싱글 식스

1950년대에 처음 시장에 모습을 드러낸 싱글 식스는 매우 전통적인 외양을 한 싱글 액션 리볼버 총이었다. 1973년 이후 훨씬 더 안전하게 장전된 약실들을 함께 휴대할 수 있도록 하는 트랜스퍼-바 안전 시스템을 장착했다.

제원	
개발 국가 :	미국
개발 연도 :	1953
구경 :	5.6mm LR
작동방식 :	싱글 액션 리볼버
무게 :	0.9kg
전체 길이 :	259mm
총열 길이 :	116mm
총구(포구) 속도 :	알려지지 않음
탄창 :	6발 실린더
사정거리 :	20m

루거 시큐리티 식스

9.1mm(.357 매그넘) 탄을 장전하는 시큐리티 식스는 법 집행기관들을 겨냥한 모델로, 9.6mm 무기도 뚫지 못하는 은폐물을 뚫거나 도망치는 차량을 망가뜨리는 성능이 높이 평가되었다.

제원	
개발 국가 :	미국
개발 연도 :	1972
구경 :	9.1mm .357 매그넘
작동방식 :	리볼버
무게 :	0.95kg
전체 길이 :	235mm
총열 길이 :	102mm
총구(포구) 속도 :	c.400m/sec
탄창 :	6발 실린더
사정거리 :	40m+

TIMELINE			
	1953	1972	1979

루거 레드혹

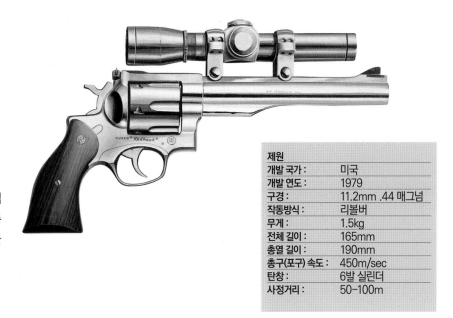

11.2mm(.44 매그넘) 레드혹은 권총 수집가들을 겨냥한 모델로, 레드혹의 길다란 총열이 인기를 끌었다. 총열에 망원조준기를 연결할 수 있는 마운트가 장착돼 있다.

제원	
개발 국가 :	미국
개발 연도 :	1979
구경 :	11.2mm .44 매그넘
작동방식 :	리볼버
무게 :	1.5kg
전체 길이 :	165mm
총열 길이 :	190mm
총구(포구) 속도 :	450m/sec
탄창 :	6발 실린더
사정거리 :	50-100m

루거 비슬리(RB-44W)

비슬리는 조준 사격과 사냥용으로 제조된 싱글 액션 리볼버다. 이 모델은 1894 빈티지 콜트 비슬리에서 영감을 얻어 제작되었다.

제원	
개발 국가 :	미국
개발 연도 :	1984
구경 :	11.2mm .44 매그넘
작동방식 :	싱글 액션 리볼버
무게 :	1.4kg
전체 길이 :	342mm
총열 길이 :	190mm
총구(포구) 속도 :	알려지지 않음
탄창 :	6발 실린더
사정거리 :	50-100m

루거 GP100

시큐리티 식스의 전통을 이어받은 루거 GP100은 매우 견고한 모델로 9.1mm(.357 매그넘) 또는 9.6mm(.38 스페셜) 탄을 사용한다. 8.3mm(.327 페더럴 매그넘)용 7샷 버전도 나와 있다.

제원	
개발 국가 :	미국
개발 연도 :	1985
구경 :	9.1mm .357 매그넘
작동방식 :	더블 액션 리볼버
무게 :	1kg
전체 길이 :	알려지지 않음
총열 길이 :	76mm
총구(포구) 속도 :	c. 400m/sec
탄창 :	6발 실린더
사정거리 :	50-100m

1984

1985

매그넘 권총들 Magnum Handguns

9.1mm(.357 매그넘) 무기들은 상당한 대인저지력과 제어력을 잘 절충해 놓은 것이다. 연습용으로 또는 반동을 줄이기 위해 9.6mm(.38 스페셜) 탄을 발사할 수 있는 성능도 부가적인 이점이다. 11.2mm(.44 매그넘)의 가공할 화력을 더 선호하는 총기사용자들도 있다.

코르트 컴뱃 매그넘

코르트 '컴뱃 매그넘'은 사실상 핸드메이드 제품으로 고가이나 명중률이 매우 높은 무기이다. '컴뱃' 버전은 9.1mm 탄과 9mm 개량탄을 장전할 수 있었으며, '타깃' 버전들은 다른 구경들을 사용했다.

제원	
개발 국가 :	서독
개발 연도 :	1965
구경 :	9.1mm .357 매그넘
작동방식 :	더블 액션 리볼버
무게 :	1.133kg
전체 길이 :	240mm
총열 길이 :	100mm
총구(포구) 속도 :	400m/sec
탄창 :	6발 실린더
사정거리 :	50m+

아스트라 .357 폴리스

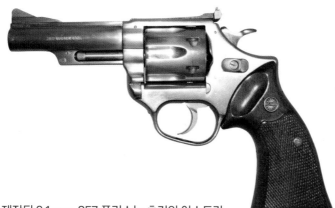

법 집행 시장을 겨냥해 제작된 9.1mm .357 폴리스는 초기의 아스트라 .357을 개량한 것이다. 9mm 파라벨룸탄을 장전할 수 있는 버전도 출시됐으나 그다지 인기를 끌지 못했다.

제원	
개발 국가 :	스페인
개발 연도 :	1980
구경 :	9.1mm .357 매그넘
작동방식 :	리볼버
무게 :	1.04kg
전체 길이 :	212mm
총열 길이 :	77mm
총구(포구) 속도 :	224m/sec
탄창 :	6발 실린더
사정거리 :	50m+

TIMELINE	1965	1980	1983

IMI 데저트 이글

미국에서 개발되었으나 생산은 이스라엘 군수업체에서 이뤄진 데저트 이글은 여러 구경을 사용했다. 강한 화력에도 불구하고 군수용으로 채택되지 않았다.

제원	
개발 국가 :	미국, 이스라엘
개발 연도 :	1983
구경 :	12.7mm(.50 액션 익스프레스), 11.2mm (.44 매그넘), 9.1mm(.357 매그넘)
작동방식 :	가스압
무게 :	2.05kg(.50), 1.8kg(.44), 1.7kg(.357)
전체 길이 :	260mm
총열 길이 :	152mm
총구(포구) 속도 :	c.457m/sec(.50), 448m/sec(.44), 436m/sec(.357)
탄창 :	7발(.50), 8발(.44), 또는 9발(.357) 탄창
사정거리 :	50m+

콜트 킹 코브라

킹 코브라는 콜트 트루퍼를 개량한 것으로 다양한 길이의 총열을 사용할 수 있었다. 1986년부터 1992년까지 생산되었으며, 이어 1994년부터 1998년까지 재생산되었다.

제원	
개발 국가 :	미국
개발 연도 :	1986
구경 :	9.6mm .38 스페셜
작동방식 :	더블 액션 리볼버
무게 :	0.6kg
전체 길이 :	총열에 따라 다양
총열 길이 :	102mm, 또는 152mm
총구(포구) 속도 :	436m/sec
탄창 :	6발 실린더
사정거리 :	50m+

콜트 아나콘다

아나콘다는 1990년에 생산된 것으로 초기에는 명중률에 문제가 있었지만 이내 효율적인 무기로 개발되었다. 부피가 너무 커서 대부분의 사람들은 종일 휴대할 수 없었으며, 주로 사냥용이나 스포츠용으로 권장되었다.

제원	
개발 국가 :	미국
개발 연도 :	1990
구경 :	11.4mm .45 콜트
작동방식 :	더블 액션 리볼버
무게 :	1.5kg
전체 길이 :	280mm
총열 길이 :	152mm
총구(포구) 속도 :	224m/sec
탄창 :	6발 실린더
사정거리 :	45.7m

1986

1990

스미스 앤드 웨슨 대 콜트

Smith & Wesson versus Colt

스미스 앤드 웨슨 사와 콜트 사는 수십년간 군사, 법 집행, 그리고 민간인 시장에서 발군의 명성을 얻기 위해 경쟁해 왔다. 그들이 기대했던 모든 총기들이 다 성공한 것은 아니지만, 두 회사 모두 세계적인 수준의 권총들을 생산해 왔다.

콜트 코브라
(바이퍼 변종 모델)

콜트 코브라는 1950년대부터 1986년까지 출시돼온 가벼운 소구경 리볼버 총이다. 변종 모델인 콜트 에어크루맨은 더 가볍지만 약간 퇴보한 것으로, 알루미늄 합금으로 된 약실이 파열되는 경향이 있었다. 총열이 긴 버전인 바이퍼도 선보였는데 그리 성공적이지 않았다.

제원	
개발 국가 :	미국
개발 연도 :	1950
구경 :	9.6mm .38 스페셜 (바이퍼 변종 모델)
작동방식 :	리볼버
무게 :	0.425kg
전체 길이 :	171mm
총열 길이 :	102mm
총구(포구) 속도 :	240m/sec
탄창 :	6발 실린더
사정거리 :	40m

콜트 로맨

1960년대 말께 콜트 사는 자사 무기 다수의 생산을 중단하고, 새로운 생산기술을 사용해 새로운 'J-프레임' 권총들을 선보였다. 그중 로맨은 법 집행 시장을 겨냥한 모델들 중 하나였다.

제원	
개발 국가 :	미국
개발 연도 :	1970
구경 :	9.1mm .357 매그넘
작동방식 :	더블 액션 리볼버
무게 :	0.79kg
전체 길이 :	235mm
총열 길이 :	51mm
총구(포구) 속도 :	436m/sec
탄창 :	6발 실린더
사정거리 :	40m

TIMELINE

1950

1970

1980

S&W 459

459는 미 육군의 피스톨 시용(試用)에 참여한 스미스 앤드 웨슨의 총기였다. 모델 39를 기반으로 개발되었으며, 고성능의 모델 59를 거쳐 특별히 군수용 시장을 겨냥해 제작되었다.

제원	
개발 국가 :	미국
개발 연도 :	1980
구경 :	9mm 파라벨룸
작동방식 :	DA/SA
무게 :	0.73kg
전체 길이 :	175mm
총열 길이 :	89mm
총구(포구) 속도 :	395m/sec
탄창 :	14발 탈부착식 상자형 탄창
사정거리 :	40m

S&W 625

625는 리볼버 용으로는 특이하게도 11.4mm .45ACP를 장전했다. 이것은 전통적으로 반자동 피스톨 구경이었으며, 이런 식으로 전통적인 장벽을 가로지른 무기는 드물었다.

제원	
개발 국가 :	미국
개발 연도 :	1987
구경 :	11.4mm .45ACP
작동방식 :	더블 액션 리볼버
무게 :	1.13kg
전체 길이 :	238mm
총열 길이 :	102mm
총구(포구) 속도 :	240m/sec
탄창 :	6발 실린더
사정거리 :	40m

S&W 1006

스미스 앤드 웨슨의 '제3세대' 반자동 권총들 중의 하나인 1006은 강력한 10mm 오토 카트리지를 장전했다. 10mm 권총에 관심을 가진 FBI에 맞춰 개발되었다.

제원	
개발 국가 :	미국
개발 연도 :	1989
구경 :	10mm
작동방식 :	리코일 DA/SA
무게 :	1.7kg
전체 길이 :	203mm
총열 길이 :	127mm
총구(포구) 속도 :	395m/sec
탄창 :	9발 또는 10발 탄창
사정거리 :	50m+

1987

1989

S&W 모델 39 '허쉬 퍼피'

S&W Model 39 'Hush Puppy'

특수부대들은 종종 적의 순찰병이나 경비견들을 소리없이 먼 거리에서 제거할 필요가 있다. 무음 무기들은 하나의 해결책인데, 이 때문에 베트남 전쟁 시기에 미국의 네이비실(Navy SEAL)은 무음 권총을 요청했다.

총열
소음기는 돌려서 총열 속에 끼어 넣었는데, 좀더 편리하게 휴대하기 위해 분리할 수도 있었다.

소음기
'허쉬 퍼피'라는 별칭은 무기의 소음기와는 관련이 없고 단지 적의 경비견을 제거할 때 사용된 데서 유래한다.

제원	
개발 국가 :	미국
개발 연도 :	1967
구경 :	9mm 파라벨룸
작동방식 :	리코일, 로크트 브리치
무게 :	0.96kg
전체 길이 :	323mm
총열 길이 :	101mm
총구(포구) 속도 :	274m/sec
탄창 :	8발 탈부착식 상자형 탄창
사정거리 :	30m

소음기형(suppressed) 발터 P38을 포함해 많은 옵션들이 고려되었으나 최종적인 해결책은 늘어난 총열을 스미스 앤드 웨슨 모델 39에 고정시키는 것이었으며, 소음기를 끼우는 것이었다. 약간의 수정을 거쳐 이 무기는 Mk 22 모델 0으로 명명돼 1967년부터 1980년대까지 사용되었다.

8발 탄창의 모델 39는 '허쉬 퍼피'가 폐기되기 오래 전에 일반적인 군수용으로 대체되었다. 이러한 일은 전문가용 무기에서도 특이한 사례가 아니다. 예를 들면 많은 볼트 액션 라이플 총들은 보병용 무기가 반자동 또는 전자동 무기로 대체된 후 수십년 동안 저격용 무기로 사용되었다.

슬라이드
'허쉬 퍼피'는 발사시 마찰에 의한 소음을 줄이기 위해 슬라이드 록으로 고정되었다.

손잡이
지속적인 사격용 무기라기보다 은밀한 타깃 암살용 무기로서, 허쉬 퍼피 탄창의 제한된 장전량은 결점이 아니었다.

헤클러 앤드 코흐 반자동 무기들

Heckler & Kock Semi-Automatics

H&K 사는 성능이 뛰어나며 어떤 경우 색다른 권총들을 다양하게 생산했다. 이러한 무기들 중에는 법 집행용 시장을 겨냥한 것들이 많았는데, 이 시장에서는 신뢰성 및 명중률과 마찬가지로 안전이 주된 관심사였다.

헤클러 앤드 코흐 VP-70

VP-70은 2200rpm의 연사속도로 3발을 연사하거나 싱글 샷을 발사할 수 있었다. 세계 최초로 폴리머로 프레임을 제작한 피스톨 총이며, 어깨에 댈 수 있는 개머리판을 덧붙여 카빈 같은 무기로 개조할 수 있었다.

제원	
개발 국가 :	서독
개발 연도 :	1970
구경 :	9mm 파라벨룸
작동방식 :	블로백
무게 :	0.82kg
전체 길이 :	204mm
총열 길이 :	116mm
총구(포구) 속도 :	350m/sec
탄창 :	18발 상자형 탄창
사정거리 :	40m

헤클러 앤드 코흐 P9S

표준 P9은 싱글 액션 반자동 피스톨 총이며, P9S는 더블 액션 방식의 무기이다. 두 모델 모두 H&K의 롤러-로크트 딜레이드 블로백 시스템을 채택하고 있다. 11.4mm(.45ACP) 9mm, 7.65mm, 그리고 5.6mm(.22LR) 버전이 사용된다.

제원	
개발 국가 :	서독
개발 연도 :	1970
구경 :	11.4mm, 9mm, 7.65mm, 5.6mm
작동방식 :	더블 액션, 딜레이드 블로백
무게 :	0.88kg
전체 길이 :	192mm
총열 길이 :	102mm
총구(포구) 속도 :	c.350m/sec
탄창 :	7발, 9발 탈부착식 상자형 탄창
사정거리 :	30m

TIMELINE

1970

헤클러 앤드 코흐 P7

독일 연방 경찰용으로 개발된 P7은 극히 안전하게 그러면서도 신속히 작동할 수 있도록 설계되었다. 스퀴즈-코킹 시스템 또한 바른 상태가 유지되지 않으면 발사를 방지하는 안전장치로 작용한다.

P7은 권총으로는 특이하게 가스로 작동되는 딜레이드 블로백 방식을 사용한다. 총열에서부터 방향 전환된 가스는 탄이 총구를 떠나는 동안 측면 반동을 막아준다.

제원	
개발 국가 :	서독
개발 연도 :	1976
구경 :	9mm 파라벨룸
작동방식 :	가스에 의해 작동되는 딜레이드 블로백
무게 :	0.8kg
전체 길이 :	171mm
총열 길이 :	105mm
총구(포구) 속도 :	350m/sec
탄창 :	13발 탈부착식 상자형 탄창
사정거리 :	40m

헤클러 앤드 코흐 P11

제원	
개발 국가 :	서독
개발 연도 :	1976
구경 :	7.6mm
작동방식 :	전기 작동
무게 :	1.2kg
전체 길이 :	200mm
총열 길이 :	N/A
총구(포구) 속도 :	N/A
탄창 :	5발(일회성 총열 클러스터)
사정거리 :	30m(대기중), 10-15m(수중)

P11은 1970년대에 특수부대원들을 위해 개발된 수중 무기다. 5개의 총열은 각각 전기발화 카트리지를 내장했으며, 재장전하려면 총열 전체를 교체해야 했다.

1976

헤클러 앤드 코흐 USP Heckler & Koch USP

1980년대 말에 H&K는 그들의 USP(범용 반자동 권총)에 관한 연구를 시작했다. 이름에서 드러나듯, 이 무기는 총기사용자의 요구를 만족시키기 위해 다양한 변종 모델들을 끌어낼 수 있는 하나의 기본적인 설계를 창출해내기 위한 것이었다. 표준 USP는 9mm, 10.16mm, 그리고 11.4mm 탄을 사용할 수 있으며, 더블 액션 또는 싱글 액션 무기로 조립할 수 있었고, 다양한 안전장치 및 디코킹 옵션들을 가지고 있었으며, 개조한 더블 액션 방아쇠로 '미 사법당국'용임을 드러냈다.

독일 군대는 여러 USP 버전을 채택하여 왔다. 육군이 P8이라는 이름으로 표준 USP를 받아들였듯이 '전술형'은 P12라는 명칭으로 정예부대에서 사용되었다.

총열
USP는 10.16mm 카트리지를 중심으로 해서 개발되었지만, 널리 보급된 다른 탄들도 장전할 수 있었다.

제원	
개발 국가 :	독일
개발 연도 :	1990
구경 :	11.4mm, 10.16mm, 9mm
작동방식 :	쇼트 리코일, DA/SA 또는 DA/DAO
무게 :	0.748kg
전체 길이 :	219mm
총열 길이 :	108mm
총구(포구) 속도 :	350m/sec
탄창 :	탈부착식 상자형 탄창
사정거리 :	30m(11.4mm/.45in), 50m(9mm/.35in)

특수부대 및 정예 법 집행기관을 겨냥해 제조된 매치(match) 피스톨과 '전술형' 변종 모델은 표준 USP의 특징을 그대로 간직하고 있었으며, 표준 및 전술형 모델들의 소형 버전도 출시되었다. 이들 무기들은 모두 그간 개발된 혁신적인 시스템들보다는 증명된 브라우닝 액션을 사용했다.

프레임(총몸)

USP는 총몸에 화학합성 소재들을 사용했다. 금속 부품들은 부식되지 않도록 화학 처리되었다.

메커니즘

USP는 존 브라우닝이 개발한 브리치 로킹 시스템을 사용했으며, 이를 새로운 반동 감소 시스템과 연결했다.

안전장치

선택사양에는 수동 안전장치 또는 디코킹 레버, 양손잡이용 컨트롤, DAO(Double Action Only) 방아쇠가 포함돼 있다.

고화력 계통 The High Power Family

존 브라우닝은 죽음을 앞둔 무렵, 논란의 여지는 있지만, 모든 현대 반자동 권총의 아버지라 할 수 있는 피스톨의 설계를 연구하고 있었다. '하이 파워'라는 이름은 9mm 카트리지에서 나온 것이 아니라 13발을 장전할 수 있는 탄창의 탄 장전 능력 즉 장탄수에서 기인한다.

FN/브라우닝 GP 프로토타입 1924

브라우닝과 세이브는 디유도네 세이브의 엇갈린 배열(staggered)의 탄창 개념을 적용해 '하이 파워' 또는 '그랑드 퓌송스' 권총의 시제품을 개발했다. 브라우닝이 타계한 뒤 세이브는 GP-35(또는 HP-35)라 명명된 무기를 내놓음으로써 그들의 연구를 완성시켰다.

제원	
개발 국가 :	벨기에, 미국
개발 연도 :	1924
구경 :	9mm 파라벨룸
작동방식 :	쇼트 리코일
무게 :	1kg
전체 길이 :	197mm
총열 길이 :	118mm
총구(포구) 속도 :	335m/sec
탄창 :	13발 탈부착식 상자형 탄창
사정거리 :	40-50m

FN/브라우닝 하이 파워(하이-파워)

파브리끄 나시오날(FN)이 생산한 브라우닝 하이파워(HP-35 또는 GP-35)는 브라우닝의 초기 모델인 콜트 M1911 설계에다 다른 로킹 시스템을 적용했다. 이것은 엄청난 성공을 거두며 50여개 국가의 군대에 채택되었다.

제원	
개발 국가 :	벨기에, 미국
개발 연도 :	1935
구경 :	9mm 파라벨룸
작동방식 :	쇼트 리코일
무게 :	0.99kg
전체 길이 :	197mm
총열 길이 :	118mm
총구(포구) 속도 :	335m/sec
탄창 :	13발 탈부착식 상자형 탄창
사정거리 :	30m

TIMELINE			
	1924	1935	1962

L9A1

영국 육군에서 브라우닝 HP-35는 '브라우닝 나인-밀리메터'라는 이름으로 더 자주 불리고 있었음에도 불구하고 L9A1이라 명명되었다. 많은 다른 나라에서 종종 그들만의 이름으로 동일한 무기를 사용했다.

제원	
개발 국가 :	미국
개발 연도 :	1962
구경 :	9mm
작동방식 :	쇼트 리코일
무게 :	0.88kg
전체 길이 :	196mm
총열 길이 :	112mm
총구(포구) 속도 :	354m/sec
탄창 :	13발 탈부착식 상자형 탄창
사정거리 :	40-50m

브라우닝 더블 액션

브라우닝 하이파워의 현대화 버전인 DA는 안전장치 대신 양손잡이용 디코킹 레버를 채택하고 있다. 공이치기를 장전된 약실로 내린 이 모델은 더블 액션 방식으로 발사할 수 있다.

제원	
개발 국가 :	미국
개발 연도 :	1983
구경 :	9mm 파라벨룸
작동방식 :	쇼트 리코일
무게 :	0.99kg
전체 길이 :	200mm
총열 길이 :	118mm
총구(포구) 속도 :	350m/sec
탄창 :	14발 탈부착식 상자형 탄창
사정거리 :	10-50m

브라우닝 BDM

1990년대 말에 개발된 브라우닝 더블(또는 듀얼) 모드는 총기사용자의 취향에 맞춰서 스크루드라이버를 사용해 신속하게 표준 더블 액션과 더블 액션 전용 모드 사이로 전환할 수 있었다.

제원	
개발 국가 :	미국
개발 연도 :	1991
구경 :	9mm 파라벨룸
작동방식 :	쇼트 리코일
무게 :	0.87kg
전체 길이 :	197mm
총열 길이 :	120mm
총구(포구) 속도 :	335m/sec
탄창 :	15발 탈부착식 상자형 탄창
사정거리 :	30m

1983

1991

지그-자우어 반자동 무기들

SIG-Sauer Semi-Automatics

스위스 회사 지그(SIG)가 권총 생산 쪽으로 발을 들여놓자 외국 파트너사를 통해 해외 판매에 나설 필요가 생겼다. 일찍이 독일 자우어(Sauer) 사는 이를 시도하여 성공하지는 못했지만 합작사 지그-자우어는 큰 성공을 거두었다.

지그 P210

1949년에 스위스 육군이 채택하여 사용한 P210은 1970년대에 단계적으로 사용이 중단되었지만, 그 명중률과 고품질을 높게 평가한 사격 선수들이 이 총을 많이 사용했다.

제원	
개발 국가 :	스위스
개발 연도 :	1949
구경 :	9mm 파라벨룸
작동방식 :	쇼트 리코일
무게 :	0.9kg
전체 길이 :	215mm
총열 길이 :	120mm
총구(포구) 속도 :	340m/sec
탄창 :	8발 탈부착식 상자형 탄창
사정거리 :	30m

지그-자우어 P220

P210의 주요 결점은 높은 가격으로 그 때문에 판매가 억제되었다. 지그 사는 독일의 자우어 사와 협력하여 여전히 품질을 유지하면서도 한층 단순화한 P220을 출시해 판매했다.

제원	
개발 국가 :	스위스, 서독
개발 연도 :	1975
구경 :	9mm 파라벨룸
작동방식 :	리코일
무게 :	0.8kg
전체 길이 :	198mm
총열 길이 :	112mm
총구(포구) 속도 :	350m/sec
탄창 :	7발, 9발 또는 10발 탄창
사정거리 :	30m

TIMELINE

1949

1975

1978

지그-자우어 P225

P225는 독일 경찰용으로 개발된 P220의 소형 버전으로 부가적인 안전 시스템을 탑재했으며 미국 법 집행기관으로부터 좋은 평가를 받았다.

제원	
개발 국가 :	스위스, 서독
개발 연도 :	1978
구경 :	9mm 파라벨룸
작동방식 :	쇼트 리코일
무게 :	0.74kg
전체 길이 :	180mm
총열 길이 :	98mm
총구(포구) 속도 :	340m/sec
탄창 :	8발 탈부착식 상자형 탄창
사정거리 :	40m

지그-자우어 P226

군수 시장을 겨냥한 P220의 대구경 버전인 P226은 1980년대 미 육군의 피스톨 시용(試用)에 참가한 지그-자우어 무기이다. 양손잡이용으로 설계되었으며, 무기의 양측면에서 탄창이 열렸다.

제원	
개발 국가 :	스위스, 서독
개발 연도 :	1981
구경 :	9mm 파라벨룸
작동방식 :	기계적으로 잠기며 반동으로 작동됨, DA/SA 또는 DAO
무게 :	0.75kg
전체 길이 :	196mm
총열 길이 :	112mm
총구(포구) 속도 :	350m/sec
탄창 :	15발, 또는 20발 탈부착식 상자형 탄창
사정거리 :	30m

지그-자우어 P245

총기사용자들 중 일부는, 특히 미국에서는 11.4mm(.45ACP) 약실용 무기만을 생각할 것이다. 지그-자우어는 이 버전의 P220을 출시하여 사용자들의 요구에 반응했다. 이 모델은 우선적으로 눈에 안 띄게 휴대하거나 경찰의 예비 무기로 사용하도록 제작되었다.

제원	
개발 국가 :	스위스, 독일
개발 연도 :	1998
구경 :	11.4mm .45 ACP
작동방식 :	쇼트 리코일, DA/SA
무게 :	0.815kg
전체 길이 :	185mm
총열 길이 :	99mm
총구(포구) 속도 :	340m/sec
탄창 :	6발 탈부착식 상자형 탄창
사정거리 :	30m

1981

1998

글록 계통 무기들 The Glock Family

최초의 글록 권총들은 1980년대에 등장했으며, 이 '플라스틱 권총들'이 보안 장비에 노출되지 않을 것을 우려하는 사람들도 있었다. 사실상 이 무기들은 어떤 의미로든 '스텔스 무기'는 아니었으며, 폴리머 구조물은 이후로도 널리 채택되어 왔다.

글록 17

오스트리아 육군의 요청에 따라 개발된 글록 17은 가볍고 성능이 좋아 군대, 경찰 그리고 민간인들 사이에서 대대적인 성공을 거두었다. 17발이 장전되는 탄창의 장탄수도 주요 판매 포인트다.

제원	
개발 국가 :	오스트리아
개발 연도 :	1982
구경 :	9mm 파라벨룸
작동방식 :	쇼트 리코일, 로크트 브리치
무게 :	0.65kg
전체 길이 :	188mm
총열 길이 :	114mm
총구(포구) 속도 :	350m/sec
탄창 :	17발 탈부착식 상자형 탄창
사정거리 :	30m

글록 18

9mm 글록 17의 전자동 버전으로 1300rpm 연사 속도를 지닌 글록 18은 19발 또는 33발 들이 탄창을 사용한다. 이런 유형의 모든 무기들처럼 전자동 발사시 제어하기가 어렵다.

제원	
개발 국가 :	오스트리아
개발 연도 :	1986
구경 :	10mm
작동방식 :	쇼트 리코일, 로크트 브리치
무게 :	0.75kg
전체 길이 :	210mm
총열 길이 :	114mm
총구(포구) 속도 :	375m/sec
탄창 :	19발 탈부착식 상자형 탄창
사정거리 :	50m

TIMELINE 1982 1986 1988

글록 19

글록 19는 일반적으로 15발 탄창을 사용하는 소형 버전이다. 10발 탄창은 물론 더 큰 탄창도 장착할 수 있으며, 대부분의 부품들은 글록 17과 호환된다.

제원	
개발 국가 :	오스트리아
개발 연도 :	1988
구경 :	9mm 파라벨룸
작동방식 :	쇼트 리코일, 로크트 브리치
무게 :	0.6kg
전체 길이 :	174mm
총열 길이 :	102mm
총구(포구) 속도 :	375m/sec
탄창 :	15발 탈부착식 상자형 탄창
사정거리 :	50m

글록 20

글록이라는 이름은 9mm 피스톨에 붙여졌으나 곧 다른 구경들에도 붙여졌다. 글록 20과 21은 강력한 10mm 오토 탄을 장전했으며 10.16mm(.40 S&W)와 11.4mm(.45ACP) 탄도 사용가능하다.

제원	
개발 국가 :	오스트리아
개발 연도 :	1990
구경 :	10mm 오토
작동방식 :	쇼트 리코일, 로크트 브리치
무게 :	0.79kg
전체 길이 :	193mm
총열 길이 :	117mm
총구(포구) 속도 :	350m/sec
탄창 :	15발 탈부착식 상자형 탄창
사정거리 :	50m

글록 26

글록 26은 '초소형' 9mm 무기이다. 글록 19는 단지 글록 17의 소형 버전에 불과하지만, 글록 26 메커니즘을 그렇게 작은 패키지 속으로 끼워 맞추려면 광범위한 설계 작업이 필요했다.

제원	
개발 국가 :	오스트리아
개발 연도 :	1995
구경 :	9mm 파라벨룸
작동방식 :	쇼트 리코일, 로크트 브리치
무게 :	0.6kg(장전되지 않았을 때)
전체 길이 :	160mm
총열 길이 :	88mm
총구(포구) 속도 :	350m/sec
탄창 :	9발 탈부착식 상자형 탄창
사정거리 :	50m

1990

1995

소비에트 및 동유럽의 권총들

Soviet and East European Handguns

바르샤바조약기구가 동유럽을 통제하면서 소비에트연합으로부터 무기를 구입하지 않는 동구권 나라들은 러시아 설계 모형을 따르면서 자국의 무기에 표준화된 바르샤바탄을 사용했다.

슈테츠킨

제원	
개발 국가 :	USSR
개발 연도 :	1948
구경 :	9mm 마카로프
작동방식 :	블로백
무게 :	1.03kg
전체 길이 :	225mm
총열 길이 :	127mm
총구(포구) 속도 :	340m/sec
탄창 :	20발 탈부착식 상자형 탄창
사정거리 :	30m

슈테츠킨은 발터 PP에 토대를 두고 있지만 전자동 발사가 가능하며 어깨에 대는 개머리판을 끼어 맞출 수 있었다. 피스톨이라기에는 부피가 너무 컸고, 자동발사 시 제어할 수가 없었다.

피스톨레 마카로프

제원	
개발 국가 :	USSR, 러시아
개발 연도 :	1951
구경 :	9mm 마카로프
작동방식 :	블로백
무게 :	0.66kg
전체 길이 :	160mm
총열 길이 :	91mm
총구(포구) 속도 :	315m/sec
탄창 :	8발 탈부착식 상자형 탄창
사정거리 :	40m

발터 PP에서 나온 또다른 파생 모델인 마카로프는 숙련된 솜씨로 제조된 9×18mm 구경 반자동 무기였다. 발터의 더블 액션 방아쇠를 갖춘 것으로 신뢰성 또한 높았으며, 중국과 동독에서 채택했다.

 TIMELINE  1948 1951 1965

P-64(폴란드)

P-64는 폴란드 육군과 경찰용으로 개발되었으며, 비록 직접적으로 복제하지는 않았지만 발터 PPK와 공통점이 많았다. 9×18mm 마카로프 카트리지를 사용했다.

제원	
개발 국가 :	폴란드
개발 연도 :	1965
구경 :	9mm 마카로프
작동방식 :	블로백
무게 :	0.62kg
전체 길이 :	160mm
총열 길이 :	84.6mm
총구(포구) 속도 :	305m/sec
탄창 :	6발 탈부착식 상자형 탄창
사정거리 :	40m

PSM(군수용 모델)

PSM은 'Pistolet Samozaryadniy Malogabaritniy'(피스톨, 자동장전, 소형)를 의미하며, 은밀하게 휴대할 수 있게 설계되었다. 옷에 걸릴 만한 돌출부가 거의 없으며, 소형 5.45mm 탄을 사용해 총기가 매우 얇다.

제원	
개발 국가 :	USSR
개발 연도 :	1973
구경 :	5.45mm 소비에트 피스톨
작동방식 :	블로백
무게 :	0.46kg
전체 길이 :	160mm
총열 길이 :	85mm
총구(포구) 속도 :	315m/sec
탄창 :	8발 탈부착식 상자형 탄창
사정거리 :	40m

PSM(보안부대용 모델)

PSM은 정부 고위인사의 경호원들을 포함해 보안요원용으로 개발되었다. 다소 가벼운 5.45×18mm 탄은 보틀넥 형으로 잘 뚫는다고 알려진 뾰족한 탄을 사용한다.

제원	
개발 국가 :	USSR
개발 연도 :	1973
구경 :	5.45mm 소비에트 피스톨
작동방식 :	블로백
무게 :	0.46kg
전체 길이 :	160mm
총열 길이 :	85mm
총구(포구) 속도 :	315m/sec
탄창 :	8발 탈부착식 상자형 탄창
사정거리 :	40m

1973

체코와 유고슬라비아의
반자동 무기들 Czech and Yugoslav Semi-Automatics

체코 공화국은 많은 우수한 반자동 피스톨 총들을 생산해 왔지만, 최근 몇 년 들어 동서 관계가 해빙기를 맞을 때까지만 해도 서구 국가들에서 이들 무기는 흔하지 않았다.

CZ 52

전후 등장한 싱글 액션 반자동 피스톨 총들은 7.62×25mm 탄을 장전했지만, CZ 52는 구경 축이 높아 총구가 상당히 위로 젖혀지는 탓에 반동이 심하게 느껴지는 것으로 유명했다.

제원	
개발 국가 :	체코
개발 연도 :	1952
구경 :	7.62mm 토카레프
작동방식 :	리코일, 롤러-로크트
무게 :	0.95kg
전체 길이 :	209mm
총열 길이 :	120mm
총구(포구) 속도 :	500m/sec
탄창 :	8발 탈부착식 상자형 탄창
사정거리 :	50m

CZ 75

고성능 더블 액션 9mm 반자동 무기인 CZ 75는 시장에서 상당한 성공을 거두었으며, 라이선스의 세부사항이 무시된 채 널리 복제되었다. 전자동 변종 모델도 출시되었다.

제원	
개발 국가 :	체코
개발 연도 :	1976
구경 :	9mm 파라벨룸
작동방식 :	쇼트 리코일
무게 :	0.98kg
전체 길이 :	203mm
총열 길이 :	120mm
총구(포구) 속도 :	338m/sec
탄창 :	15발 탈부착식 상자형 탄창
사정거리 :	40m

TIMELINE   1952   1976   1982

CZ 82/83

9×18mm 마카로프를 장전한 CZ 82는 체코 군대용 피스톨 총으로 설계되었다. CZ 83은 수출용 버전으로 9.6mm와 8.1mm 탄을 사용할 수 있다.

제원	
개발 국가 :	체코
개발 연도 :	1982
구경 :	9mm 마카로프
작동방식 :	블로백, 더블 액션
무게 :	0.92kg
전체 길이 :	172mm
총열 길이 :	96mm
총구(포구) 속도 :	305m/sec
탄창 :	12발 탈부착식 상자형 탄창
사정거리 :	25m

CZ 85

CZ75의 현대화 버전인 CZ 85는 양손잡이 안전장치로 되어 있다. 다음에 등장한 CZ 85B 버전은 좀더 업그레이드됐으며, 다양한 구경의 탄을 사용할 수 있다.

제원	
개발 국가 :	체코
개발 연도 :	1986
구경 :	9mm 루거
작동방식 :	블로백
무게 :	1kg
전체 길이 :	206mm
총열 길이 :	120mm
총구(포구) 속도 :	370m/sec
탄창 :	16발 탈부착식 상자형 탄창
사정거리 :	40m

CZ 99

CZ 99는 현대적인 반자동 무기로, 맨처음 자스타바 암스 사가 1989년 SFR 유고슬라비아에서 개발했다. CZ 99은 표준규격의 배급 권총으로서 세르비아 경찰 및 육군의 낡은 M57 TT 피스톨을 대체하기 위해 설계되었다.

제원	
개발 국가 :	유고슬라비아
개발 연도 :	1990
구경 :	9mm 파라벨룸, 10.16mm .40 S&W
작동방식 :	싱글 또는 더블 액션
무게 :	1.145kg
전체 길이 :	190mm
총열 길이 :	108mm
총구(포구) 속도 :	300-457m/sec
탄창 :	15발(9mm), 10/12발 (10.16mm) 탄창
사정거리 :	40m

1986

1990

AK-47과 파생 무기 The AK-47 and its Derivatives

바르샤바조약기구에 속해 있는 국가들에서 칼라슈니코프 AK-47의 몇몇 변종 모델들이 생산되었다. 극히 견고한 솔저-프루프(soldier-proof) 메커니즘은 직접적인 소비에트 영향권을 벗어난 곳에서 다양한 무기들의 토대가 되었다.

AK-47

AK-47은 명중률이 낮고 반동이 심했으나, 대략 400m 정도 사정거리 내외의 목표물에 대해서는 효율성이 훼손되지 않았다. 제작비가 저렴하고 훈련되지 않은 민병대들이 사용하기도 쉬워서 최대 1억 정이 생산될 정도로 큰 인기를 끌었다. 세계에서 가장 많이 보급된 돌격소총의 하나로 다양한 변종이 있으며 사진은 그중 최신 개량형에 속한다.

제원	
개발 국가 :	USSR
개발 연도 :	1947
구경 :	7.62mm 소비에트 M1943
작동방식 :	가스압
무게 :	4.3kg
전체 길이 :	880mm
총열 길이 :	415mm
총구(포구) 속도 :	600m/sec
탄창 :	30발 탈부착식 상자형 탄창
사정거리 :	400m

중국의 56식

56식은 러시아 AK-47의 중국 복제품으로, 동일한 7.62×39mm 탄을 사용했다. 비록 좀더 현대적인 설계로 된 무기가 선호되면서 중국 군대에서 단계적으로 사용이 중단되었지만, 수출 품목으로서 아직도 생산되고 있다.

제원	
개발 국가 :	중국
개발 연도 :	1956
구경 :	7.62mm 소비에트 M1943
작동방식 :	가스압
무게 :	4.3kg
전체 길이 :	880mm
총열 길이 :	415mm
총구(포구) 속도 :	600mps/sec
탄창 :	30발 탈부착식 상자형 탄창
사정거리 :	400m

TIMELINE

1947　　　1956　　　1972

갈릴

AK-47에 기반을 둔 갈릴은 이스라엘 군대에서 FN FAL을 대체하기 위해 선보였다. ARM은 표준 모델이었으며, 총열이 짧은 SAR(Short Assault Rifle) 버전도 있다.

제원	
개발 국가 :	이스라엘
개발 연도 :	1972
구경 :	5.56mm 나토
작동방식 :	가스압, 자동장전
무게 :	4.35kg
전체 길이 :	979mm
총열 길이 :	460mm
총구(포구) 속도 :	990m/sec
탄창 :	35발, 또는 50발 상자형 탄창
사정거리 :	800m+

발멧 M76

AK-47 개념을 차용한 핀란드 제품인 발멧 M76은 AKM에서 파생되었지만 AKM보다 전반적으로 성능이 뛰어났다. M78로 명명된 분대 지원 버전도 생산되었다.

제원	
개발 국가 :	핀란드
개발 연도 :	1976
구경 :	7.62mm 소비에트 M43, 5.56mm
작동방식 :	가스압
무게 :	3.6kg
전체 길이 :	914mm
총열 길이 :	420mm
총구(포구) 속도 :	720m/sec
탄창 :	15발, 20발 또는 30발 탈부착식 상자형 탄창
사정거리 :	500m+

벡터 R4

갈릴에서 파생된 R4는 남아프리카 방위군을 무장시키기 위해 생산되었다. 와이어 커터와 함께, 탄창 가장자리가 같은 용도로 오용되지 않게 병따개도 내장되어 있었다. 카빈 버전도 생산되었다.

제원	
개발 국가 :	남아프리카
개발 연도 :	1982
구경 :	5.56mm M193
작동방식 :	가스압
무게 :	4.3kg
전체 길이 :	1005mm
총열 길이 :	460mm
총구(포구) 속도 :	980m/sec
탄창 :	35발 또는 50발 탈부착식 상자형 탄창
사정거리 :	500m

1976

1982

AKM : 세계에서 가장 인기 있는 돌격용 소총 AKM : The World's Most Popular Assault Rifle

AK-47은 보급 초기 몇 년간 여러 번 개조되었고 그와 더불어 많은 변종 모델들이 등장했다. 1959년 소비에트 육군은 AKM(M은 'Modernizirovanniy 또는 'Modernized'를 의미한다)로 명명된 새로운 모델을 공식적으로 채택했는데, 이 모델 역시 많은 부분이 개조된 것이었다.

개머리판
AKM는 단순하며, 종종 극히 투박하게 제작되었다. 징집군을 무장시키기 위해 대량 조립이 가능하도록 설계되었다.

제원	
개발 국가 :	USSR
개발 연도 :	1959
구경 :	7.62mm 소비에트 M1943
작동방식 :	가스압
무게 :	4.3kg
전체 길이 :	880mm
총열 길이 :	415mm
총구(포구) 속도 :	600m/sec
탄창 :	30발 탈부착식 상자형 탄창
사정거리 :	400m

AK-47로 인식되는 많은 무기들은 사실상 AKMs이다. 비록 개량을 통해 원래의 AK-47과 달리 가늠자를 변경하고 새로운 방아쇠 뭉치를 사용하게 되었다고 하더라도, AK-47과 AKMs의 차이점은 별로 크지 않다. AKM은 또한 기계가공된 것이 아닌, 찍어낸 총몸을 사용한다.

총열
총열 내부는 추진체의 부식 효과를 방
지할 수 있도록 크롬으로 처리된다.

액션
칼라슈니코프 액션은 매우 견고한 데다,
병사가 실수로 총기를 떨어뜨려 지극히
더러운 상태로 둔다 해도 그런 상태에
대해 내성을 갖고 있다.

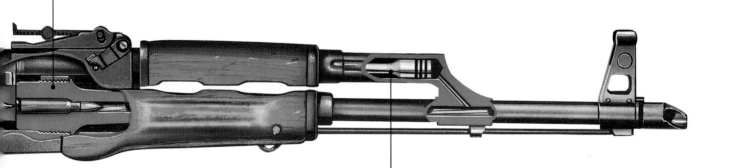

가스 피스톤
롱 스트로크의 가스 피스톤으로 액션
을 움직이는데, 이 액션은 20세기 초
브라우닝의 연구에서 파생한 것이다.

탄창
AK형 탄창 설계는 시간이 흐르면서 얇은
금속 벽을 강화하기 위해 홈의 사용을 강
화하는 방향으로 발전했다.

AKM은 러시아 육군이 소구경의 AK-74를 선호하면서 제 일선에서 단계적으로
사용이 중단되었다. 그러나 수출 시장에서는 큰 성공을 거두었는데 단순한 작동
방식과 튼튼한 구조로 인해 전세계에 걸쳐 징집군과 민병대의 인기를 끌었다. 이
모델은 러시아에서 비축용과 경찰용으로 일부 남아 있으며, 여러 군대에서 소구
경 무기에 대한 흥미가 줄어들면서 최근 몇 년간 새롭게 부각되고 있다.

돌격용 소총 계보 Assault Rifle Lineage

좋은 소총을 개발하려면 어려운 공정을 거쳐야 한다. 총기설계자들 중에는 기존 무기들을 근간으로 해 연구하는 이들이 있는가 하면, 다른 이들은 독자적으로 연구에 나서기도 한다. 외관상으로만 무기의 계보를 판별하기란 쉽지 않다.

아말라이트 AR-10

혁신적 무기인 AR-10이 미 육군에 보급되기 위해 거쳐야 할 시험 단계에서 M14에 밀려나긴 했지만, 그것이 M16으로 이어지는 일련의 무기들의 등장을 알리는 시작점이었다.

제원	
개발 국가 :	미국
개발 연도 :	1956
구경 :	7.62mm 나토
작동방식 :	가스압, 회전 노리쇠
무게 :	4.82kg
전체 길이 :	1029mm
총열 길이 :	508mm
총구(포구) 속도 :	845m/sec
탄창 :	20발 탈부착식 상자형 탄창
사정거리 :	500m+

vz58

체코에서 설계됐으며 외관상 AK-58을 닮은 vz58은 AK-58과 동일한 카트리지를 사용했으나 디자인은 완전히 달랐다. 초기 모델들은 고정식 플라스틱 개머리판을 사용했으나 이후 접이식 금속 개머리판으로 바뀌었다.

제원	
개발 국가 :	체코
개발 연도 :	1958
구경 :	7.62mm 소비에트 M1943
작동방식 :	가스압, 폴링 브리치 블록
무게 :	2.91kg
전체 길이 :	845mm
총열 길이 :	390mm
총구(포구) 속도 :	705m/sec
탄창 :	30발 탈부착식 상자형 탄창
사정거리 :	400m

TIMELINE   1956   1958   1966

아말라이트 AR-18

AR-15(미 육군에서는 M16)의 단순 버전으로 개발된 AR-18은 내부적으로는 AR-15와 상당히 달랐다. 값싸고 단순한 무기를 필요로 하는 군대를 겨냥한 모델이기는 하지만 시장에서 의미 있는 성공을 거둔 적은 없었다.

제원	
개발 국가 :	미국
개발 연도 :	1966
구경 :	5.56mm M109
작동방식 :	가스압
무게 :	3.04kg
전체 길이 :	965mm
총열 길이 :	463mm
총구(포구) 속도 :	990m/sec
탄창 :	20발 탈부착식 상자형 탄창
사정거리 :	500m+

65식

타이완에서 개발되고 생산된 65식은 M16을 근간으로 했으나 개발 도중 다른 방향으로 갈라졌다. 좀더 최근에 나온 모델들은 전자동 또는 반자동 작동방식에 3발 버스트 발사가 추가되었다.

제원	
개발 국가 :	대만
개발 연도 :	1976
구경 :	5.56mm
작동방식 :	가스압
무게 :	3.3kg
전체 길이 :	990mm
총열 길이 :	508mm
총구(포구) 속도 :	990m/sec
탄창 :	다양한 STANAG 탄창
사정거리 :	500m+

파라 83

국가에서 라이선스를 받고 생산한 FN-FALs의 대체용으로 아르헨티나에서 개발된 파라 83은 갈릴에 근간을 둔 유망한 무기였다. 아르헨티나 정부가 프로젝트에 대한 자금 지원을 줄이는 바람에 소량만 생산되었다.

제원	
개발 국가 :	아르헨티나
개발 연도 :	1981
구경 :	5.56mm 나토
작동방식 :	가스압, 회전 노리쇠
무게 :	3.95kg
전체 길이 :	1000mm(개머리판을 펼쳤을 때), 745mm(개머리판을 접었을 때)
총열 길이 :	452mm
총구(포구) 속도 :	980m/sec
탄창 :	30발 탈부착식 상자형 탄창
사정거리 :	500m+

1976

1981

M16 계통 The M16 Family

M16은 모든 돌격용 소총 디자인 가운데 가장 성공한 무기 중 하나였다. 도입 당시 시대를 앞선 외관 때문에 악평에 시달렸으나 곧 성능 좋고 내구성 강한 무기로 떠올랐다.

AR-15 / M16

아말라이트 사의 유진 스토너가 개발했으며 콜트 사가 그 판권을 샀다. 민간용 반자동 버전은 AR-15로 명명되어 시판되었고, 돌격용 소총 버전은 미 육군이 채택하여 M16으로 명명했다.

제원	
개발 국가 :	미국
개발 연도 :	1960
구경 :	5.56mm M193
작동방식 :	가스압
무게 :	2.86kg
전체 길이 :	990mm
총열 길이 :	508mm
총구(포구) 속도 :	975m/sec
탄창 :	다양한 STANAG 탄창
사정거리 :	400-600m

M16A2

3발 버스트 발사 또는 반자동 작동이 가능한 M16 업데이트 버전이 1980년대에 등장했다. 버스트 리미터로 인해 방아쇠를 당기는 방식이 상황에 따라 달라졌는데, 이 때문에 정확한 사격에 다소 영향을 미쳤다.

제원	
개발 국가 :	미국
개발 연도 :	1984
구경 :	5.56mm M193
작동방식 :	가스압
무게 :	2.86kg
전체 길이 :	990mm
총열 길이 :	508mm
총구(포구) 속도 :	1000m/sec
탄창 :	30발 탈부착식 상자형 탄창
사정거리 :	500m+

TIMELINE

1960

1984

디마코 C8

C8은 M16A2에 근간을 둔 캐나다산 5.56mm 돌격용 소총이다. 콜트 M4와 비슷하며 총열이 짧고 일부분을 겹치게 해서 뺐다 넣었다 할 수 있는 개머리판이 있다. C8은 캐나다 특수부대와 소형 무기가 필요한 무장차량 승무원들에게 지급되었다.

제원	
개발 국가:	캐나다
개발 연도:	1994
구경:	5.56mm 나토
작동방식:	가스압, 회전 노리쇠
무게:	3.3kg(장전되지 않았을 때)
전체 길이:	1006mm
총열 길이:	508mm
총구(포구) 속도:	900m/sec
탄창:	다양한 30발 STANAG 탄창
사정거리:	400m

콜트 M4

M16 소총의 짧은 카빈 버전인 M4는 군대에서 점차 M16을 대체해 나갔다. M4는 M203 총열 아래 부착된 유탄 발사기를 사용할 수 있으며, 작은 패키지이지만 M16의 모든 성능을 제공한다.

제원	
개발 국가:	미국
개발 연도:	1991년 XM4를 M4로 개조-명명, 1994년 미군에 공급
구경:	5.56mm 나토
작동방식:	가스압
무게:	2.88kg
전체 길이:	838mm
총열 길이:	368mm
총구(포구) 속도:	884m/sec
탄창:	30발 상자형 탄창 또는 다른 STANAG 탄창
사정거리:	400m

콜트 M4 코만도

오리지널 '콜트 코만도'는 콜트 사에서 생산한 M16의 카빈 버전이다. 콜트 코만도는 M4 계열의 조상격이며 오늘날 '코만도'라는 이름은 M4의 짧은 총열 버전에 사용된다.

제원	
개발 국가:	미국
개발 연도:	1995년 경 M16A2 Commando를 M4 Commando로 개조-명명
구경:	5.56mm 나토
작동방식:	가스압
무게:	2.44kg
전체 길이:	780mm
총열 길이:	290mm
총구(포구) 속도:	796m/sec
탄창:	30발 상자형 탄창
사정거리:	400m

1994   1997

M16A1 M16A1

M16은 불만족스러웠던 M14를 대체하기 위해 다급히 군대로 유입되었으나, 당연하게도 성능은 기대에 미치지 못했다. 주요 결점은 먼지에 민감하다는 점이었는데, 베트남에서 전투 중인 부대들에 청소기구 없이 총기를 지급했을 때 문제는 더 심각해졌다. 이 모두가 총기 결함 탓이라고는 할 수 없었다. 콜트 사에 따르면 M16은 지정 탄을 사용할 경우 유지관리 부담이 적은 총기였다. 하지만 미군은 다른 탄을 지급했고 이는 총강(銃腔) 내에 상당한 부착물이 생기게 만들었다.

노리쇠
노리쇠와 총열에 대한 크롬 도금을 없애버린 미군의 결정은 초기 M16s를 매우 부식되기 쉽게 만들었고, 이는 나중에서야 바로잡혔다.

개머리판
오리지널 M16A1은 개머리판 속에 청소 도구를 보관할 만한 공간이 없었는데, 이 문제는 1970년 이후 개선되었다.

손잡이
플라스틱 구조를 사용한다고 해서 전혀 문제점들이 없는 것은 아니었다. 저온 상태에서 부러지는 것들도 있었으며, 심한 충격이 가해져도 금이 가거나 부러질 수 있었다.

제원	
개발 국가 :	미국
개발 연도 :	1963
구경 :	5.56mm M193
작동방식 :	가스압
무게 :	2.86kg
전체 길이 :	990mm
총열 길이 :	508mm
총구(포구) 속도 :	1000m/sec
탄창 :	30발 탈부착식 상자형 탄창
사정거리 :	500m+

초기의 부정적인 인상에도 불구하고 M16은 쓸 만한 무기임이 밝혀졌다. M16A1은 M16의 결점이던 장탄 용량을 비롯해 여러 가지 문제점을 해결했다. 원래 지급됐던 20발들이 탄창 대신 30발들이 탄창이 표준으로 자리잡았다.

여전히 참된 의미에서 최고의 무기는 아니었지만, M16A1은 자동 발사를 제어
할 수 있었으며, 이전의 선임 모델보다 더 멀리 휴대하고 다닐 수 있었다. 개량
버전들은 오늘날까지 계속 사용된다.

총열
출발은 불안정했지만, M16은 800m
이상에서도 목표물과 교전을 시작할 수
있을 만큼 효과적이고 명중률이 높은
무기로 발전했다.

액션
M16A1에 장착된 '포워드 어시스트' 장비
는 작동이 멈출 경우 노리쇠를 움직여 무기
의 막힘현상을 신속히 제거하게 해주었다.

돌격용 소총의 발전 Assault Rifle Development

가벼운 돌격용 소총을 향한 움직임은 언제나 피할 수 없을 듯하다. 그러한 소총을 사용하지 않는 군대는 거의 없다. 그러나 아무리 좋은 설계라도 시장에서 성공하리라는 보장은 없으며, 개선되고 발전된 버전들이 얼마 뒤 종종 등장한다.

AR 70/223

다른 나토 가입국들과 총기 표준화를 이루기 위해 이탈리아는 자국용 소총으로 AR70을 선택했다. 초기 디자인은 총몸의 약점으로 인해 노리쇠 막힘 현상을 겪어야 했는데, 업그레이드 버전인 AR 70/90은 이 결점을 해소했다.

제원	
개발 국가 :	이탈리아
개발 연도 :	1972
구경 :	5.56mm 나토
작동방식 :	가스압, 자동장전
무게 :	3.8kg
전체 길이 :	995mm
총열 길이 :	450mm
총구(포구) 속도 :	970m/sec
탄창 :	30발 탈부착식 상자형 탄창
사정거리 :	400m

SAR-80

M16에서 영감을 받은 SAR-80은 생산 비용이 훨씬 적게 들었으며, 어떤 면에서는 우수한 무기였다. 반자동, 전자동 또는 버스트 발사가 가능했으며 어댑터 없이도 소총용 수류탄을 발사할 수 있었다.

제원	
개발 국가 :	싱가포르
개발 연도 :	1976
구경 :	5.56mm 나토
작동방식 :	가스압, 자동장전
무게 :	3.17kg
전체 길이 :	970mm
총열 길이 :	459mm
총구(포구) 속도 :	970m/sec
탄창 :	30발 탈부착식 상자형 탄창
사정거리 :	800m+

TIMELINE   1972   1976   1977

지그 SG540

매우 신뢰할 만한 무기인 SG540은 부속품들을 교체함으로써 다른 역할들에 맞게 조정할 수 있었다. 양각대와 망원조준기를 부착하면 저격용 무기로 손색없을 만큼 정확한 사격이 가능했다.

제원	
개발 국가 :	스위스
개발 연도 :	1977
구경 :	5.56mm 나토
작동방식 :	가스압, 회전 노리쇠
무게 :	3.26kg
전체 길이 :	950mm
총열 길이 :	460mm
총구(포구) 속도 :	980m/sec
탄창 :	20발,또는 30발 탈부착식 상자형 탄창
사정거리 :	800m

SR-88

CIS(Chartered Industries of Singapore)는 시장에서 실망스런 성적을 거둔 SAR-80의 업데이트 버전으로서 SR-88을 생산했다. 이 모델은 SAR-88의 특징들을 대부분 유지했다.

제원	
개발 국가 :	싱가포르
개발 연도 :	1984
구경 :	5.56mm 나토
작동방식 :	가스압, 회전 노리쇠
무게 :	3.68kg
전체 길이 :	960mm
총열 길이 :	460mm
총구(포구) 속도 :	알려지지 않음
탄창 :	30발 탈부착식 상자형 탄창
사정거리 :	800m

SR-88A

SR-88을 개량한 SR-88A는 유리섬유로 된 부품과 알루미늄으로 된 총몸 하단 등 많은 부분이 바뀌었다. 총열이 짧은 카빈 변종 모델도 선보였다.

제원	
개발 국가 :	싱가포르
개발 연도 :	1990
구경 :	5.56mm 나토
작동방식 :	가스압, 회전 노리쇠
무게 :	3.68kg
전체 길이 :	960mm
총열 길이 :	460mm
총구(포구) 속도 :	알려지지 않음
탄창 :	30발 탈부착식 상자형 탄창
사정거리 :	800m

1984

1990

헤클러 앤드 코흐 33 계통

The Heckler & Koch 33 Family

헤클러 앤드 코흐 사의 HK33은 지원 무기에서부터 저격용 소총에 이르기까지 당시 다양한 모델들의 근간이 된 돌격용 소총으로서, 본질적으로 5.56×45mm 탄을 재장전한 G30이라 할 수 있다.

헤클러 앤드 코흐 G3

H&K가 세트메(CETME)를 좀더 개량해 선보인 모델이 G3이며, 매우 성공적인 무기로 60개 가량의 군대에 채택되었다.

제원	
개발 국가 :	서독
개발 연도 :	1959
구경 :	7.62mm 나토
작동방식 :	딜레이드 블로백
무게 :	4.4kg
전체 길이 :	1025mm
총열 길이 :	450mm
총구(포구) 속도 :	800m/sec
탄창 :	20발 탈부착식 상자형 탄창
사정거리 :	500m+

HK33

헤클러 앤드 코흐 사는 소형 무기 계통으로 4가지 유형을 개발했다. 첫 번째는 7.62mm 탄을 장전했으며, 두 번째는 소비에트 7.62mm M43 탄을, 세 번째는 중간 크기인 5.56mm 구경, 네 번째는 9mm 파라벨룸 피스톨 카트리지를 사용했다.

제원	
개발 국가 :	서독
개발 연도 :	1968
구경 :	7.62mm 나토
작동방식 :	딜레이드 블로백
무게 :	4.4kg
전체 길이 :	940mm
총열 길이 :	332mm
총구(포구) 속도 :	880m/sec
탄창 :	20발 탈부착식 상자형 탄창
사정거리 :	500m+

TIMELINE  1959  1968

HK33A2

A2 모델은 합성 소재의 개머리판을 고정시킨 표준 규격의 5.56mm 돌격용 소총이었다. 750rpm의 연사속도를 지녔으며 반자동 또는 전자동 발사가 가능했다.

제원	
개발 국가 :	서독
개발 연도 :	1968
구경 :	5.56mm 나토
작동방식 :	롤러-딜레이드 블로백
무게 :	3.65kg
전체 길이 :	920mm
총열 길이 :	390mm
총구(포구) 속도 :	950m/sec
탄창 :	25, 30, 40발 탈부착식 상자형 탄창
사정거리 :	100-400m

HK33A3

A3의 변종 모델로 표준 규격의 돌격용 소총과 매우 유사하나 카빈 버전으로 만들기 위해 총열을 짧게 줄였으며 접이식 금속 개머리판이 있다.

제원	
개발 국가 :	서독
개발 연도 :	1968
구경 :	5.56mm 나토
작동방식 :	가스압
무게 :	3.98kg
전체 길이 :	940mm
총열 길이 :	332mm
총구(포구) 속도 :	880m/sec
탄창 :	25발, 30발, 40발 탈부착식 상자형 탄창
사정거리 :	100-400m

HK93

HK93은 HK33의 반자동 버전으로 민간 시장을 겨냥한 것이다. 롤러 로킹 시스템은 반자동 라이플 총기로는 드물게 매끄럽게 작동해, 타깃 슈터들 사이에서 인기 있다.

제원	
개발 국가 :	서독
개발 연도 :	1974
구경 :	5.56mm .223 레밍턴
작동방식 :	롤러 딜레이드 블로백
무게 :	3.8kg
전체 길이 :	920mm
총열 길이 :	431mm
총구(포구) 속도 :	880m/sec
탄창 :	5발, 20발, 25발, 30발, 40발 더블 칼럼, 탈부착식 상자형 탄창
사정거리 :	100-400m

1974

헤클러 앤드 코흐 G41 Heckler & Koch G41

나토 동맹군 내 탄의 표준화는 시장에서 가능성을 잃은 5.56×45mm나 7.62×51mm 탄이 배제됨을 의미했다. 특수 카트리지를 중심으로 몇몇 디자인이 만들어졌으나 일이 잘 안 풀려 중도에 실패하고 말았다. 반면에 다른 디자인들은 순조롭게 진행되어 새로운 구경으로 채택되며 큰 성공을 거두었다.

개머리판

접이식 개머리판은 원한다면 소총 구경의 기관단총으로 사용할 수 있게 했으며, 차량이나 도시 지역에서의 이동을 더 쉽게 해주었다.

노리쇠

G41은 G3의 롤러-로킹 시스템을 사용하며, 폐쇄된 노리쇠로부터 발사되는데 이는 명중률을 높여주었다.

제원

개발 국가:	독일
개발 연도:	1987
구경:	5.56mm 나토
작동방식:	롤러-딜레이드 블로백
무게:	4.1kg
전체 길이:	997mm
총열 길이:	450mm
총구(포구) 속도:	920m/sec(SS109 카트리지), 950m/sec(M193 카트리지)
탄창:	다양한 STANAG 계열 탄창
사정거리:	100-400m

H&K G41은 노이즈가 적은 노리쇠를 사용하며, 탄창이 비워질 때 노리쇠가 열리도록 하는 장치가 있는데, 동일한 방식으로 동작하는 일부 반자동 피스톨 발사장치의 슬라이드도 개폐시 신속하고 쉽게 재장전된다. 많은 다른 H&K 무기들처럼 다양한 변종 모델들이 출시되었다.

총몸

G41은 모듈식 구조로 인해 다양한 변종 모델들 형태로 배열될 수 있으며, 유탄 발사기와 다른 유형의 광학 및 전자 조준기 등 많은 액세서리들을 장착할 수 있다.

탄창

G41은 모든 STANAG(나토 표준) 탄창을 장착할 수 있도록 설계되었다. 비록 5.56×45mm 나토탄을 20발이나 30발 장전하는 군사용으로 사용되었지만, 장탄수가 얼마든 장탄수에 맞춰서 제작할 수 있었다.

총열

총열은 소총용 수류탄을 발사할 수 있도록 설계된 소염기를 갖추고 있다.

일부 무기는 나토 표준탄을 사용하도록 특별히 설계되었다. 그중 하나인 G41은 본질적으로 G33의 개량형이었다. 당대의 많은 무기들처럼 단순히 표준탄만을 장착하도록 만들어지지 않았으며, M16 탄창을 사용할 수 있었다. 탄창의 표준화로 인해 물류 과정이 획기적으로 단순화되자 무기 조달비용도 절감되었다.

불펍 돌격용 소총 Bullpup Assault Rifles

'불펍(bullpup)'이라는 용어는 액션이 방아쇠 뭉치 뒤쪽에서 일어나는 전장 축소형 무기를 나타낸다. 이렇게 하면 전체적으로 총열 길이를 동일하게 유지하면서도 전체 길이를 훨씬 더 짧게 만들 수 있다.

엔필드 EM-2

제2차 세계 대전 이후에 개발된 EM-2는 짧은 7mm 탄을 사용하는 혁신적인 무기였다. 평가가 좋아 영국군의 표준형 무기가 될 수도 있었으나, 나토 전체적으로 구경 표준화 결정을 내림에 따라 그렇게 되지 못했다.

제원	
개발 국가 :	영국
개발 연도 :	1951
구경 :	7mm
작동방식 :	가스압
무게 :	3.41kg
전체 길이 :	889mm
총열 길이 :	623mm
총구(포구) 속도 :	771m/sec
탄창 :	20발 탈부착식 상자형 탄창
사정거리 :	400m+

슈타이어-만리허 AUG

보기에는 엉성하고 얇아 보이지만, AUG는 극히 견고한 무기였다. 손잡이를 비틀어 휘면 총열을 신속하게 빼내 더 무겁거나 짧은 지원용 또는 카빈 용으로 대체할 수 있었다.

제원	
개발 국가 :	오스트리아
개발 연도 :	1978
구경 :	5.56mm M198 또는 나토
작동방식 :	가스압
무게 :	3.6kg
전체 길이 :	790mm
총열 길이 :	508mm
총구(포구) 속도 :	970m/sec
탄창 :	30발 또는 42발 탈부착식 상자형 탄창
사정거리 :	500m+

TIMELINE

1951

1978

파마스 F1

'르 클라리옹(더 트럼펫)'으로 알려진 FAMAS는 짧은 무기지만 총열은 표준 돌격용 소총보다는 아주 조금 짧을 뿐이다. 전자동과 반자동 작동은 물론 버스트 발사가 가능하다.

제원	
개발 국가 :	프랑스
개발 연도 :	1978
구경 :	5.56mm
작동방식 :	가스압
무게 :	3.61kg
전체 길이 :	757mm
총열 길이 :	488mm
총구(포구) 속도 :	960m/sec
탄창 :	25발 상자형 탄창
사정거리 :	300m

노린코 86S식

노린코 86S식은 AKM형의 불펍 소총이다. 다른 AKM형 라이플 총들과 동일한 방식으로 작동하지만 몇 가지 예외사항이 있다. 방아쇠-멈춤쇠-공이치기 그룹이 총몸 뒤쪽 확장된 부분, 피스톨 손잡이가 뒤쪽에 위치한다. 86S식은 한때 차이나 스포츠 사가 민간 시장을 겨냥해 미국에 수출했다.

제원	
개발 국가 :	중국
개발 연도 :	1980
구경 :	7.62mm
작동방식 :	가스압
무게 :	3.59kg
전체 길이 :	667mm
총열 길이 :	438mm
총구(포구) 속도 :	710m/sec
탄창 :	30발 상자형 탄창
사정거리 :	300m

L85A1 카빈(L22)

차량 승무원을 겨냥한 L85A1의 소형 버전인 L22는 그렇지 않아도 충분히 컴팩트한 소총의 길이를 더 줄인 것이다.

제원	
개발 국가 :	영국
개발 연도 :	1985
구경 :	5.56mm 나토
작동방식 :	가스압
무게 :	3.71kg
전체 길이 :	709mm
총열 길이 :	442mm
총구(포구) 속도 :	940m/sec
탄창 :	30발 탈부착식 상자형 탄창
사정거리 :	300m

1980

1985

엔필드 개인용 무기 L85A1(SA 80)

Enfield Individual Weapon L85A1(SA 80)

L1A1 SLR를 대체하기 위해 채택된 L85A1은 처음에는 심각한 결점들이 많았다. 코킹 핸들이 떼어지고 탄창이 떨어지는 경향들이 그렇다. 나중에 나온 버전들은 훨씬 개선되었다.

총구
SA80은 원래 새로운 4.86mm 탄을 중심으로 만들어졌으며, 그런 다음 나토 표준 5.56mm 탄을 장전할 수 있도록 개조되었다.

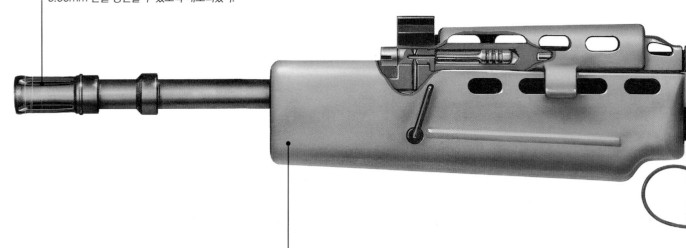

총대(앞덮개)
SA80은 전체 길이가 짧아 시가지에서 전투를 벌일 때나 병력수송차 안으로 들어갔다 나왔다 해야 하는 부대에 크게 유용하다.

제원	
개발 국가 :	영국
개발 연도 :	1985
구경 :	5.56mm 나토
작동방식 :	가스압
무게 :	3.71kg
전체 길이 :	709mm
총열 길이 :	442mm
총구(포구) 속도 :	940m/sec
탄창 :	30발 탈부착식 상자형 탄창
사정거리 :	500m

몇 년간에 걸쳐 결점들을 열거한 비판적인 보도들이 나온 후 1997년 업그레이드 프로그램 시행이 결정되었다. 2002년에 종료된 이 프로그램에서 SA 80의 결점 대부분을 처리했는데, 그럼에도 아프가니스탄과 이라크 전장의 군인들은 여전히 이 총기를 불만족스러워했다.

왼손으로 사격할 수 없다는, SA 80은 주요 결점은 다른 불펍 무기들에도 공통
된 것이다. 하지만 짧고 사용하기 편한 길이, 그리고 표준 4X 망원조준기로 향
상된 명중률이 그 결점을 상쇄한다.

스코프
4X 조준기를 사용하면 500m 정도까지는 정확한
발사가 가능하며 정찰 및 감시용으로 사용될 수
있다.

개머리판
SA 80의 메커니즘은 불펍 라이플 총들의
특징을 대표하는데, 개머리판을 사용해
움직이는 부품들을 일부 보관한다.

AK-74 계통 The AK-74 Family

1970년대 중반에 소비에트 육군은 5.45×39mm 탄을 사용하기로 하고 이 탄을 발사할 새로운 소총을 도입했다. AK-74는 AKM을 토대로 개발되었으며, 많은 변종 모델과 파생 모델을 낳았다.

AK-74

AK-74는 이전의 AKM과 많은 부분들을 공유하고 있으며, 외관상으로도 매우 비슷하다. 그러나 좀더 정확하고, 반동이 덜 느껴지며, 자동발사시 총구가 위로 들리는 경향을 줄이기 위해 소염기를 장착했다.

제원	
개발 국가 :	USSR
개발 연도 :	1974
구경 :	5.45mm M74
작동방식 :	가스압
무게 :	3.6kg
전체 길이 :	943mm
총열 길이 :	400mm
총구(포구) 속도 :	900m/sec
탄창 :	30발 탈부착식 상자형 탄창
사정거리 :	300m

AKS-74

AKS-74는 접이식 튜브형 금속 개머리판을 가진 AK-74 버전이다. AK-74M은 AK-74의 또다른 변종 모델로 접이식 개머리판이 있다. 모든 버전들은 총구 섬광을 많이 일으킨다.

제원	
개발 국가 :	USSR
개발 연도 :	1974
구경 :	5.45mm M74
작동방식 :	가스압
무게 :	3.6kg
전체 길이 :	943mm(개머리판을 펼쳤을 때), 690mm(개머리판을 접었을 때)
총열 길이 :	400mm
총구(포구) 속도 :	900m/sec
탄창 :	30발 탈부착식 상자형 탄창
사정거리 :	300m

TIMELINE

1974

RPK-74

RPK-74는 AK-74의 분대 지원 버전으로, 길고 무거운 총열을 갖고 있다. 45발 탄창이나 표준 30발 AK-74 탄창을 사용할 수 있다. 대구경 원통형 탄창으로 실시한 실험은 그렇게 성공적이지 않았다.

제원	
개발 국가 :	USSR
개발 연도 :	1974
구경 :	5.45mm
작동방식 :	가스압, 공랭식
무게 :	9kg
전체 길이 :	1160mm
총열 길이 :	658mm
총구(포구) 속도 :	800m/sec
탄창 :	30발 또는 45발 탈부착식 상자형 탄창
사정거리 :	2000m+

AKSU-74

AKSU-74는 특수부대와 차량 승무원들을 겨냥한 AK-74의 소형 변종 모델이다. 비록 소총 구경을 사용할 수 있다고 해도, 소형 사이즈와 접이식 개머리판은 기관단총으로 분류하게 만든다.

제원	
개발 국가 :	USSR
개발 연도 :	1974
구경 :	5.45mm M74
작동방식 :	가스압
무게 :	3.2kg
전체 길이 :	730mm
총열 길이 :	390mm
총구(포구) 속도 :	900m/sec
탄창 :	30발 탈부착식 상자형 탄창
사정거리 :	600m

RPKS-74

RPK-74의 변종 모델로 접이식 개머리판을 갖고 있는 RPKS-74는 낙하산부대원과 한정된 공간에서 군사작전을 펼치는 병사를 위해 도입되었다. 그 외에는 표준 무기에서 바뀌지 않았다.

제원	
개발 국가 :	USSR
개발 연도 :	1974
구경 :	5.45mm
작동방식 :	가스압
무게 :	4.6kg
전체 길이 :	1060mm
총열 길이 :	616mm
총구(포구) 속도 :	800m/sec
탄창 :	30발 탈부착식 상자형 탄창
사정거리 :	800m

볼트 액션의 명중률 Bolt-Action Accuracy

반자동 및 전자동 라이플 총들이 전장에서 오랫동안 널리 사용된 뒤, 대부분의 저격용 무기들은 볼트 액션을 채용했다. 많은 저격용 소총들은 구식 군대 무기들에 근거를 두고 있었으며, 그 외의 것들은 민간용 디자인을 토대로 개발되었거나 재명명된 것들이었다.

M40A1

민간용 레밍턴 모델 700을 개량한 M40은 마우저형 액션을 사용했는데, 이 마우저형 액션은 업그레이드 모델인 M40A1에도 그대로 채택되었다. A1은 목재와 같은 좀더 전통적인 소재보다는 스테인리스 스틸 총열과 유리섬유로 된 부품들을 사용했다.

제원	
개발 국가 :	미국
개발 연도 :	1966
구경 :	7.62mm 나토
작동방식 :	볼트 액션
무게 :	6.57kg
전체 길이 :	1117mm
총열 길이 :	610mm
총구(포구) 속도 :	777m/sec
탄창 :	5발 내장식 상자형 탄창
사정거리 :	800m+

FR-F1

MAS 36을 토대로 개발된 FR-F1은 소염기와 피스톨 그립, 그리고 MAS 36보다 길다란 총열이 있다. 7.5mm 탄을 사용했으나, 당시 유럽의 다른 국가들은 7.62×51mm 탄으로 표준화하고 있었다.

제원	
개발 국가 :	프랑스
개발 연도 :	1966
구경 :	7.5mm
작동방식 :	볼트 액션
무게 :	5.2kg
전체 길이 :	1138mm
총열 길이 :	552mm
총구(포구) 속도 :	852m/sec
탄창 :	10발 내장식 상자형 탄창
사정거리 :	800m

TIMELINE

1966

RSAF L42A1

볼트 액션 방식의 리-엔필드가 영국 육군에서 단계적으로 철수한 지한참 뒤에도, 이 소총 No 4의 7.62×51mm 버전은 저격용 무기로 계속 사용되었다. 핵심적인 차이는 원거리 명중률을 높이기 위해 총열을 개선했다는 점이다.

제원	
개발 국가:	영국
개발 연도:	1970
구경:	7.62mm 나토
작동방식:	볼트 액션
무게:	4.43kg
전체 길이:	1181mm
총열 길이:	699mm
총구(포구) 속도:	838m/sec
탄창:	10발 탈부착식 상자형 탄창
사정거리:	1000m+

엔필드 인포서(집행자)

인포서(집행자)는 엔필드 엔보이 매치 소총을 개량한 것인데, 엔보이는 SMLE No.4에서 파생된 것이었다. 법 집행용으로 만들어졌으며, L42A1과는 다른 개머리판과 그립을 갖고 있었다.

제원	
개발 국가:	영국
개발 연도:	1970
구경:	7.62mm 나토
작동방식:	볼트 액션
무게:	4.42kg
전체 길이:	1180mm
총열 길이:	700mm
총구(포구) 속도:	744m/sec
탄창:	10발 탈부착식 상자형 탄창
사정거리:	500m

마우저 SP66

SP66은 성능이 입증된 마우저 액션을 채택한 변종 모델로, 마우저 액션은 재장전하는 동안에도 총기를 계속 겨눌 수 있는 쇼트 액션 노리쇠를 사용한다. 매우 정교한 총으로 값도 아주 비싸다.

제원	
개발 국가:	서독
개발 연도:	1976
구경:	7.62mm 나토
작동방식:	볼트 액션
무게:	6.12kg(망원조준기 포함)
전체 길이:	1210mm
총열 길이:	650mm
총구(포구) 속도:	868m/sec
탄창:	3발 내장식 상자형 탄창
사정거리:	1000m

1970　　　　1976

볼트 액션 저격용 소총 Bolt-Action Sniper Rifles

볼트 액션 소총들은 일반적으로 반자동 무기들보다 좀더 정확한데, 이는 탄이 총열 밑으로 이동할 때 내장 부품들의 진동이 없기 때문이다. 발사율은 잘 준비된 정밀한 사격에는 문제가 되지 않는다.

슈타이어 SSG69

SSG69는 산악부대용으로 사용하기에 충분한 견고성을 지닌 저격용 무기로 개발되었다. 흔히 사용되는 전방 로킹 대신 후방 로킹 만리허 타입 노리쇠를 사용한다.

제원	
개발 국가 :	오스트리아
개발 연도 :	1969
구경 :	7.62mm 나토
작동방식 :	볼트 액션
무게 :	3.9kg
전체 길이 :	1140mm
총열 길이 :	650mm
총구(포구) 속도 :	860m/sec
탄창 :	5발 회전식 또는 10발 상자형 탄창
사정거리 :	1000m

FN 30-11 저격용 소총

마우저 타입의 액션을 사용한 FN30-11은 벨기에 육군을 위해 개발된 재래식 저격용 무기이다. 일반용 기관총인 FN MAG-58의 소염기와 양각대를 사용했다.

제원	
개발 국가 :	벨기에
개발 연도 :	1976
구경 :	7.62mm 나토
작동방식 :	볼트 액션
무게 :	4.85kg
전체 길이 :	1117mm
총열 길이 :	502mm
총구(포구) 속도 :	850m/sec
탄창 :	10발 내장식 상자형 탄창
사정거리 :	1000m

TIMELINE
1969   1976   1985

베레타 501 스나이퍼

1985년 생산에 들어간 이 소총은 대부분 재래식 설계로 되어 있으나, 발사시 총열의 진동에 대응하기 위해 윗덮개에 균형추를 장착한 것이 특징이다. 이탈리아 육군이 주로 사용했다.

제원	
개발 국가 :	이탈리아
개발 연도 :	1985
구경 :	7.62mm 나토
작동방식 :	볼트 액션
무게 :	5.55kg
전체 길이 :	1165mm
총열 길이 :	586mm
총구(포구) 속도 :	840m/sec
탄창 :	5발 탈부착식 상자형 탄창
사정거리 :	1000m+

파커-헤일 모델 85

모델 85는 혁신적인 개념보다는 잘 확립된 원칙과 실습에 기초하고 있으며, 우수한 저격용 무기를 만들기 위해 세심한 제조공정과 품질좋은 소재들을 사용했다. 비록 영국 육군의 요구에 맞춰 개발되긴 했으나 채택되지는 못했다.

제원	
개발 국가 :	영국
개발 연도 :	1986
구경 :	7.62mm 나토
작동방식 :	볼트 액션
무게 :	5.7kg(망원조준기 포함)
전체 길이 :	1150mm
총열 길이 :	700mm
총구(포구) 속도 :	860m/sec
탄창 :	10발 탈부착식 상자형 탄창
사정거리 :	1000m+

지그 SSG-2000

민간용 소총으로부터 개발된 SSG-2000은 1989년 생산에 들어갔으며, 저격용 전용 무기와 마찬가지였다. 철제 가늠장치는 없으나 다양한 망원조준기를 장착할 수 있다.

제원	
개발 국가 :	스위스
개발 연도 :	1989
구경 :	7.62mm 나토
작동방식 :	볼트 액션
무게 :	6.6kg
전체 길이 :	1210mm
총열 길이 :	610mm
총구(포구) 속도 :	860m/sec
탄창 :	4발 내장식 상자형 탄창
사정거리 :	1000m

1986   1989

반자동 저격용 소총 Semi-Automatic Sniper Rifles

'원 샷, 원 킬(one shot, one kill)'은 유명한 저격자 강령이지만, 반자동 무기는 몇몇 목표물에 대한 신속한 사격이 가능하다. 나아가 무장한 적들에게 위치를 간파당할 경우 저격자 자신을 더 잘 방어할 수 있게 한다.

드라구노프 SVD

여러 면에서 돌격용 소총 AK 시리즈와 유사하지만, 드라구노프 SVD는 설계가 분리돼 있다. 매우 견고하고 신뢰할 만한 반자동 무기로 1km를 초과해서도 정확하다. 그렇지만 보통 말하는 그런 저격용 소총은 아니며 '명사수에 최적화된 소총'이라 부르는 것이 합당하다.

제원	
개발 국가 :	USSR
개발 연도 :	1963
구경 :	7.62mm 소비에트
작동방식 :	가스압
무게 :	4.31kg
전체 길이 :	1225mm
총열 길이 :	610mm
총구(포구) 속도 :	828m/sec
탄창 :	10발 탈부착식 상자형 탄창
사정거리 :	1000m

갈릴 스나이퍼

갈릴 돌격용 소총에 기초를 둔 갈릴 스나이퍼는 다른 무엇보다도 신뢰성과 견고성에 중점을 두고 만들어졌다. '진짜' 저격용 총처럼 정밀하지는 않지만, 갈릴은 저격용 총으로 꽤 사용되고 있으며, 여전히 정확성이 뛰어나다.

제원	
개발 국가 :	이스라엘
개발 연도 :	1972
구경 :	7.62mm 나토
작동방식 :	가스압, 자동장전
무게 :	6.4kg
전체 길이 :	1115mm
총열 길이 :	508mm
총구(포구) 속도 :	815m/sec
탄창 :	20발 탈부착식 상자형 탄창
사정거리 :	800m+

TIMELINE
1963
1972

헤클러 앤드 코흐 PSG1

비록 과도하게 재설계되긴 했지만 G3 돌격용 소총을 개량한 PSG는 총열이 좀더 길고, 다각형 강선이 붙어 있다. 강철 가늠자를 제거한 대신 망원조준기를 표준규격으로 채용했다.

제원	
개발 국가 :	서독
개발 연도 :	1972
구경 :	7.62mm 나토
작동방식 :	롤러-로크트 딜레이드 블로백
무게 :	8.1kg
전체 길이 :	1208mm
총열 길이 :	650mm
총구(포구) 속도 :	815m/sec
탄창 :	5발, 또는 20발 탈부착식 상자형 탄창
사정거리 :	600m

마우저 M86

M86은 마우저 사에서 SP66 소총의 저렴한 대체 총기로 생산했다. 마우저의 증명된 더블 프런트 러그 시스템에 토대를 둔 새로운 노리쇠 설계를 채택한 재래식 무기이다. 법률 집행기관들이 주 대상 구매자다.

제원	
개발 국가 :	독일
개발 연도 :	1990
구경 :	7.62mm 나토
작동방식 :	볼트 액션
무게 :	5.9kg
전체 길이 :	1270mm
총열 길이 :	730mm
총구(포구) 속도 :	알려지지 않음
탄창 :	9발 탈부착식 상자형 탄창
사정거리 :	800m+

헤클러 앤드 코흐 MSG90

MSG90은 확실한 PSG1 계통이면서 더 가볍고 생산 비용도 덜 든다. 방아쇠 뭉치를 교체하면 전자동 경지원 무기로 개조할 수 있다.

제원	
개발 국가 :	독일
개발 연도 :	1997
구경 :	7.62mm 나토
작동방식 :	롤러-딜레이드 블로백
무게 :	6.4kg
전체 길이 :	1165mm
총열 길이 :	600mm
총구(포구) 속도 :	815m/sec
탄창 :	5발, 20발 탈부착식 상자형 탄창
사정거리 :	600m

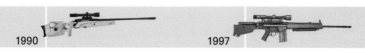
1990   1997

M21 스나이퍼 소총 M21 Sniper Rifle

M14의 조준 정밀도를 높인 버전인 M21은 모체가 되는 무기가 퇴출된 뒤에도 계속 사용되었다. 이 총기의 장점 중 하나는 소음기를 장착하면 거의 소리가 나지 않게 사격할 수 있다는 것이다. M21은 베트남 전쟁 때부터 현재에 이르기까지, 최근의 이라크와 아프가니스탄 전투에서도 군 저격병들이 사용해 왔다.

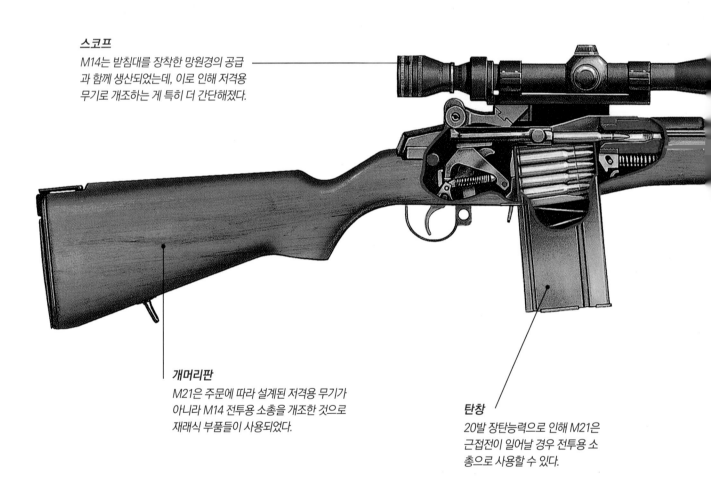

스코프
M14는 받침대를 장착한 망원경의 공급과 함께 생산되었는데, 이로 인해 저격용 무기로 개조하는 게 특히 더 간단해졌다.

개머리판
M21은 주문에 따라 설계된 저격용 무기가 아니라 M14 전투용 소총을 개조한 것으로 재래식 부품들이 사용되었다.

탄창
20발 장탄능력으로 인해 M21은 근접전이 일어날 경우 전투용 소총으로 사용할 수 있다.

제원	
개발 국가 :	미국
개발 연도 :	1969
구경 :	7.62mm 나토
작동방식 :	가스압, 자동장전
무게 :	5.55kg
전체 길이 :	1120mm
총열 길이 :	559mm
총구(포구) 속도 :	853m/sec
탄창 :	20발 탈부착식 상자형 탄창
사정거리 :	800m+

M21은 1969년부터 1988년까지 사용되었는데, 최근 그 수명이 다시 연장되었다. 아프가니스탄 전에서 원거리 교전의 필요성이 제기되면서 다수의 M21 계열 무기들이 미군 최일선 부대에 재지급된 것이다.

총구 / 가늠쇠
비록 망원조준기가 표준규격으로 M21과 함께 지급되었지만 M14에 원래 부착돼 있던 가늠쇠는 여전히 붙어 있었다.

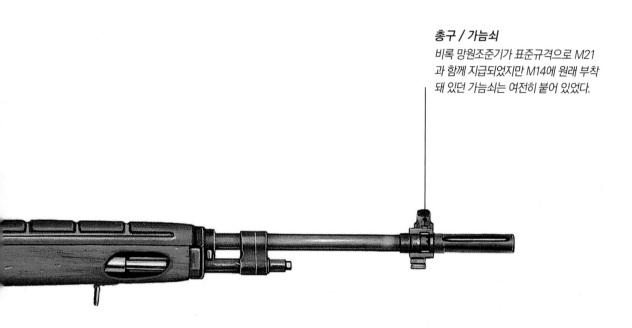

총열
M21은 M1 개런드에 처음 사용된 쇼트-스트로크 가스 작동 시스템을 갖고 있으며 총구 근처에서 배출되는 추진 가스를 사용한다.

발터 WA2000 Walther WA2000

WA2000은 최강의 정확성을 자랑하는 라이플 중 하나이나, 그러한 정밀성은 싸게 얻을 수 있는 것이 아니다. 높은 가격 때문에 군인들보다는 정예 저격대와 같은 소수 구매자에게 적합하다. 군대에서 거칠게 사용되기보다 법 집행용으로 사용되는 게 더 어울린다.

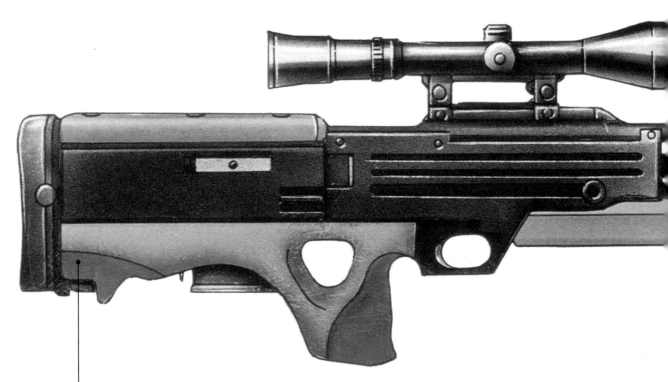

개머리판

불펍(bullpup) 형태여서 WA2000는 총열이 긴데, 이는 정확성을 위해서도 필요하다. 전체 길이는 상대적으로 짧다.

제원	
개발 국가 :	서독
개발 연도 :	1982
구경 :	7.62mm .300 원체스터 매그넘
작동방식 :	가스압
무게 :	8.31kg
전체 길이 :	905mm
총열 길이 :	650mm
총구(포구) 속도 :	c.800m/sec
탄창 :	6발 탈부착식 상자형 탄창
사정거리 :	1000m+

WA2000는 저격용 소총 총기에 대한 혁신적인 접근을 보여주며, 극히 잘 만들어진 불펍 무기이다. 총열은 앞뒤로 고정돼 있으나 다른 부품들과의 접촉을 없앴으며, 진동 저감용 홈이 파여 있다.

WA2000은 불펍 형태 및 반자동 작동방식으로 되어 있는데, 둘다 저격용 총으로는 매우 특이한 것이다. 다른 정밀 무기들처럼 조절 가능한 개머리판과 뺨붙임대(cheek-piece)가 있으며, 방아쇠는 사용자의 선호에 맞춰 미세 조정할 수 있다.

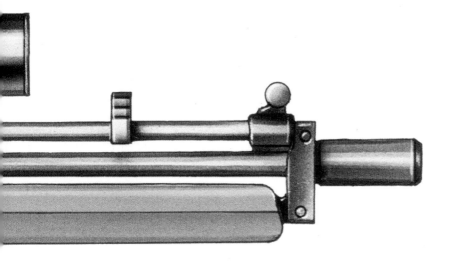

총열
총열이 자유로이 움직이며 앞덮개를 건드리지 않는다. 총열에 장력(張力)이 가해지면 정확성이 떨어질 수도 있는데, 이 구조 덕에 사용자는 장력을 가하지 않고도 라이플을 받칠 수 있다.

망원경
WA2000은 철 가늠장치가 없다. 망원경과 함께 사용하거나 전혀 그렇지 못하게 되어 있다. 다양한 조준장치들을 장착할 수 있다.

중앙 탄창 기관단총들

Centre Magazine Submachine Guns

기관단총의 손잡이에 탄창 구멍(magazine-well)을 두는 것은 손가락 감각만으로 본능적인 재장전이 가능한 데다 총기의 전체 길이를 줄일 수 있어 적절한 선택이다. 이러한 구성은 제2차 세계 대전 이후에 인기를 끌기 시작했다.

Cz 모델 25

모델 25는 Cz23으로 시작된 시리즈의 한 모델로 2차 대전 이후에 선보였으며, 닫혔을 때 부분적으로 약실 주위를 감싸는 텔레스코핑 볼트를 처음 사용한 무기이다.

제원	
개발 국가 :	체코
개발 연도 :	1949
구경 :	9mm 파라벨룸, 7.62mm 토카레프
작동방식 :	블로백
무게 :	3kg
전체 길이 :	686mm
총열 길이 :	284mm
총구(포구) 속도 :	395m/sec
탄창 :	24발, 40발 또는 32발 탈부착식 상자형 탄창
사정거리 :	120m

MAT 49

냉전 시대에 널리 보급된 전후(戰後) 모델인 MAT49는 상당히 기본에 충실하면서 견고하고 신뢰할 만한 무기였다. 인도차이나와 알제리 전쟁 때 아주 많이 사용되었다.

제원	
개발 국가 :	프랑스
개발 연도 :	1949
구경 :	9mm 파라벨룸
작동방식 :	블로백
무게 :	3.5kg
전체 길이 :	720mm
총열 길이 :	228mm
총구(포구) 속도 :	390m/sec
탄창 :	20발 또는 32발 탈부착식 상자형 탄창
사정거리 :	70m

TIMELINE 1949 1970

잉그램 M10

M10은 발사속도가 매우 높고 은폐 가능한 소형 기관단총으로, 보통 9mm 탄을 사용하나 11.4mm(.45ACP) 탄도 장전 가능하다. M11 변종 모델은 9mm 쇼트탄과 지오닉스(Sionics) 소음기를 사용한다.

제원	
개발 국가 :	미국
개발 연도 :	1970
구경 :	11.4mm .45ACP, 9mm 파라벨룸
작동방식 :	블로백
무게 :	2.84kg
전체 길이 :	548mm
총열 길이 :	146mm
총구(포구) 속도 :	366m/sec
탄창 :	32발 탈부착식 상자형 탄창
사정거리 :	70m

FMK-3

아르헨티나 육군용으로 개발된 FMK는 1974년 생산에 들어갔다. 단순하나 신뢰성이 있는 무기로 전자동 발사 시 놀랄 만큼 정확하다. 한 손으로 사격하면 정확성이 조금 떨어지기는 하나 충분히 제어 가능하다.

제원	
개발 국가 :	아르헨티나
개발 연도 :	1974
구경 :	9mm 파라벨룸
작동방식 :	블로벡, 클로즈드 노리쇠
무게 :	3.4kg
전체 길이 :	693mm
총열 길이 :	290mm
총구(포구) 속도 :	400m/sec
탄창 :	25발, 32발 또는 40발 탈부착식 상자형 탄창
사정거리 :	100m

BXP

남아프리카의 BXP는 소음기 또는 흥미롭게도 라이플용 유탄 발사기를 장착할 수 있도록 설계되었다. 접이식 개머리판은 펼치지 않으면 앞손잡이로 사용된다.

제원	
개발 국가 :	남아프리카
개발 연도 :	1988
구경 :	9mm 파라벨룸
작동방식 :	블로백
무게 :	2.5kg
전체 길이 :	607mm
총열 길이 :	208mm
총구(포구) 속도 :	370m/sec
탄창 :	22발 또는 32발 탈부착식 상자형 탄창
사정거리 :	80m+

1974

1988

냉전시대의 기관단총 Cold War Submachine Guns

냉전 시대에는 특수 용도나 전략적 용도로 사용되도록 설계된 혁신적인 경(輕)자동화기들이 인기를 끄는 가운데 제2차 세계 대전 때 사용된 형태의 무기들이 사라지면서 기관단총 설계 분야가 빠르게 발전했다.

덕스 모델 59

덕스 모델 53 기관단총은 소비에트 수다에프 PPS-43 기관단총에 뿌리를 두고 있었다. 이런 덕스 모델들 중 일부는 서독 국경수비대가 테스트를 거쳐 채택, 사용했다. 모델 59는 나중에 개발된 것으로, 덕스 기관단총들은 단순한 블로백 작동방식을 사용했으며, 오픈 볼트에서 발사되는 전자동 무기들이었다.

제원	
개발 국가 :	서독, 스페인
개발 연도 :	1959
구경 :	9mm 파라벨룸
작동방식 :	블로백
무게 :	3.49kg
전체 길이 :	825mm
총열 길이 :	248mm
총구(포구) 속도 :	390m/sec
탄창 :	50발 탈부착식 상자형 탄창
사정거리 :	70m

vz 스코피온

소형 기관단총인 vz61은 차량 승무원들에게 피스톨보다 크지 않으면서 증강된 화력을 제공하기 위해 설계되었다. 발사속도가 850rpm로 제어하기가 어렵지만, 근접전에서는 치명적이었다.

제원	
개발 국가 :	체코
개발 연도 :	1960
구경 :	7.62mm
작동방식 :	블로백, 클로즈드 노리쇠
무게 :	1.28kg
전체 길이 :	517mm
총열 길이 :	115mm
총구(포구) 속도 :	320m/sec
탄창 :	10발, 20발 탈부착식 상자형 탄창
사정거리 :	25m

TIMELINE			
	1959	1960	1963

F1 SMG

F1은 스털링 형태의 기관단총으로 상부 삽입식 탄창으로 되어 있고, 오스트레일리아 사용자들에 적합하다는 특징이 있었다. 베트남 전쟁에서 처음 실전 투입되어 신뢰할 만하고 효과적인 무기임을 증명했다.

제원	
개발 국가 :	오스트레일리아
개발 연도 :	1963
구경 :	9mm
작동방식 :	블로백
무게 :	3.26kg
전체 길이 :	715mm
총열 길이 :	203mm
총구(포구) 속도 :	365m/sec
탄창 :	34발 탄창
사정거리 :	100~200m

vz82 스코피온

체코 육군에서 러시아의 9×18mm 피스톨 카트리지를 채택해 스코피온의 새로운 버전으로 개발했다. A 9.6mm(.38 ACP) 변종 모델도 수출용으로 생산되었다.

제원	
개발 국가 :	체코
개발 연도 :	1982
구경 :	9mm 마카로프
작동방식 :	블로백, 클로즈드 노리쇠
무게 :	1.28kg
전체 길이 :	517mm
총열 길이 :	115mm
총구(포구) 속도 :	320m/sec
탄창 :	10발, 20발 탄창
사정거리 :	25m

슈타이어 AUG 파라

AUG 라이플의 개량 버전으로 총열이 짧고 9mm 파라벨룸탄을 장전한 AUG 파라는 이름(Para)에서 알 수 있듯이 낙하산부대용으로 개발되었다. 돌격용 소총을 기관단총으로 개조한 최초 모델들 중 하나였다.

제원	
개발 국가 :	오스트리아
개발 연도 :	1988
구경 :	9mm 파라벨룸
작동방식 :	가스압, 회전 노리쇠
무게 :	3.6kg
전체 길이 :	665mm
총열 길이 :	420mm
총구(포구) 속도 :	970m/sec
탄창 :	25발 또는 32발 탈부착식 상자형 탄창
사정거리 :	300m

 1982  1988

영향력이 큰 우지 기관단총 The Influential Uzi

우지엘 갈이 설계했고 그의 바람과는 달리 그의 이름이 붙은 우지 기관단총은 CZ 시리즈의 영향이 엿보이나 확실히 그 무기들을 능가했다. 손잡이 탄창 형태를 대중화시켰으며 수십년 동안 기관단총(SMG) 설계에 영향을 미쳤다.

우지

우지는 원래 고정된 목재 개머리판을 사용했지만, 차량 승무원들과 비보병 부대용이라는 본래 목적에는 접이식 금속 개머리판이 더 우수함이 이내 확인되었다.

제원	
개발 국가 :	이스라엘
개발 연도 :	1953
구경 :	9mm 파라벨룸
작동방식 :	블로백
무게 :	3.7kg
전체 길이 :	650mm
총열 길이 :	260mm
총구(포구) 속도 :	400m/sec
탄창 :	25발, 32발 탈부착식 상자형 탄창
사정거리 :	120m

슈타이어 MPi69

MPi69는 특이한 방아쇠 시스템을 사용했다. 뒤로 반쯤 당기면 싱글샷, 완전히 뒤로 끌어당기면 자동발사가 가능했다. 멜빵은 코킹 핸들에 부착돼 있었으며, 총기 사용자는 이 멜빵을 당겨서 팔을 낀 후 공이치기를 잡아당겼다.

제원	
개발 국가 :	오스트리아
개발 연도 :	1969
구경 :	9mm
작동방식 :	블로백
무게 :	3.13kg
전체 길이 :	670mm
총열 길이 :	260mm
총구(포구) 속도 :	381m/sec
탄창 :	25발, 32발 탈부착식 상자형 탄창
사정거리 :	100–150m

TIMELINE   1953   1969   1971

스타 Z70B

Z70은 처음에 두 부분으로 나뉜 방아쇠를 사용했다. 윗부분을 당기면 자동발사, 밑부분은 반쯤 당기면 싱글 샷이 가능했다. 그 방식이 별로 신뢰할 만하지 않다고 증명되면서 그보다 재래식 시스템인 Z70B로 대체되었다.

제원	
개발 국가 :	스페인
개발 연도 :	1971
구경 :	9mm 파라벨룸
작동방식 :	블로백
무게 :	2.87kg
전체 길이 :	700mm
총열 길이 :	200mm
총구(포구) 속도 :	380m/sec
탄창 :	20발, 30발 또는 40발 탈부착식 상자형 탄창
사정거리 :	50m+

미니-우지

미니-우지는 우지의 소형 버전이다. 총열이 짧아 발사속도가 600rpm에서 950rpm으로 더 높아졌다. 이보다 더 작은 버전인 마이크로-우지도 1986년에 선보였다.

제원	
개발 국가 :	이스라엘
개발 연도 :	1980
구경 :	9mm 파라벨룸
작동방식 :	블로백
무게 :	2.7kg
전체 길이 :	600mm
총열 길이 :	197mm
총구(포구) 속도 :	352m/sec
탄창 :	20발, 25발 또는 32발 탈부착식 상자형 탄창
사정거리 :	50m

스타 Z84

형단조된 금속으로 만들어졌으며 일부 움직이는 부분들로 구성된 Z84는 가벼우면서도 견고하고 신뢰할 만한 무기였다. 균형이 잘 잡혀 있고, 한 팔로도 정확한 사격이 가능하다는 점에서 상당히 매력적인 무기였다.

제원	
개발 국가 :	스페인
개발 연도 :	1985
구경 :	9mm
작동방식 :	블로백, 오픈 노리쇠
무게 :	3kg
전체 길이 :	615mm
총열 길이 :	215mm
총구(포구) 속도 :	399m/sec
탄창 :	25발, 30발 탈부착식 상자형 탄창
사정거리 :	150-200m

1980

1985

우지 The Uzi

우지의 주요 장점은 비교적 총기 길이가 짧다는 것이지만, 초기 모델들은 자동 카빈으로 사용하기 위해 고정된 개머리판이 부착되어 그다지 짧지 않았다. 하지만 접이식 개머리판 덕에 우지는 정말로 가볍고 편리하면서도 신뢰할 만하고 정확한 무기로 자리잡았다.

랩어라운드 볼트
우지는 덮개식 노리쇠를 사용한 최초의 기관단총은 아니었지만, 실패한 이전 모델들과 달리 놀라운 성공을 통해 이 시스템을 대중화시켰다.

제원	
개발 국가 :	이스라엘
개발 연도 :	1953
구경 :	9mm 파라벨룸
작동방식 :	블로백
무게 :	3.7kg
전체 길이 :	650mm
총열 길이 :	260mm
총구(포구) 속도 :	400m/sec
탄창 :	25발, 32발 탈부착식 상자형 탄창
사정거리 :	120m

미니 그리고 마이크로 우지 변종 모델들의 개발로 우지는 좀더 숨기기 쉬워졌다. 권총보다 꼭 더 크다고 볼 수 없는 이런 버전들은 사정거리는 짧았지만 화력이 훨씬 강했다. 조심스럽게 강력한 무기를 소지해야 하는 사람들과 VIP 경호팀들로부터 높은 평가를 받았다.

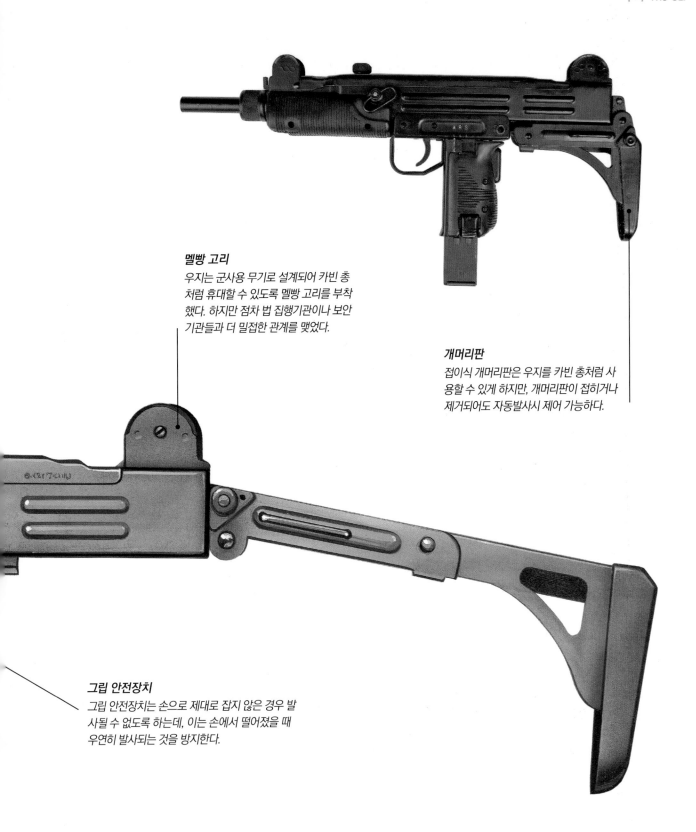

멜빵 고리
우지는 군사용 무기로 설계되어 카빈 총
처럼 휴대할 수 있도록 멜빵 고리를 부착
했다. 하지만 점차 법 집행기관이나 보안
기관들과 더 밀접한 관계를 맺었다.

개머리판
접이식 개머리판은 우지를 카빈 총처럼 사
용할 수 있게 하지만, 개머리판이 접히거나
제거되어도 자동발사시 제어 가능하다.

그립 안전장치
그립 안전장치는 손으로 제대로 잡지 않은 경우 발
사될 수 없도록 하는데, 이는 손에서 떨어졌을 때
우연히 발사되는 것을 방지한다.

우지는 '랩어라운드' 또는 '텔레스코핑' 볼트를 사용함으로써 크기를 줄였으
며, 이러한 볼트는 총열과 겹쳐진다. 이로 인해 볼트는 발사속도를 제어하기에
충분할 만한 무게를 지닐 수 있는데, 그렇다고 해서 이를 넣기 위해 더 큰 무기
가 필요할 만큼 길이가 긴 것은 아니다.

헤클러 앤드 코흐 기관단총들

Heckler & Koch Submachine Guns

H&K MP5는 다양한 전문가용 변종 모델들과 함께 시장에서 커다란 성공을 거두었다. 이 계열의 모든 모델들은 MP5의 우수한 성능과 뛰어난 명중률을 공유하고 있으며, 특히 법 집행기관들이 이 모델을 널리 채택했다.

HK MP5

전시에 MG42용으로 개발된 롤러-딜레이드 블로백 시스템을 사용한 MP5는 닫힌 볼트에서 발사되며, 대부분의 기관단총들보다도 더 정확하다. 나중에 나온 모델들은 반자동 그리고 전자동 발사 외에도 버스트 발사가 가능하다.

제원	
개발 국가 :	서독
개발 연도 :	1966
구경 :	9mm 파라벨룸
작동방식 :	롤러-딜레이드 블로백, 클로즈드 노리쇠
무게 :	2.55kg
전체 길이 :	680mm
총열 길이 :	225mm
총구(포구) 속도 :	400m/sec
탄창 :	15발 또는 30발 탈부착식 상자형 탄창
사정거리 :	70m

HK MP5A2

고정된 견고한 플라스틱 개머리판을 가진 MP5A2는 '표준 MP5'라고 여겨질 만한 것이다. 플라스틱 부품들은 견고하면서도 가볍고 인체공학적 관점에서 설계되었다.

제원	
개발 국가 :	서독
개발 연도 :	1966
구경 :	9mm 파라벨룸
작동방식 :	롤러-딜레이드 블로백, 클로즈드 노리쇠
무게 :	2.55kg
전체 길이 :	680mm
총열 길이 :	225mm
총구(포구) 속도 :	400m/sec
탄창 :	15발, 30발, 32발 탈부착식 상자형 탄창 또는 100발 베타 C-매그드럼 탄창
사정거리 :	200m

TIMELINE 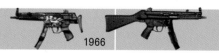 1966

HK MP5A3

제원	
개발 국가 :	서독
개발 연도 :	1966
구경 :	9mm 파라벨룸
작동방식 :	롤러-딜레이드 블로백, 클로즈드 노리쇠
무게 :	3.08kg
전체 길이 :	700mm(개머리판을 펼쳤을 때), 550mm(개머리판을 접었을 때)
총열 길이 :	225mm
총구(포구) 속도 :	400m/sec
탄창 :	15발, 30발, 32발 탈부착식 상자형 탄창 또는 100발 베타 C-매그 드럼 탄창
사정거리 :	200m

MP5A3는 신축성 있는 금속 개머리판을 갖고 있으며 보안 요원들이 하루종일 휴대할 수 있도록 소형으로 만들어졌지만 어깨에 대고서도 정확하게 사격할 수 있다.

HK MP5SD

제원	
개발 국가 :	서독
개발 연도 :	1970
구경 :	9mm 파라벨룸
작동방식 :	롤러-딜레이드 블로백, 클로즈드 노리쇠
무게 :	2.9kg
전체 길이 :	550mm
총열 길이 :	146mm
총구(포구) 속도 :	285m/sec
탄창 :	15발, 30발 탈부착식 상자형 탄창
사정거리 :	50m

MP5SD는 소음기용 버전으로 형태상 다른 대부분의 변종모델들과 흡사하다. 즉 접이식 개머리판, 고정된 개머리판, 앞손잡이 등등. 다양한 특수부대원들이 그 사용자들이다.

1970

VIP 경호용 기관단총들

Submachine Guns for VIP Protection

기관단총들은 보안 임무용으로 인기가 높다. 가볍고 휴대하기 쉬우며 상당한 화력을 제공한다. 근거리에서 신속하게 공격자를 막을 수 있는 능력이 종종 원거리 명중률보다 더 중요하게 여겨질 때 필요하다.

프랑키 LF-57

블로백 작동방식의 전자동 무기인 LF-57은 이탈리아 해군이 채택하였지만 해외에서는 베레타와 H&K 설계에 밀려 한정된 수량만이 팔렸다.

제원	
개발 국가 :	이탈리아
개발 연도 :	1956
구경 :	9mm
작동방식 :	블로백
무게 :	3.17kg
전체 길이 :	686mm
총열 길이 :	200mm
총구(포구) 속도 :	365m/sec
탄창 :	20발, 또는 40발 탈부착식 상자형 탄창
사정거리 :	150-200m

발터 MPK/MPL

두 고품질 기관단총은 동일한 것으로 총열 길이만 다르다. MPL은 총열이 긴 버전이며 MPK는 총열이 짧은 변종 모델이다. 유럽 내 여러 국가의 경찰들이 1960년대에 이들 무기를 채택했다.

제원	
개발 국가 :	서독
개발 연도 :	1963
구경 :	9mm
작동방식 :	블로백
무게 :	3kg(MPL), 2.83kg(MPK)
전체 길이 :	746mm(MPL), 659mm(MPK)
총열 길이 :	269mm(MPL), 173mm(MPK)
총구(포구) 속도 :	395m/sec(MPL), 355m/sec(MPK)
탄창 :	32발 탈부착식 상자형 탄창
사정거리 :	200m(MPL), 100m(MPK)

TIMELINE
1956
1963
1975

HK53 KL

HK53은 HK33 라이플의 소형 버전이다. 비록 5.56mm 라이플탄을 장전하지만, 기관단총의 역할을 수행할 수 있으며, 부가적으로 더 나은 관통력과 원거리 명중률을 제공한다.

제원	
개발 국가 :	독일
개발 연도 :	1975
구경 :	5.56mm
작동방식 :	블로백
무게 :	2.54kg
전체 길이 :	680mm
총열 길이 :	225mm
총구(포구) 속도 :	400m/sec
탄창 :	25발, 30발 탈부착식 상자형 탄창
사정거리 :	400m

스펙터

스펙터는 50발들이 탄창을 갖고 있으며, 방아쇠를 잡아당기면 공이치기를 당길 수 있어 근거리 위협에 신속하고 효과적으로 대처할 수 있다. 이 때문에 보안용 시장에서 인기를 누려왔다.

제원	
개발 국가 :	이탈리아
개발 연도 :	1983
구경 :	9mm 파라벨룸
작동방식 :	블로백
무게 :	2.9kg
전체 길이 :	580mm
총열 길이 :	130mm
총구(포구) 속도 :	400m/sec
탄창 :	30발 또는 50발 탈부착식 상자형 탄창
사정거리 :	50m

자티매틱

자티매틱의 특이한 외관은 볼트 반동이 살짝 위로 치솟는 데 기인하며, 그에 따라 손잡이가 좀더 높이 배치되었다. 이러한 형태는 총구가 올라가는 데 대응할 수 있게 한다. 원래 1980년대에 시장에 모습을 드러냈으며 1993년에 재출시되었다.

제원	
개발 국가 :	핀란드
개발 연도 :	1984
구경 :	9mm
작동방식 :	스트레이트 블로백
무게 :	1.65kg
전체 길이 :	400mm
총열 길이 :	203mm
총구(포구) 속도 :	360m/sec
탄창 :	20발, 40발 탄창
사정거리 :	100m

1983

1984

경(輕) 지원 무기 Light Support Weapons

냉전 시대에 등장한 많은 경(輕)지원 무기들은 돌격용 소총의 개념에 기초를 두고 있거나, 또는 탄과 구성요소들을 공유하면서 돌격용 소총을 보완하려는 목적으로 설계되었다.

스토너 M63 경기관총

유진 스토너 사 무기 시스템의 일부분인 M63 LMG는 무기 밑 상자 안에 150발들이 탄띠를 넣고 사용했다. 이로 인해 LMG는 화력이 강한 돌격용 무기로 사용될 수 있었다.

제원	
개발 국가 :	미국
개발 연도 :	1963
구경 :	5.56mm
작동방식 :	가스압, 공랭식
무게 :	5.3kg
전체 길이 :	1022mm(표준 총열)
총열 길이 :	508mm(표준), 399mm(쇼트)
총구(포구) 속도 :	1000m/sec
탄창 :	150발 분해 가능한 링크로 연결된 상자형 탄띠 또는 탈부착식 상자형 탄창
사정거리 :	1000m

슈타이어 AUG/HB

AUG 돌격용 소총에 무거운 총열과 양각대를 고정시키면 오픈 볼트에서 발사되도록 수정할 수 있는 경지원 무기로 개조된다. 이렇게 하면 명중률 감소 문제를 보완할 수 있다.

제원	
개발 국가 :	오스트리아
개발 연도 :	1980
구경 :	9mm 파라벨룸, 5.56mm 나토
작동방식 :	가스압, 회전 노리쇠
무게 :	3.6kg
전체 길이 :	790mm
총열 길이 :	508mm
총구(포구) 속도 :	970m/sec
탄창 :	25발, 32발 또는 30발, 42발 탈부착식 상자형 탄창
사정거리 :	2700m

TIMELINE
1963
1980
1982

세트메 아멜리

비록 MG42를 닮기는 했으나, 아멜리는 세트메 라이플에서 파생된 블로백 메커니즘을 사용한다. 매우 가벼운 소형 무기로 1200rpm 또는 850rpm으로 발사할 수 있도록 조절된다.

제원	
개발 국가 :	스페인
개발 연도 :	1982
구경 :	5.56mm 나토
작동방식 :	가스압, 공랭식
무게 :	6.35kg(표준), 5.2kg(가벼운 것)
전체 길이 :	970mm
총열 길이 :	400mm
총구(포구) 속도 :	875m/sec
탄창 :	100발, 200발 상자형 탄창
사정거리 :	1000m+

경지원화기 L86A1

L86A1은 본질적으로 더 길고 무거운 총열과 양각대를 가진 L85A1 라이플이다. 연속 발사를 위한 후방 손잡이가 있으나 신속히 교체 가능한 총열이 없는데다 제한된 탄을 사용한다. 이쪽 분야에서 사용되기에는 성능이 제한적이다.

제원	
개발 국가 :	영국
개발 연도 :	1985
구경 :	5.56mm 나토
작동방식 :	가스압, 공랭식
무게 :	5.4kg
전체 길이 :	900mm
총열 길이 :	646mm
총구(포구) 속도 :	970m/sec
탄창 :	30발 탈부착식 상자형 탄창
사정거리 :	1000m

네게브

이스라엘의 네게브 LMG는 애초부터 다목적용으로 설계되었다. 라이플용 수류탄을 발사할 수 있고 짧은 총열과 떼어낼 수 있는 양각대를 장착하고 있어 고성능 돌격용 소총으로 취급된다.

제원	
개발 국가 :	이스라엘
개발 연도 :	1988
구경 :	5.56mm 나토
작동방식 :	가스압, 회전 노리쇠
무게 :	7.4kg
전체 길이 :	1020mm
총열 길이 :	460mm
총구(포구) 속도 :	915m/sec
탄창 :	150발 M27 탄띠 또는 35발 상자형 탄창
사정거리 :	300~1000m

1985

1988

헤클러 앤드 코흐 사의 지원 무기들

Heckler & Koch Support Weapons

이 계통의 무기에서 명칭의 첫 숫자는 무기 형태(탄창 급탄은 1, 탄띠 급탄은 2)를 의미한다. 두 번째 숫자는 구경(1은 7.62×51mm, 2는 7.62×39mm, 3은 5.56×45mm)을 나타낸다.

HK21

탄띠 급탄 방식의 7.62mm 탄을 사용하는 HK21에서 출발하여, H&K 는 일반적인 총몸과 교환할 수 있는 부품들을 사용하는 일련의 지원 무기들을 만들었다. 독일에서는 경찰용으로 채택돼 G8이라 명명되었다.

제원	
개발 국가 :	서독
개발 연도 :	1970
구경 :	7.62mm 나토
작동방식 :	딜레이드 블로백
무게 :	7.92kg
전체 길이 :	1021mm
총열 길이 :	450mm
총구(포구) 속도 :	800m/sec
탄창 :	탄띠 급탄
사정거리 :	2000m

HK11

HK11은 HK21의 탄창 급탄 버전이다. 일반적으로 30발 탄창을 사용하나, 20발 G3 탄창도 사용 가능하다. '돌격용' 앞손잡이는 이 계열의 무기에 모두 끼울 수 있다.

제원	
개발 국가 :	서독
개발 연도 :	1970
구경 :	7.62mm 나토
작동방식 :	딜레이드 블로백, 선택 발사
무게 :	8.15kg
전체 길이 :	1030mm
총열 길이 :	450mm
총구(포구) 속도 :	800m/sec
탄창 :	20발 탈부착식 상자형, 또는 80발 원통 탄창
사정거리 :	1000m

TIMELINE  1970 1981

HK13

HK13은 본질적으로 HK11과 동일하며 다만 5.56×45mm 탄을 장전한다. H&K 사는 7.62×39mm용으로 극히 소수 무기만을 생산했으나, 이론적으로 이 무기는 7.62×39mm 구경으로 개조해 HK12로 만들 수 있다.

제원	
개발 국가 :	서독
개발 연도 :	1972
구경 :	5.56mm 나토
작동방식 :	롤러-로크트 딜레이드 블로백, 공랭식
무게 :	8kg
전체 길이 :	1030mm
총열 길이 :	450mm
총구(포구) 속도 :	925m/sec
탄창 :	20발, 또는 30발 탈부착식 상자형 탄창 또는 탄띠
사정거리 :	1000m+

HK21E

HK21은 21A1을 거쳐 기본틀이 개발되었으며, 나중에 21E 모델이 되었다. '21E'라는 명칭은 '수출용'을 의미한다. 총열을 교체하면 7.62×39mm 또는 5.56×45mm 구경으로 개조할 수 있다.

제원	
개발 국가 :	서독
개발 연도 :	1981
구경 :	7.62mm 나토
작동방식 :	가스압, 공랭식
무게 :	9.3kg
전체 길이 :	1140mm
총열 길이 :	560mm
총구(포구) 속도 :	840m/sec
탄창 :	탄띠 급탄
사정거리 :	1000m+

HK23

이 계열의 무기들은 다른 급탄 시스템이나 구경으로 개조되면 명칭이 바뀌지만 실제로 항상 그런 것은 아니다. HK23은 탄창 급탄방식으로 개조되었지만 여전히 원래 명칭을 유지한다.

제원	
개발 국가 :	서독
개발 연도 :	1981
구경 :	5.56mm 나토
작동방식 :	딜레이드 블로백
무게 :	8.7kg(양각대 위)
전체 길이 :	1030mm
총열 길이 :	450mm
총구(포구) 속도 :	925m/sec
탄창 :	20발 또는 30발 탈부착식 상자형 탄창, 100발 원통 탄창, 50발 또는 100발 탄띠
사정거리 :	1000m+

1981

분대 지원 무기 Squad Automatic Weapons

대부분의 현대 보병 편재는 소총수 부대와 그 지원 무기를 중심으로 짠다. 자동화기에 중점을 두는 군대가 있는가 하면, 소총에 중점을 두고 자동 무기를 지원 시스템으로 여기는 부대들도 있다.

발멧 M78

총열이 무겁고, 더 무거운 총몸을 사용하는 발멧 M76 라이플의 경지원 무기 버전인 M78은 일반적으로 7.62×39mm 구경탄을 장전하나, 7.62mm와 5.56mm 나토 구경탄도 사용한다.

제원	
개발 국가 :	핀란드
개발 연도 :	1976
구경 :	7.62mm 나토, 5.56mm 나토
작동방식 :	가스압, 회전 노리쇠
무게 :	4.76kg
전체 길이 :	1095mm
총열 길이 :	612mm
총구(포구) 속도 :	718m/sec
연사속도 :	650rpm
탄창 :	30발 탈부착식 상자형 탄창
사정거리 :	800m

FN 미니미

FN 미니미는 5.56×45mm 돌격용 소총탄을 장전하나, 좀더 일반적인 탄띠 급탄 방식 대신 표준 M16 탄창을 사용할 수 있다. 짧은 총열과 조준망원경 버전도 특수부대용으로 사용 가능하다.

제원	
개발 국가 :	벨기에
개발 연도 :	1982
구경 :	5.56mm 나토
작동방식 :	가스압, 공랭식
무게 :	6.83kg
전체 길이 :	1040mm
총열 길이 :	466mm
총구(포구) 속도 :	915m/sec
연사속도 :	750-1100rpm
탄창 :	30발 STANAG 탄창 는 100발 탄띠
사정거리 :	2000m+

TIMELINE  1976

FN 미니미(삼각대)

일반적으로 소총수 분대의 이동 발사 지원용으로 사용되지만, 미니미는 삼각대를 이용한 연사 지원 기능도 갖추고 있다. 전투 상황에서 극히 탁월한 것으로 판명되었다.

제원	
개발 국가 :	벨기에
개발 연도 :	1982
구경 :	5.56mm 나토
작동방식 :	가스압, 공랭식
무게 :	6.83kg
전체 길이 :	1040mm
총열 길이 :	466mm
총구(포구) 속도 :	915m/sec
연사속도 :	750-1100rpm
탄창 :	30발 STANAG 탄창 또는 탄띠
사정거리 :	2000m+

M249

M249 분대 자동 무기(SAW)는 FN 미니미를 약간 개조한 것이다. 총열에서 치솟는 뜨거운 공기로 인해 광학적 왜곡이 생기지 않도록 총열 위에 스틸 열 차폐구(遮蔽口)를 두었다.

제원	
개발 국가 :	미국
개발 연도 :	1982
구경 :	5.56mm
작동방식 :	가스압, 오픈 노리쇠
무게 :	7.5kg
전체 길이 :	1041mm
총열 길이 :	521mm
총구(포구) 속도 :	915m/sec
연사속도 :	750-1000rpm
탄창 :	30발 STANAG 탄창, 200발 탄띠
사정거리 :	910m

CIS 얼티맥스

얼티맥스는 시장에서 약간 성공을 거두었는데, FN 미니미가 나타나기 전에 등장했다면 더 성공했을 지도 모른다. 대신 이 무기는 우수한 무기들로 이미 포화상태인 시장의 틈새로 진입했다.

제원	
개발 국가 :	싱가포르
개발 연도 :	1982
구경 :	5.56mm 나토
작동방식 :	가스압, 회전 노리쇠
무게 :	4.9kg
전체 길이 :	1024mm
총열 길이 :	330mm
총구(포구) 속도 :	970m/sec
연사속도 :	400-600rpm
탄창 :	30발 STANAG 상자형 탄창 또는 100발 탄띠
사정거리 :	460-1300m(카트리지에 따라)

1982

다목적 기관총들 General-Purpose Machine Guns

다목적 기관총들(GPMGs)은 경기관총들에 비해 강력한 카트리지를 장전한다. 이 카트리지는 일반적으로 '전투용 소총' 구경으로 저격용 무기에도 사용되는데, 이전에 나온 대구경 보병용 소총들의 유물이다.

FN MAG / L7A1

지금까지 나온 가장 정교한 기관총들 중 하나인 FN MAG는 L7A1처럼 영국군에 도입되었으며, 80여 개국의 군대에서 서로 다른 명칭으로 사용되었다. 가스 조절기가 있어 발사속도를 신속히 조정할 수 있다.

제원	
개발 국가 :	벨기에
개발 연도 :	1955
구경 :	7.62mm 나토
작동방식 :	가스압, 공랭식
무게 :	10.15kg
전체 길이 :	1250mm
총열 길이 :	546mm
총구(포구) 속도 :	853m/sec
연사속도 :	600-1000rpm
탄창 :	탄띠 급탄
사정거리 :	3000m

M60

M60에는 온도가 몹시 높은 백열(白熱) 상태에서도 발사할 수 있게 해주는, 스텔라이트 총열 내화벽(Stellite lining) 같은 몇가지 좋은 아이디어들이 구현되어 있다. 그러나 총열 교체가 불편하고 막힘 현상이 잦아 전체적으로 썩 좋은 설계는 아니었다.

제원	
개발 국가 :	미국
개발 연도 :	1960
구경 :	7.62mm 나토
작동방식 :	가스압, 공랭식
무게 :	10.4kg
전체 길이 :	1110mm
총열 길이 :	560mm
총구(포구) 속도 :	855m/sec
연사속도 :	600rpm
탄창 :	탄띠 급탄
사정거리 :	3000m+

TIMELINE			
	1955	1960	1966

마쉬넨게베어 3(MG3)

전시의 MG42를 약간 개조한 MG3은 7.62mm 나토탄을 장전하며, MG42의 높은 발사속도를 그대로 유지한다. 필요시 더 무거운 볼트를 사용할 수 있는데, 그럴 경우 발사속도가 감소한다.

제원	
개발 국가 :	서독
개발 연도 :	1966
구경 :	7.62mm 나토
작동방식 :	쇼트 리코일, 공랭식
무게 :	11.5kg
전체 길이 :	1220mm
총열 길이 :	531mm
총구(포구) 속도 :	820m/sec
연사속도 :	950-1300rpm(노리쇠에 따라)
탄창 :	50발 또는 100발 탄띠(50발 탄띠는 원통에 들어 있을 수 있다)
사정거리 :	3000m+

M240

M240은 근본적으로 FN MAG이다. 원래 미군 차량 무기로 채택되었으나 점차 보병용 지원무기로서 M60을 대체했다.

제원	
개발 국가 :	벨기에
개발 연도 :	1977
구경 :	7.62mm 나토
작동방식 :	가스압, 오픈 노리쇠
무게 :	11.79kg
전체 길이 :	1263mm
총열 길이 :	630mm
총구(포구) 속도 :	853m/sec
연사속도 :	600-1000rpm
탄창 :	탄띠 급탄
사정거리 :	800m

M60E3

M60이 사용되는 기간에도 많은 M60 변종 모델들이 등장했다. M60E3는 재설계된 모델로 더 가벼우면서 사용자 친화적이었다. 실질적인 성능 향상을 이루었으나 여전히 원래 디자인의 약점들을 일부 지니고 있었다.

제원	
개발 국가 :	미국
개발 연도 :	1994
구경 :	7.62mm 나토
작동방식 :	가스압, 공랭식
무게 :	8.61kg
전체 길이 :	1067mm
총열 길이 :	560mm
총구(포구) 속도 :	860m/sec
연사속도 :	550rpm
탄창 :	탄띠 급탄
사정거리 :	1100m+

1977   1994

FN MAG 58 FN MAG 58

명칭이 의미하듯 다목적 기관총은 적어도 다양한 역할을 그런 대로 잘 수행할 수 있어야 한다. 이들은 정밀한 무기도 아니고, 원-트릭 포니, 즉 한가지 재능만 지닌 무기도 아니다. 그 임무는 필요시 어디서든 어떻게든 자동 발사를 지원하는 것이다. 가벼운 대공 무기로서 또는 차량 장착 무기로서 보병을 지원해야 한다.

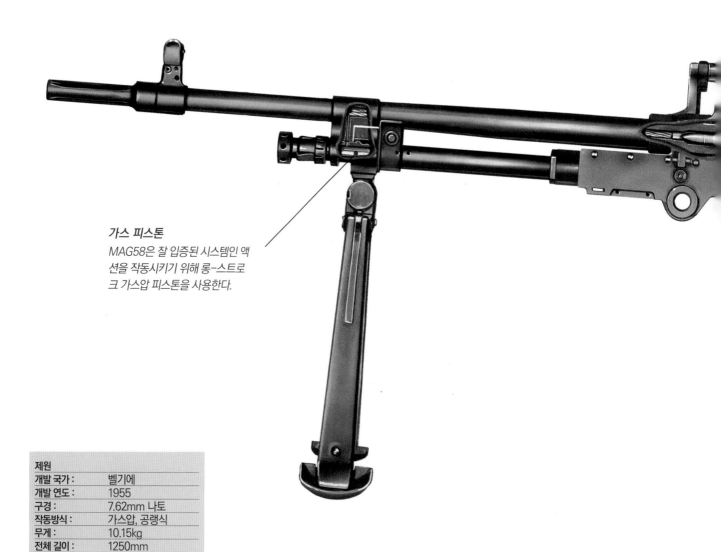

가스 피스톤
MAG58은 잘 입증된 시스템인 액션을 작동시키기 위해 롱-스트로크 가스압 피스톤을 사용한다.

제원	
개발 국가 :	벨기에
개발 연도 :	1955
구경 :	7.62mm 나토
작동방식 :	가스압, 공랭식
무게 :	10.15kg
전체 길이 :	1250mm
총열 길이 :	546mm
총구(포구) 속도 :	853m/sec
연사속도 :	600-1000rpm
탄창 :	탄띠 급탄
사정거리 :	3000m

훌륭한 다목적 기관총이라면 연속 발사가 가능해야 하며, 전투상황에서 열을 견디며 달궈진 총열을 효율적으로 교체할 수 있어야 한다. 동시에 일반 사병들이 소총수들과 발맞출 수 있도록 너무 무겁지 않아야 한다.

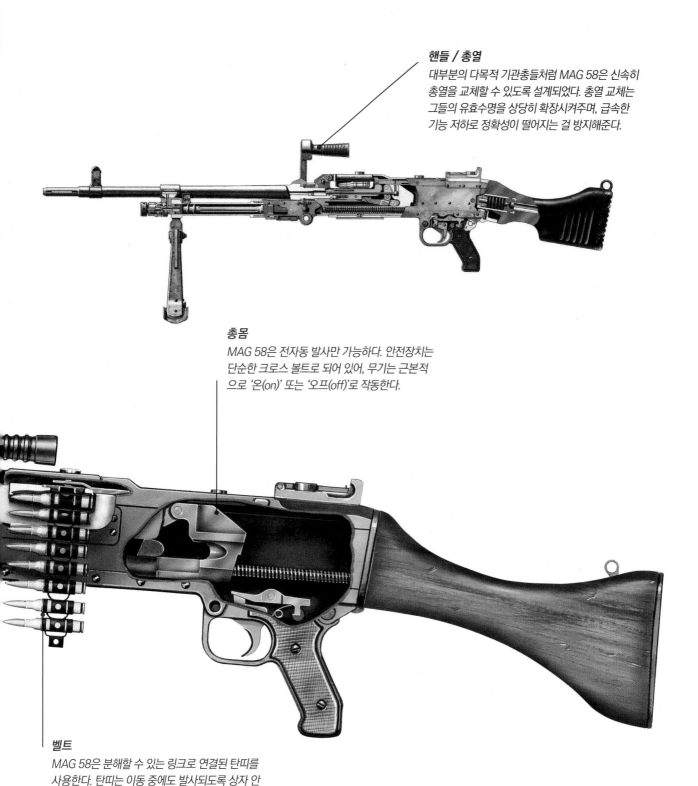

핸들 / 총열

대부분의 다목적 기관총들처럼 MAG 58은 신속히
총열을 교체할 수 있도록 설계되었다. 총열 교체는
그들의 유효수명을 상당히 확장시켜주며, 급속한
기능 저하로 정확성이 떨어지는 걸 방지해준다.

총몸

MAG 58은 전자동 발사만 가능하다. 안전장치는
단순한 크로스 볼트로 되어 있어, 무기는 근본적
으로 '온(on)' 또는 '오프(off)'로 작동한다.

벨트

MAG 58은 분해할 수 있는 링크로 연결된 탄띠를
사용한다. 탄띠는 이동 중에도 발사되도록 상자 안
에 보관하거나 자유롭게 소지할 수 있다.

FN MAG의 엄청난 성공은 주로 그것이 총기의 역할이라면 무엇이든 제대로
수행한다는 사실에 기인한다. 견고하고 신뢰할 만하며 원거리 사격시에도 충
분히 정확하다. 이는 설계 못지 않게 구조가 뛰어나기 때문이다.

동양의 기관총들 Eastern Machine Guns

소비에트 무기 디자인은 바르샤바조약기구에 속한 국가들분만 아니라 공산국가인 북한과 중국에도 영향을 미쳤다. 정치적인 기류는 바뀌었지만 북한과 중국의 무기들은 여전히 소비에트의 영향을 강하게 받고 있다.

RPK

RPK는 더 길고 무거운 총열을 가진 AKM 돌격용 소총이다. 총열을 길고 무겁게 해서 우수한 기관총을 만들 수는 없지만 이렇게 하면 어떤 병사든지 지원화기를 작동시킬 수 있으며, 예비용을 손쉽게 조달할 수 있다.

제원	
개발 국가 :	USSR
개발 연도 :	1955
구경 :	7.62mm M1943
작동방식 :	가스압, 공랭식
무게 :	4.76kg
전체 길이 :	1041mm
총열 길이 :	589mm
총구(포구) 속도 :	732m/sec
연사속도 :	600rpm
탄창 :	40발 상자형 탄창 또는 75발 원통형 탄창
사정거리 :	800m

RPD

제2차 세계 대전 말에 개발된 RPD는 매우 영향력 있는 무기로 중국에서는 56식이라는 명칭으로 복제되었으며, 북한에서는 62식이라 불리웠다.

제원	
개발 국가 :	USSR
개발 연도 :	1943년 개발에 착수, 1944년 소련군에 공급, 1956년 이후 중국과 북한 등에서 제조
구경 :	7.62mm M1943
작동방식 :	가스압, 공랭식
무게 :	7kg
전체 길이 :	1041mm
총열 길이 :	520mm
총구(포구) 속도 :	735m/sec
연사속도 :	700rpm
탄창 :	100발 탄띠(원통 속에 들어 있음)
사정거리 :	900m

TIMELINE  1955  1962

PKM

제원	
개발 국가 :	USSR
개발 연도 :	1969
구경 :	7.62mm M1943
작동방식 :	가스압, 공랭식
무게 :	9kg
전체 길이 :	1160mm
총열 길이 :	658mm
총구(포구) 속도 :	800m/sec
연사속도 :	710rpm
탄창 :	탄띠 급탄(탄띠는 상자 안에 들어 있음)
사정거리 :	2000m+

PK 다목적 기관총의 업그레이드 버전인 PKM은 칼라쉬니코프 소총을 토대로 한 매우 단순한 무기이다. 홈이 파여 있지 않은 총열을 사용해 초기 PK 기관총과 쉽게 식별된다.

81식

제원	
개발 국가 :	중국
개발 연도 :	1977
구경 :	7.62mm
작동방식 :	가스압, 회전 노리쇠
무게 :	3.4kg
전체 길이 :	955mm
총열 길이 :	445mm
총구(포구) 속도 :	720m/sec
연사속도 :	c.650rpm
탄창 :	30발 상자형 또는 75발 원통형 탈부착식 탄창
사정거리 :	500m

1960년대에 중국은 러시아산 무기에 대한 의존에서 벗어나 자체 기관총을 개발, 67식이라고 명명했다. 이후 발전을 거듭하여 81식에 이르렀는데 이것은 81식 돌격용 소총의 지원 버전이다.

1969

1977

스토너 63 중형 기관총

Stoner 63 Medium Machine Gun

스토너 무기 시스템은 유진 스토너가 창안한 개념으로, 다양한 무기를 만들어내기 위해 평범한 총몸을 사용했다. 총열, 개머리판과 급탄 시스템을 적절하게 선택하면 전자동 카빈에서 장착용 기관총까지 만들어낼 수 있다. 부품들이 모두 평범한 것들이어서 물류관리가 쉽고, 무기들을 분해해 다른 형태로 재조립할 수 있으며, 무기류의 융통성을 높였다.

총몸
스토너 계통의 무기들은 오픈 볼트로부터 발사되는데, 이것은 무기를 냉각시키는 데 도움을 주기 때문에 기관총에는 유익하나, 명중률이 낮아질 수도 있어 소총에는 바람직하지 않다.

제원	
개발 국가 :	미국
개발 연도 :	1963
구경 :	5.56mm
작동방식 :	가스압, 공랭식
무게 :	5.3kg
전체 길이 :	1022mm(표준 총열)
총열 길이 :	508mm(표준), 399mm(쇼트)
총구(포구) 속도 :	1000m/sec
연사속도 :	700-1000rpm
탄창 :	150발 분해 가능한 링크로 연결된 상자형 탄티 또는 탈부착식 상자형 탄창
사정거리 :	1000m

화기 시스템은 MP5 기관단총과 같은 다른 변종 모델들이 있어 왔다. MP5와
유사 무기들은 스토너 시스템보다 변종 모델의 범위가 좁게 한정돼 있다. 그러
나 MP5가 여러 모로 사용될 수 있는 반면, 스토너 시스템은 여전히 오직 기관
단총에만 적용된다. 스토너 시스템은 모든 사람들에게 맞춰 모든 기능을 할 수
있도록 고안되었지만, 그렇게 되지는 않았다.

총열
두 종류의 기관총 총열을 스토너 무기
시스템에 쓸 수 있다. 연속 사격을 위
한 표준형 총열과 이동 중 사격을 위
한 짧은 총열이 그것이다.

가늠장치
다른 구조물은 다른 가늠장치들을 요구한다.
탄띠 급탄 방식의 경기관총은 1000m까지
조준하도록 고안되었지만 정확성에는 다소
문제가 있었다.

스토너 무기 시스템은 베트남 전쟁 때 정예 미군 편대들이 다소 성공적으로 사
용하기는 했지만 먼지에 노출되면 신뢰성이 떨어지는 경향이 있었다. 그 개념
이 주목을 끌지 못하면서, 스토너 시스템은 신기함을 남긴 채 역사 속으로 사
라졌다.

항공기 및 차량용 무기들

Aircraft and Vehicle Weapons

공습 무기로 빠르게 움직이는 목표물을 맞히려면 발사속도가 매우 높아야 한다. 이처럼 높은 발사속도를 내는 문제는 보통 다(多)총열 무기의 도입으로 해결되었다.

M61 / M168 벌컨포

단(單)총열 대포 또는 그런 형태의 무기들보다 훨씬 더 높은 발사속도를 내는 20mm 회전 무기인 M61 벌컨포는 애초 항공 무기로 개발되었으나, 후일 팰랭스 방공(防空) 시스템의 토대가 되었다.

제원	
개발 국가 :	미국
개발 연도 :	1959
구경 :	20mm
작동방식 :	유압식 개틀링
무게 :	136kg
전체 길이 :	1827mm
총열 길이 :	N/A
총구(포구) 속도 :	670m/sec
연사속도 :	6000rpm
탄창 :	탄띠 급탄 또는 링크리스 급탄 시스템
사정거리 :	6000m

M134 미니건

제원	
개발 국가 :	미국
개발 연도 :	1963
구경 :	7.62mm 나토
작동방식 :	전기 작동 개틀링
무게 :	15.9kg
전체 길이 :	800mm
총열 길이 :	559mm
총구(포구) 속도 :	869m/sec
연사속도 :	최대 6000rpm
탄창 :	탄띠 급탄 또는 링크리스 급탄 시스템
사정거리 :	3000m+

6개의 총열을 가진 미니건은 전기 동력을 사용해 각각의 총열을 차례차례 발사지점으로 이동시킨다. 발사된 총열은 계속 회전하면서 재장전되고 냉각된다. 사용된 카트리지는 항공기에서 배출되지 않고 보관된다.

TIMELINE

1959   1963   1964

M195 20mm 자동총

M195는 M61 벌컨포의 총열을 짧게 한 버전으로, 무장 헬리콥터 탑재용으로 개발되었다. 2개의 950발 탄통에서 탄이 공급되며, 발사속도는 버스트 길이에 따라 750-800rpm 대역을 이룬다.

제원	
개발 국가 :	미국
개발 연도 :	1964
구경 :	20mm
작동방식 :	유압식 개틀링
무게 :	112kg
전체 길이 :	알려지지 않음
총열 길이 :	N/A
총구(포구) 속도 :	1050m/sec
연사속도 :	750-800rpm
탄창 :	950발 통
사정거리 :	2000m+

XM-214

미니건의 원리를 적용한 시제품 무기인 XM-214는 5.56mm 탄을 사용했으며, 1000rpm에서 6000rpm 대역폭에서 발사속도를 선택할 수 있었다. 양 측면에 탑재된 2개의 500발 카세트로부터 탄을 공급받았다.

제원	
개발 국가 :	미국
개발 연도 :	1970
구경 :	5.56mm 나토
작동방식 :	전기 작동 개틀링
무게 :	38.6kg
전체 길이 :	685mm
총열 길이 :	455mm
총구(포구) 속도 :	990m/sec
연사속도 :	2000-10,000rpm
탄창 :	500발 카세트
사정거리 :	2000m+

GAU-8/A 어벤저 회전 기관포

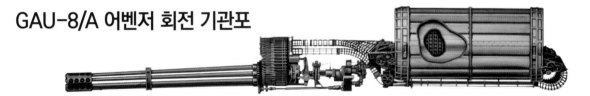

제네럴 일렉트릭 사의 GAU-8/A 어벤저는 30mm 유압식으로 작동하는 7개 총열을 지닌 개틀링 형태의 회전 기관포다. 대(對)전차용으로 특화되어 설계되었으며, USAF의 페어차일드 A-10 선더볼트II 지상공격기에 탑재되었다. 미국 군수물자 목록 가운데 가장 크고, 가장 무겁고, 가장 강력한 항공기 기관포에 속한다.

제원	
개발 국가 :	미국
개발 연도 :	1977
구경 :	30mm
작동방식 :	유압식 개틀링
무게 :	281kg
전체 길이 :	6060mm
총열 길이 :	2300mm
총구(포구) 속도 :	1070m/sec
연사속도 :	4200rpm
탄창 :	링크리스 급탄 시스템
사정거리 :	1220m+

1970

1977

경(輕)대전차 무기들 Light Anti-Tank Weapons

보병들이 휴대할 수 있는 무기의 크기는 한계가 있고, 그 때문에 보병용 대장갑 무기의 효율성에도 한계가 있지만, 경대전차 무기들은 전차 및 장갑차와 맞서는 보병들에게 적어도 상당한 능력을 제공한다.

M2 칼 구스타프

칼 구스타프는 재사용 발사대와 날개(fin) 없는 회전안정화 발사체를 쏜다는 점에서 다른 많은 경대장갑 무기들과 접근법을 달리 했다. 현대 대전차전에는 별 효력이 없게 됐지만, 벙커용 무기로는 여전히 효과적이다.

제원	
개발 국가 :	스웨덴
개발 연도 :	1948
구경 :	84mm
작동방식 :	무반동 소총
무게 :	8.5kg
전체 길이 :	1100mm
총열 길이 :	N/A
총구(포구) 속도 :	230-255m/sec
탄창 :	싱글 샷, 브리치-로디드
사정거리 :	c.1000m

M-72 LAW

M72 LAW(Light Anti-Tank Weapon, 경대전차 무기)는 휴대형의 원샷 66mm 무(無)유도 대전차 무기이다. 2개의 관(튜브)으로 만들어진 발사대 각각의 내부에 로켓을 단단히 집어넣게 구성돼 있다. 바깥쪽 관에는 방아쇠, 장전 손잡이, 앞가늠자와 뒷가늠자 그리고 후면 커버가 있다.

제원	
개발 국가 :	미국
개발 연도 :	1963
구경 :	66mm
작동방식 :	로켓 모터
무게 :	2.5kg
전체 길이 :	950mm
총열 길이 :	N/A
총구(포구) 속도 :	145m/sec
탄창 :	싱글 샷, 머즐 로디드
사정거리 :	c.200m

TIMELINE
1948　　　1963　　　1980

B-300

RPG-7을 개량한 이스라엘 무기인 B-300은 재사용 발사대와 로켓 추진체가 들어 있는 일회용 관(튜브)을 사용한다. 핀-안정체를 사용해 약 400m 거리에서도 정확성을 유지할 수 있다.

제원	
개발 국가:	이스라엘
개발 연도:	1980
구경:	82mm
작동방식:	로켓 모터
무게:	3.65kg
전체 길이:	1440mm
총열 길이:	N/A
총구(포구) 속도:	C.270m/sec
탄창:	싱글 샷
사정거리:	400m

SMAW

B-300을 개조해 어깨에 대고 발사할 수 있는 다목적 돌격용 무기로 견고한 은폐물 속에 있는 적의 보병을 향해 '벙커 버스팅'하도록 만들어졌다. 동시에 경장갑차량용 대장갑 로켓도 발사 가능하다.

제원	
개발 국가:	미국
개발 연도:	1984
구경:	83mm
작동방식:	로켓 모터
무게:	7.69kg
전체 길이:	760mm
총열 길이:	N/A
총구(포구) 속도:	220m/sec
탄창:	싱글 샷, 재장전 가능
사정거리:	500m

판쩌파우스트 3

재사용 가능장치와 일회성 발사 관(튜브) 시스템을 사용하는 판쩌파우스트3은 발사체가 무기와 사용자로부터 떨어져 있을 때 점화시키는 로켓 모터와 무반동 발사 시스템을 이용한다. 다양한 개량 탄두들을 사용할 수 있다.

제원	
개발 국가:	서독
개발 연도:	1989
구경:	60mm
작동방식:	로켓 모터
무게:	12.9kg
전체 길이:	950mm
총열 길이:	N/A
총구(포구) 속도:	115m/sec
탄창:	싱글 샷
사정거리:	920m

1984

1989

RPG-7D RPG-7D

많은 수량이 생산된 RPG-7D는 재사용 가능한 발사장치와 다양한 로켓 추진 발사체를 사용한다. 이러한 것들은 40mm에서 105mm에 이르기까지 구경이 다양하며 이론적으로 최대 사정거리는 1000m 정도에 이른다. 그러나 200m 이상에서의 명중률은 확실치 않다. 투박함, 단순함, 저렴한 가격 그리고 효과로 인해 RPG는 대전차 무기로 세계적으로 널리 사용된다. 약 40개국에서 현재 사용되고 있으며, 다양한 변종 모델들이 생산되고 있다.

가늠장치
RPG-7은 PGO-7과 UP-7V 망원조준기를 포함한다.

로켓 모터
로켓 모터는 10m쯤 날아가 점화된 후, 500m까지 날아간다.

제원	
개발 국가 :	USSR
개발 연도 :	1961
구경 :	40mm
작동방식 :	로켓 모터
무게 :	7kg
전체 길이 :	950mm
총열 길이 :	N/A
총구(포구) 속도 :	115m/sec
탄창 :	싱글 샷, 머즐 로디드
사정거리 :	C.920m

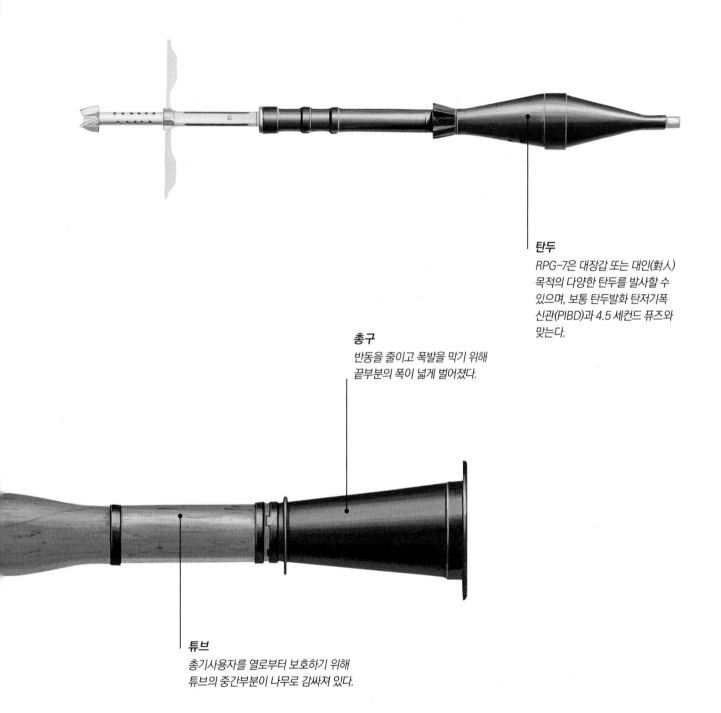

탄두
RPG-7은 대장갑 또는 대인(對人) 목적의 다양한 탄두를 발사할 수 있으며, 보통 탄두발화 탄저기폭 신관(PIBD)과 4.5 세컨드 퓨즈와 맞는다.

총구
반동을 줄이고 폭발을 막기 위해 끝부분의 폭이 넓게 벌어졌다.

튜브
총기사용자를 열로부터 보호하기 위해 튜브의 중간부분이 나무로 감싸져 있다.

RPG-7 탄약은 2개의 부문으로 나뉜다. '부스터'와 '탄두와 서스테이너 모터' 부문이다(서스테이너 모터 : 부스터 로켓이 추진된 뒤 속도를 유지시켜주는 로켓). 이것들이 즉석 수류탄으로 조립될 수 있어야 한다. 부스터는 수류탄을 발사대 밖으로 밀어내는 소량의 스트립 발사화약으로 구성되어 있다. 서스테이너 모터는 점화 후 몇초간 수류탄을 몰고 가는데, 그 속도가 초속 294m에 이른다.

보병 지원용 유도 대전차 화기들(MILAN)

Guided Anti-Tank Weapons for Infantry Support(MILAN)

MILAN 미사일 시스템은 반자동 가시선 지령(SACLOS : Semi-Automatic to Command Line Of Sight) 시스템이다. 이는 비행중인 미사일에서 풀려 나오는 유선 신호를 받아 발사지점에서 미사일을 제어하는 것을 의미한다. 유도는 미사일이 날아가는 동안 가늠자로 목표물을 조준해서 제공한다. MILAN은 비교적 고가의 시스템으로 무기와 탄을 전투지역 근처로 이동시킬 차량이나 사병을 필요로 한다. 그런데 포클랜드 전쟁 기간에 적의 벙커를 향해 MILAN 미사일을 처음 사용하자 그 잔혹성으로 상당한 비판에 직면했다.

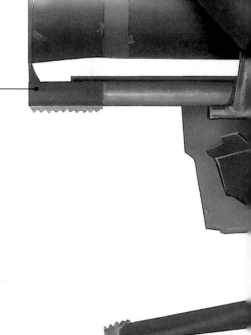

총구
같은 지점을 두 번 타격함으로써 반응형 장갑차를 격파하도록 고안된 텐덤 탄두에 의해 폭발력이 향상되었다.

제원	
개발 국가 :	프랑스, 서독
개발 연도 :	1972
구경 :	125mm
작동방식 :	고체 연료, SACLOS 유선 유도 시스템
무게 :	7.1kg
전체 길이 :	1200mm
총구(포구) 속도 :	200m/sec
탄창 :	성형 화약 탄두
사정거리 :	400-2000m

그런데 보병 돌격시 위험에 처하게 되는 생명의 존귀함을 고려하는 것은 차치하고라도, 병사가 그러한 돌격에 효과적으로 참여할 수 있을 때까지 소용되는 훈련 비용은 벙커들을 없애기 위해 정밀하게 유도되는 무기를 사용하는 것이 경제적으로 더 낫게 만들었다.

오늘날 적의 벙커나 거점을 향해 유도 미사일을 발사하는 일은 흔하다. 무기를 탄두가 가장 효과적으로 발사될 수 있는 곳에 설치하는 능력은 그리 쉽게, 저렴한 비용으로 얻을 수 없으며 군사적 효율성도 마찬가지이다.

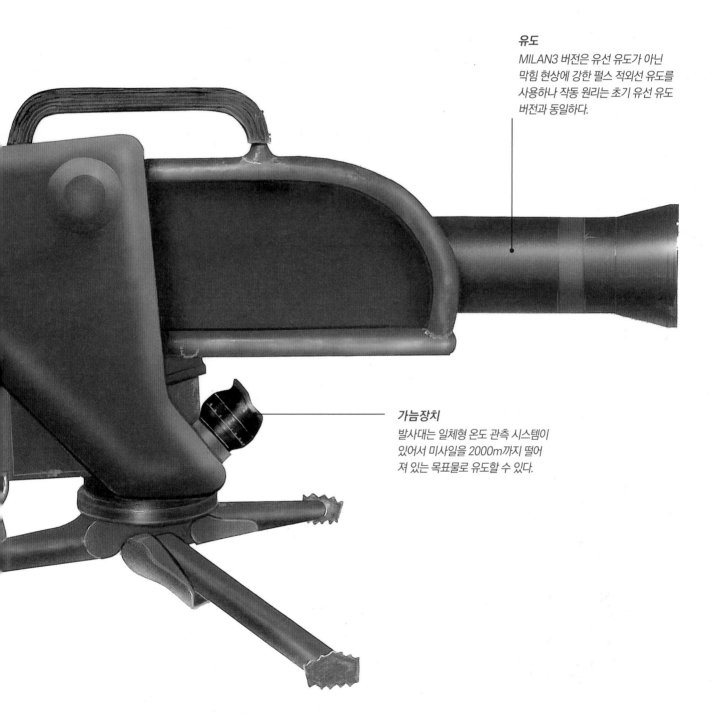

유도
MILAN3 버전은 유선 유도가 아닌 막힘 현상에 강한 펄스 적외선 유도를 사용하나 작동 원리는 초기 유선 유도 버전과 동일하다.

가늠장치
발사대는 일체형 온도 관측 시스템이 있어서 미사일을 2000m까지 떨어져 있는 목표물로 유도할 수 있다.

수류탄 Hand Grenades

수류탄은 오랫동안 보병 병기창의 주요 품목이었다. 수류탄은 엄호물 뒤나 건물 안에 있는 적을 공격할 때나 진지를 방어할 때 사용할 수 있다. 수류탄의 가장 기본적인 원리는 유효 반경 안의 인마 살상을 위해 강력한 화염 폭풍이나 파편을 터뜨리는 것이다. 그렇지만 전문가용 수류탄들도 광범위하게 존재한다.

M26

M26 수류탄은 세심하게 조정된 파편 효과를 내기 위해 탄약과 외부 싸개 사이에 톱니 모양의 선으로 된 코일을 사용한다. 미군에서는 1970년대에 M67 수류탄으로 대체되었다.

제원	
개발 국가 :	미국
개발 연도 :	1950년대
유형 :	파편형
무게 :	0.454kg
길이 :	99mm
직경 :	57mm
폭굉 메커니즘 :	타임 프릭션 퓨즈
작약 :	콤포지션 B
치사 반경 :	15m

L2A2

L2A2 수류탄은 2000년대 초까지 영국 육군의 표준 대인 수류탄이었다. 폭발성의 작약(炸藥)은 싸개를 산산조각내며 강한 바람과 파편을 일으켰다.

제원	
개발 국가 :	영국
개발 연도 :	1960
유형 :	파편형
무게 :	0.395kg
길이 :	84mm
폭굉 메커니즘 :	타임 프릭션 퓨즈
작약 :	콤포지션 B
치사 반경 :	10m

DM 51

DM 51은 덮개가 있으며, 치사 반경이 더 넓고, 일반적으로 방어용으로
사용된다. 즉 엄호물 밖으로 던져진다. 덮개가 없으면 공격적인 용도에
적합한데 파열 반경은 더 줄어든다.

제원	
개발 국가 :	독일
개발 연도 :	1960년대
유형 :	파편형 또는 충격형
무게 :	0.44kg(덮개가 있을 경우), 0.15kg(덮개가 없을 경우)
길이 :	107mm
폭굉 메커니즘 :	알려지지 않음
작약 :	알려지지 않음
치사 반경 :	35m

OD82

이탈리아의 OD82 수류탄은 너무 빨리 폭발하는 문제점을 자주 노출
하자 회수돼서 재설계되었다. 대부분의 수류탄은 적정 지연 시간을 갖
는 불꽃(pyrotechnic) 신관을 사용한다.

제원	
개발 국가 :	이탈리아
개발 연도 :	알려지지 않음
유형 :	파편형
무게 :	0.286kg
길이 :	83mm
폭굉 메커니즘 :	알려지지 않음
작약 :	콤포지션 B
치사 반경 :	15m

NR20 C1

NR20 C1 대인 수류탄은 왕립 네덜란드 육군용으로 개발되었
다. 스틸 볼의 이너 라이닝이 되어 있는 플라스틱 몸체와 고성
능의 작약으로 구성된다. 시험 사용시 폭발할 경우 파편이 약
2100개에 이른다. 이 치명적인 무기의 유효거리는 5m이다.

제원	
개발 국가 :	네덜란드
개발 연도 :	알려지지 않음
유형 :	파편형
무게 :	0.39kg
길이 :	104mm
폭굉 메커니즘 :	기계적인 불꽃 지연 퓨즈
작약 :	스틸 볼+고성능의 탄약
치사 반경 :	5m

현대

최근 몇 년간 무기 기술에서 몇 가지 중요한 진보가 있었지만 모두 특별히 두드러진 것은 아니다. 그렇지만 '인체공학은 이전보다 설계에서 훨씬 더 중요한 역할을 해서, 사용하기 쉽게 설계된 꽤 기본적인 무기들조차도 편의와 안전이 고려된다.

현대 총기 설계자들은 고려해야 할 많은 틈새 시장 가운데서, 자신들의 제품을 그중 하나에 맞추거나 아니면 아주 뛰어난 무기를 만들어내야 한다. 군사 환경이 계속해서 더 작고 가벼운 무기를 지향하는 가운데, 대부분의 전투는 여전히 근거리에서 벌어지고 있다.

사진 2009년 영국 육군 저격팀이 아프카니스탄의 한 지역에서 목표물을 찾고 있다. 저격병은 L96 저격총으로 무장하고 있는데, 저격총은 총열과 개머리판의 반사를 줄이기 위해 도금 방지재(Masking Material)로 감싸져 있다.

현대 반자동 권총들

Modern Semi-Automatic Handguns

최근 몇 년간 무기 시장은 고분자 중합체(polymer) 구조물을 지향하며 사용자 맞춤형 '계열' 무기 개발 양상을 띠고 있다. 그럼에도 많은 고급 무기들은 전통적인 메커니즘과 설계 기법에 토대를 두고 있다.

파라 P14-45

파라 오드넌스(지금은 파라 USA로 불림)라는 이름은 고성능 이중 적재 탄창을 사용하는 개량형 M1911형 피스톨과 연관돼 있었다. 다양한 구경을 사용할 수 있으며, 더블 액션 방아쇠를 추가한 LDA(Light Double Action) 시리즈도 연이어 등장했다.

제원	
개발 국가 :	미국
개발 연도 :	1989
구경 :	11.4mm .45 ACP
작동방식 :	블로백
무게 :	1.1kg
전체 길이 :	215mm
총열 길이 :	127mm
총구(포구) 속도 :	380m/sec
탄창 :	13발 탈부착식 상자형 탄창
사정거리 :	40m

스타 30M

스타 30M은 브라우닝 복제품처럼 보이나 중요한 차이점이 있다. 슬라이드는 바깥이 아닌 총몸 안쪽으로 움직이며, 안전성과 명중률이 개선되었다. 가벼운 합금으로 된 30K 버전도 출시되었다.

제원	
개발 국가 :	스페인
개발 연도 :	1990
구경 :	9mm 파라벨룸
작동방식 :	블로백
무게 :	1.14kg
전체 길이 :	205mm
총열 길이 :	119mm
총구(포구) 속도 :	380m/sec
탄창 :	15발 탈부착식 상자형 탄창
사정거리 :	40m

TIMELINE

1989

1990

스미스 앤드 웨슨 M&P 시리즈

'군인(Military)과 경찰(Police)'이라는 이름을 부활시킨 M&P는 고급 소재를 사용한 철저히 현대적인 반자동 무기이다. 단독 모델이 아니라 많은 최신 무기들처럼 몇몇 변종이 있으며 다양한 구경의 탄들을 장전할 수 있는 등 같은 계통의 여러 모델이 있다.

제원	
개발 국가 :	미국
개발 연도 :	2005
구경 :	9mm 파라벨룸
작동방식 :	쇼트 리코일, 로크트 브리치
무게 :	C. 0.68kg
전체 길이 :	190mm
총열 길이 :	108mm
총구(포구) 속도 :	370m/sec
탄창 :	10발 탈부착식 상자형 탄창
사정거리 :	50m

타우루스 PT145

11.4mm(.45 ACP) 탄을 장전한 초소형 '포켓 피스톨'인 PT145은 대부분 폴리머 구조로 되어 있어 매우 가볍다. 포강축(bore-axis)이 낮아 제어가능하며 총구가 들리는 경향을 방지해 준다.

제원	
개발 국가 :	미국
개발 연도 :	2005
구경 :	11.4mm .45ACP
작동방식 :	리코일, 오토로더
무게 :	0.64kg
전체 길이 :	152mm
총열 길이 :	83mm
총구(포구) 속도 :	305m/sec
탄창 :	10발 탈부착식 상자형 탄창
사정거리 :	40m

카라칼 권총들

아랍 에미리트에서 고급 소재들로 생산한 카라칼 시리즈는 양손잡이용으로 설계되었다. 표준 F 모델, 소형 C와 SC 버전들을 은닉 상태로 소지할 수 있다.

제원	
개발 국가 :	아랍 에미리트
개발 연도 :	2007
구경 :	9mm 파라벨룸
작동방식 :	쇼트 리코일, 로크트 브리치
무게 :	0.75kg
전체 길이 :	178mm
총열 길이 :	104mm
총구(포구) 속도 :	370m/sec
탄창 :	18발 탈부착식 상자형 탄창
사정거리 :	40m

2005

2007

영원한 걸작들 Eternal Classics

몇몇 디자인은 거의 개조되지 않고 선보인 지 수십년 동안 시험을 견디며 사용된다. 이러한 현상은 노스탤지어 그 이상으로, 아래의 모델들은 어느 시기에든 그들의 성능을 잘 발휘한 디자인들이다.

임벨 M973/MD1

M1911의 복제품인 M973은 1973년에 선보였으며, 11.4mm(.45ACP) 또는 9mm 탄을 장전했다. 9mm는 브라질 육군의 피스톨로 채택되었으며, 1990년대에는 다른 구경들도 사용 가능하게 되었다.

제원	
개발 국가 :	브라질
개발 연도 :	1973
구경 :	11.4mm(.45ACP), 9.6mm .38(수퍼 오토), 9mm(파라벨룸)
작동방식 :	쇼트 리코일
무게 :	1.035kg
전체 길이 :	216mm
총열 길이 :	128mm
총구(포구) 속도 :	338m/sec
탄창 :	7발, 8발, 9발 탈부착식 상자형 탄창
사정거리 :	50m

AMT 하드볼러

스테인리스 스틸로 만들어진 최초의 모델이라는 것 외에 하드볼러는 전형적인 M1911 복제품이다. 이름은 전(全)금속 재킷('하드볼러') 탄을 알맞게 공급할 필요가 있다는 사실에서 기인한다.

제원	
개발 국가 :	미국
개발 연도 :	1977
구경 :	11.4mm .45ACP
작동방식 :	쇼트 리코일, 로크트 브리치
무게 :	1.1kg
전체 길이 :	215mm
총열 길이 :	127mm
총구(포구) 속도 :	338m/sec
탄창 :	7발 탈부착식 상자형 탄창
사정거리 :	50m

TIMELINE
1973   1977   1983

콜트 Mk IV 시리즈 80

콜트 M1911의 파생 모델로 발사 핀블록 안전장치로 업데이트되었다. 11.4 mm와 9.6mm 용이 출시되었으며, 마무리가 다른 다양한 모델들이 있다.

제원	
개발 국가 :	미국
개발 연도 :	1983
구경 :	11.4mm(.45ACP), 9.6mm(.38 수퍼), 9.6mm(0.380 오토)
작동방식 :	싱글 액션
무게 :	0.69kg
전체 길이 :	221mm
총열 길이 :	127mm
총구(포구) 속도 :	305m/sec
탄창 :	8발, 9발 또는 7발 탈부착식 상자형 탄창
사정거리 :	50m

콜트 더블 이글

더블 이글은 본질적으로 디코킹 레버와 같은 몇 가지 현대적 특징들을 가진 콜트 M1911이다. 비록 가끔은 다른 구경들도 사용했지만, 보통 10mm 또는 전통적인 11.4mm(.45ACP)를 장전한다.

제원	
개발 국가 :	미국
개발 연도 :	1989
구경 :	11.4mm(.45ACP), 10mm
작동방식 :	DA/SA
무게 :	1.2kg
전체 길이 :	216mm
총열 길이 :	127mm
총구(포구) 속도 :	338m/sec
탄창 :	8발 탈부착식 상자형 탄창
사정거리 :	50m

스미스 앤드 웨슨 1911

제원	
개발 국가 :	미국
개발 연도 :	2003
구경 :	11.4mm(.45 ACP)
작동방식 :	싱글 액션 전용
무게 :	1.13kg
전체 길이 :	221mm
총열 길이 :	127mm
총구(포구) 속도 :	305m/sec
탄창 :	9발 탈부착식 상자형 탄창
사정거리 :	50m

스미스 앤드 웨슨 1911은 사실상 원래 콜트 모델과 동일한 모델이다. 주요 차이점은 외부의 분리장치로, 존 브라우닝의 후기 설계들에 나타나는 특징을 갖고 있었다.

1989

2003

향상된 반자동 권총들 Advanced Semi-Automatics

지난 20년 동안 고급 소재와 때로 진보된 성능을 제공하는 혁신적인 설계로 만들어진 새로운 세대의 반자동 권총들이 등장했다. 그러나 이러한 무기들은 종종 잠재고객들의 예산을 뛰어넘는 고가 제품들이었다.

예리코 941

CZ 75의 개량형인 이스라엘의 예리코 941은 원래 '베이비 이글'로 출시되었다. 강력한 10.4mm(.41 액션 익스프레스) 카트리지를 중심으로 제작되었으나 주요 고객들로부터 인기를 얻는 데는 실패했다.

제원	
개발 국가 :	이스라엘
개발 연도 :	1990
구경 :	10.4mm .41 액션 익스프레스
작동방식 :	쇼트 리코일
무게 :	1.1kg
전체 길이 :	210mm
총열 길이 :	115mm
총구(포구) 속도 :	370m/sec
탄창 :	10발 탈부착식 상자형 탄창
사정거리 :	50m

스미스 앤드 웨슨 시그마

원래 10.16mm(.40 S&W)용인 시그마는 다른 구경의 탄도 장전할 수 있다. 주로 합성 소재로 만들어졌으며, 공이치기를 잡아당기고 발사하는 데에 더블 액션 방아쇠를 사용한다. 수동 안전장치는 없다.

제원	
개발 국가 :	미국
개발 연도 :	1993
구경 :	10.16mm(.40 S&W)
작동방식 :	쇼트 리코일
무게 :	0.74kg
전체 길이 :	197mm
총열 길이 :	114mm
총구(포구) 속도 :	305m/sec
탄창 :	15발 상자형 탄창
사정거리 :	50-100m

TIMELINE

1990

1993

발터 P99

비록 외관부터 발터임이 분명하지만 P99는 수동 안전장치 대신 내장형 안전장치를 사용하는 고급 설계로 되어 있다. 공구 없이도 분해할 수 있다.

제원	
개발 국가 :	독일
개발 연도 :	1996
구경 :	10.16mm(.40 S&W), 9mm(파라벨룸), 9mm(IMI)
작동방식 :	쇼트 리코일, 로크트 브리치
무게 :	0.65kg(.40 S&W), 0.63kg(파라벨룸)
전체 길이 :	184mm(.40 S&W), 180mm(파라벨룸)
총열 길이 :	106mm(.40 S&W), 102mm(파라벨룸)
총구(포구) 속도 :	344m/sec(.40 S&W), 408mm(파라벨룸)
탄창 :	12발(.40 S&W), 또는 15발(파라벨룸) 탈부착식 상자형 탄창
사정거리 :	60m

소콤 Mk23 모드 0

미국 특수작전사령부(SOCOM : Special Operations Command)의 요구에 맞춰 개발된 Mk23은 신속한 분리형 소음기와 레이저 포인터(또는 둘 중 하나)를 사용한다. 반동감을 줄이기 위해 듀얼 리코일 스프링스가 있고, 몸체는 폴리머로 되어 있다.

제원	
개발 국가 :	미국
개발 연도 :	1996
구경 :	11.4mm(.45 ACP)
작동방식 :	더블 액션
무게 :	1.1kg
전체 길이 :	245mm
총열 길이 :	150mm
총구(포구) 속도 :	260m/sec
탄창 :	12발 탈부착식 상자형 탄창
사정거리 :	25m

FN 파이브-세븐

개인방어용 P90과 동일한 5.7×28mm 탄을 사용하는 파이브-세븐은 고기술의 폴리머 구조물로, 탄의 반동감이 9mm보다 상당히 적으며 매우 고른 탄도가 정확한 사격을 돕는다.

제원	
개발 국가 :	벨기에
개발 연도 :	2000
구경 :	5.7mm
작동방식 :	딜레이드 블로백
무게 :	0.62kg
전체 길이 :	208mm
총열 길이 :	122mm
총구(포구) 속도 :	650m/sec
탄창 :	10발 탈부착식 상자형 탄창
사정거리 :	50m

1996

2000

다양한 사용자들, 다양한 요구들

Different Users, Different Needs

하나의 권총만으로 은밀한 휴대와 무거운 구경, 게다가 사냥, 가정 방어, 군사 전투 등등 이 모든 요구를 다 수용할 수는 없다. 때문에 다양한 무기들이 전문가용이 아니면 여러가지 옵션을 포함하는 계열군 무기로 생산된다.

AMT 온 듀티

AMT 온 듀티의 2개 모델이 개발되었는데, 각각 10.16mm와 9mm 탄을 사용한다. '디코커' 모델은 싱글 또는 더블 액션 방식으로 발사할 수 있다. 더블 액션 전용의 변종 모델은 공이치기를 잡아당기고 발사하기 위해 방아쇠 액션을 사용한다.

제원	
개발 국가 :	미국
개발 연도 :	1991
구경 :	10.16mm(.45 S&W), 9mm(파라벨룸)
작동방식 :	D/A/SA 또는 DAO
무게 :	알려지지 않음
전체 길이 :	알려지지 않음
총열 길이 :	알려지지 않음
총구(포구) 속도 :	알려지지 않음
탄창 :	11발(.45 S&W), 또는 15발(파라벨룸) 탄창
사정거리 :	50m

벡터 SP1 & 2

벡터 SP는 9mm에는 SP1, 10.16mm(.40 S&W)에는 SP2가 사용된다. Z88에서 파생된 모델로, Z88은 라이선스를 받고 생산된 베레타 92F 복제품이다. 남아프리카 군대에서 채택해 사용하고 있다.

제원	
개발 국가 :	남아프리카
개발 연도 :	1992
구경 :	9mm, 10.16mm(.40 S&W)
작동방식 :	DA/SA
무게 :	0.96kg
전체 길이 :	210mm
총열 길이 :	118mm
총구(포구) 속도 :	알려지지 않음
탄창 :	11발(.40 S&W) 또는 15발 탄창
사정거리 :	50m

TIMELINE

1991　　1992　　1995

타우루스 모델 605

5샷 9.1mm .357 매그넘 리볼버인 모델 605는 가정 방어용으로 이상적이다. 리볼버는 안심하고 쉽게 사용할 수 있는데, 이는 한밤중에 총을 잡을 때 중요할 수 있다.

제원	
개발 국가 :	브라질
개발 연도 :	1995
구경 :	9.1mm 매그넘
작동방식 :	DA/SA
무게 :	0.68kg
전체 길이 :	165mm
총열 길이 :	51mm
총구(포구) 속도 :	알려지지 않음
탄창 :	5발 실린더
사정거리 :	50m

HS2000 스프링필드 XD(익스트림 듀티)

크로아티아 군대용으로 개발된 이 무기들은 라이선스를 얻어 미국에서 생산되고 있으며, 몇몇 경찰서에서 인기를 끌고 있다. 옵션이 다양하고 여러 구경을 사용할 수 있다.

제원	
개발 국가 :	크로아티아
개발 연도 :	1999
구경 :	9mm와 11.4mm(.45 ACP) 포함해 다양
작동방식 :	쇼트 리코일
무게 :	0.65kg
전체 길이 :	180mm
총열 길이 :	102mm
총구(포구) 속도 :	알려지지 않음
탄창 :	13발(.45 ACP) 또는 16발(9mm) 탄창
사정거리 :	50m

타우루스 모델 856

총열이 짧은 6샷 9.6mm(.38 스페셜) 리볼버인 모델 856은 개인방어용 시장을 겨냥한 것이다. 매우 짧은 총열은 실제로 어떤 거리에서든 정확한 사격을 어렵게 만들지만, 목표물에 바로 대고 쏘는 '포인트-블랭크' 식 자기방어에는 문제가 없다.

제원	
개발 국가 :	브라질
개발 연도 :	2003
구경 :	9.6mm(.38 스페셜)
작동방식 :	DA/SA
무게 :	0.374kg
전체 길이 :	165mm
총열 길이 :	51mm
총구(포구) 속도 :	알려지지 않음
탄창 :	5발 실린더
사정거리 :	50m

1999

2003

타우루스 피스톨 Taurus Pistols

브라질 총기 제조 업체인 타우루스는 1940년대부터 권총을 생산해 왔으며, 오늘날에는 자기방어, 법집행과 군수용 반자동 권총들을 다양하게 시장에 내놓고 있다. 일부는 고전적인 설계로 만들어진 반면, 다른 것들은 완전히 새로운 모델들이다.

모델 1911AL

모델 1911은 명칭에서 알 수 있듯이 콜트 1911의 현대식 버전이다. 예상할 수 있듯이 대부분의 변종 모델들은 11.4mm(.45ACP) 탄을 장전하나, 9mm와 9.6mm 버전들도 나와 있다.

제원	
개발 국가 :	브라질
개발 연도 :	2000년대
구경 :	11.4mm(.45ACP)
작동방식 :	싱글 액션
무게 :	0.94kg
전체 길이 :	215.9mm
총열 길이 :	127mm
총구(포구) 속도 :	알려지지 않음
탄창 :	9발 탈부착식 상자형 탄창
사정거리 :	50m

24/7 프로 컴팩트

예비용(백업) 또는 은밀히 소지할 수 있는 무기를 겨냥한 소형 반자동의 24/7은 더블 또는 싱글 액션 방아쇠를 갖고 있다. 많은 현대식 소형 반자동 무기들처럼 장탄능력이 상당하다.

제원	
개발 국가 :	브라질
개발 연도 :	2004
구경 :	11.4mm(.45 ACP)
작동방식 :	쇼트 리코일
무게 :	0.77kg
전체 길이 :	180.9mm
총열 길이 :	102mm
총구(포구) 속도 :	380m/sec
탄창 :	8발 탈부착식 상자형 탄창
사정거리 :	25m

TIMELINE
2004

타우루스 PT100

타우루스는 베레타의 브라질 공장을 인수하고 베레타 92의 개량형 모델을 생산하기 시작했다. 타우루스 100은 10.16mm 탄을 재장전한 동일 무기이다.

제원	
개발 국가 :	브라질
개발 연도 :	2000년대
구경 :	10.16mm(.40 S&W)
작동방식 :	더블 액션
무게 :	0.96kg
전체 길이 :	216mm
총열 길이 :	127mm
총구(포구) 속도 :	알려지지 않음
탄창 :	10발, 15발 탈부착식 상자형 탄창
사정거리 :	50m

타우루스 밀레니엄

소형 반자동 계통인 밀레니엄 시리즈는 9mm와 10.16mm뿐만 아니라 9.1mm(.32ACP)와 9.6mm(.380ACP) 같은 소구경탄을 장전한다. 모든 모델들이 약실의 장전상태를 시각적으로 보여주는 표시장치(인디케이터)를 갖고 있다.

제원	
개발 국가 :	브라질
개발 연도 :	2005
구경 :	9mm
작동방식 :	쇼트 리코일, 로크트 브리치
무게 :	0.53kg
전체 길이 :	155mm
총열 길이 :	83mm
총구(포구) 속도 :	알려지지 않음
탄창 :	6발, 10발 또는 12-9 탈부착식 상자형 탄창
사정거리 :	25m

슬림 708

은밀하게 소지할 수 있는 무기 시장을 겨냥한 슬림 시리즈는 9.6mm (.380ACP) 탄을 장전한다. 이 탄의 크기가 작아 매우 얇은 무기에 사용할 수 있으며, 무기를 거의 모든 의복 속에 감출 수 있다.

제원	
개발 국가 :	브라질
개발 연도 :	2000년대
구경 :	9.6mm(.380 ACP)
작동방식 :	쇼트 리코일, 로크트 브리치
무게 :	0.54kg
전체 길이 :	158mm
총열 길이 :	81.3mm
총구(포구) 속도 :	알려지지 않음
탄창 :	7발 탈부착식 상자형 탄창
사정거리 :	40m

2005

타우루스 리볼버 Taurus Revolvers

타우루스 사는 은밀하게 휴대할 수 있는 무기부터 사냥 전문용까지 광범위하고 다양한 설계의 리볼버 총들을 생산한다. 모든 총들은 보관중에는 작동하지 않도록 하는 안전장치들을 갖고 있다.

레이징 불 444.44 매그넘

원래의 레이징 불은 강력한 11.2mm(.44 매그넘)과 11.5mm(.454 캐슐) 탄을 장전한다. 4개의 총열은 길이가 각각 다르게 설계되었으며, 정확성을 높이기 위해 간결하게 브레이크를 걸고 유연하게 잡아당길 수 있게 되어 있으며, 반동감을 줄였고 손잡이에 쿠션을 넣었다.

제원	
개발 국가 :	브라질
개발 연도 :	2000
구경 :	11.5mm(.454 캐슐), 11.2mm(.44 매그넘)
작동방식 :	리볼버
무게 :	1.79kg
전체 길이 :	254-419mm
총열 길이 :	101-254mm
총구(포구) 속도 :	알려지지 않음
탄창 :	5발, 6발 실린더
사정거리 :	50m

레이징 저지

총열이 짧은 자기방어용으로 만들어진 레이징 저지는 11.4mm 피스톨탄이나 .410 구경탄을 장전할 수 있다. 리볼버로는 특이하게 7발 실린더를 장착하고 있다.

제원	
개발 국가 :	브라질
개발 연도 :	2000
구경 :	11.4mm(.45LC .410GA)
작동방식 :	더블 액션/ 싱글 액션
무게 :	1.17kg
전체 길이 :	알려지지 않음
총열 길이 :	76.2mm
총구(포구) 속도 :	알려지지 않음
탄창 :	7발 실린더
사정거리 :	30m

CIA 모델 650

모델 650은 예비용(백업) 총으로 출시되었으며, 해머를 감춰서 꺼낼 때 옷 등에 걸리지 않도록 처리했다. 9.1mm(.357 매그넘), 또는 9.6mm(.38 스페셜) 탄을 5발 장전할 수 있다.

제원	
개발 국가 :	브라질
개발 연도 :	2000
구경 :	9.1mm(.357 매그넘), 9.6mm(.38 스페셜)
작동방식 :	리볼버
무게 :	0.68kg
전체 길이 :	165mm
총열 길이 :	51mm
총구(포구) 속도 :	알려지지 않음
탄창 :	5발 실린더
사정거리 :	25m

모델 444 울트라라이트

가벼운 소형 11.2mm(.44 매그넘) 리볼버인 모델 444는 곰이나 다른 위험한 동물들을 다뤄야 하는 사냥꾼을 위한 비상용 또는 예비용 총으로 출시되었다.

제원	
개발 국가 :	브라질
개발 연도 :	2000
구경 :	11.2mm(.44 레밍턴 매그넘)
작동방식 :	리볼버
무게 :	0.8kg
전체 길이 :	249mm
총열 길이 :	102mm
총구(포구) 속도 :	알려지지 않음
탄창 :	6발 실린더
사정거리 :	30m

991 트래커 .22 매그넘

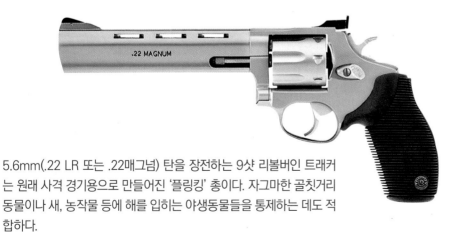

5.6mm(.22 LR 또는 .22매그넘) 탄을 장전하는 9샷 리볼버인 트래커는 원래 사격 경기용으로 만들어진 '플링킹' 총이다. 자그마한 골칫거리 동물이나 새, 농작물 등에 해를 입히는 야생동물들을 통제하는 데도 적합하다.

제원	
개발 국가 :	브라질
개발 연도 :	2000
구경 :	5.6mm(.22 LR 또는 매그넘)
작동방식 :	리볼버
무게 :	1.24kg
전체 길이 :	273mm
총열 길이 :	165mm
총구(포구) 속도 :	알려지지 않음
탄창 :	9발 실린더
사정거리 :	50m

소형 권총들 Compact Handguns

소형 권총은 대부분의 사용자들에게 예비용 또는 은밀한 휴대용 무기지만, 큰 총을 휴대하거나 보관하고 싶지 않은 사용자들에게도 작고 가벼운 권총이 매력적일 수 있다.

스미스 앤드 웨슨 모델 2213/2214

단지 마무리만 다른 소형 반자동 무기인 모델 2213과 2214는 둘 다 5.6mm .22 롱 라이플탄을 장전한다. 우선적으로 캐주얼 스포츠 슈터들을 대상으로 하나, 자기방어용으로도 적합하다.

제원	
개발 국가 :	미국
개발 연도 :	1990
구경 :	5.6mm .22 LR
작동방식 :	리코일
무게 :	알려지지 않음
전체 길이 :	82mm
총열 길이 :	76mm
총구(포구) 속도 :	알려지지 않음
탄창 :	8발 탈부착식 상자형 탄창
사정거리 :	30m

지그-자우어 P228/229

P228은 P225와 P226과 동일한 계통의 소형 무기로 많은 부분들을 공유하고 있다. P229도 다소 같은 총기이지만 10.6mm .40S&W탄을 장전한다.

제원	
개발 국가 :	스위스, 독일
개발 연도 :	1990
구경 :	9mm 루거(P228), 10.16mm .40 S&W (P229) 등 다양
작동방식 :	쇼트 리코일
무게 :	0.825kg(P228), 0.905kg(P229)
전체 길이 :	180mm
총열 길이 :	99mm
총구(포구) 속도 :	알려지지 않음
탄창 :	12발 또는 13발 탈부착식 상자형 탄창
사정거리 :	30m

아스트라 A-75

A-75는 아스트라 A-70의 개량형으로 더블 액션 방아쇠를 사용한다는 점에서 다르다. 경찰과 군인용 시장을 겨냥했지만 민간인들에게도 꽤 잘 팔려 왔다.

제원	
개발 국가 :	스페인
개발 연도 :	1995
구경 :	9mm(파라벨룸) 등 다양
작동방식 :	리코일, 더블 액션
무게 :	0.82-1kg
전체 길이 :	166mm
총열 길이 :	89mm
총구(포구) 속도 :	알려지지 않음
탄창 :	7발, 8발 탈부착식 상자형 탄창
사정거리 :	30m

지그 P232

P232는 본질적으로 현대식 소재를 사용해 P230을 업데이트한 모델로 9×17mm 쇼트 그리고 7.65mm 브라우닝탄을 사용할 수 있다. 더블 액션 전용 버전도 나와 있다.

제원	
개발 국가 :	스위스
개발 연도 :	1996
구경 :	9mm, 7.65mm
작동방식 :	DAO
무게 :	0.5kg
전체 길이 :	168mm
총열 길이 :	92mm
총구(포구) 속도 :	알려지지 않음
탄창 :	7발(9mm), 또는 8발 (7.65mm) 탄창
사정거리 :	30m

켈-테크 PF-9

9mm 탄을 장전하는 가장 얇고 가장 가벼운 권총으로 출시된 PF-9은 7발을 장전한 싱글 스택 탄창을 사용한다. 더블 액션 전용 무기이며, 총을 뽑는 즉시 사격이 가능하다.

제원	
개발 국가 :	미국
개발 연도 :	2006
구경 :	9mm 파라벨룸
작동방식 :	쇼트 리코일
무게 :	0.414kg
전체 길이 :	149mm
총열 길이 :	79mm
총구(포구) 속도 :	알려지지 않음
탄창 :	7발 탈부착식 상자형 탄창
사정거리 :	30m

1996

2006

새로운 개념들 New Concepts

총기 기술은 새로운 개념의 등장과 오래된 개념의 재시도를 통해 계속해서 발전한다. 실험이 항상 성공하는 것은 아니나 새로운 아이디어라도 실험으로 입증되지 않는다면 좀더 혁신적인 설계자들에 의해 사라질 위험이 있다.

루거 P90

P90은 더블 액션 전용의 무기로 원래 안전장치를 염두에 두고 설계되었다. 더블 액션 무기는 공이치기를 잡아당긴 반자동 총기보다 훨씬 더 세심하게 방아쇠를 당겨야 우연한 발사를 막고 신중치 않은 사격을 줄일 수 있다.

제원	
개발 국가 :	미국
개발 연도 :	1985
구경 :	11.4mm .45ACP
작동방식 :	쇼트 리코일
무게 :	0.98kg
전체 길이 :	200mm
총열 길이 :	114mm
총구(포구) 속도 :	380m/sec
탄창 :	7발, 8발 탈부착식 상자형 탄창
사정거리 :	50m

캘리코 M-950

M-950은 카빈으로, 기관단총 또는 큰 권총으로도 분류할 수 있는 혁신적인 무기인데 50발 들이 나선형 급탄 시스템을 사용했다. 미국의 돌격용 무기인 밴(Ban)은 민간인 대상으로 판매되어 물의를 일으켰다.

제원	
개발 국가 :	미국
개발 연도 :	1990
구경 :	9mm 파라벨룸
작동방식 :	딜레이드 블로백
무게 :	1kg
전체 길이 :	365mm
총열 길이 :	152mm
총구(포구) 속도 :	393m/sec
탄창 :	50발 또는 100발 탈부착식 나선형 탄창
사정거리 :	60m

TIMELINE

1985　　　　1990　　　　1994

슈타이어 SPP

SPP 또는 특수 목적용 권총(SPP, Secial Purpose Pistol)은 거의 동일한 메커니즘을 사용하는 작전용 자동 피스톨(TMP, Tactical Machine Pistol)의 반자동 버전이다. 앞손잡이가 없다는 것이 주요 차이점이다.

제원	
개발 국가 :	오스트리아
개발 연도 :	1994
구경 :	9mm
작동방식 :	쇼트 리코일, 회전 총열
무게 :	1.3kg
전체 길이 :	322mm
총열 길이 :	130mm
총구(포구) 속도 :	380m/sec
탄창 :	15발 또는 30발 탈부착식 상자형 탄창
사정거리 :	100m

슈타이어 M9/M40

자사의 AUG 라이플에 고분자 중합체 구조를 최초로 채택한 업체들 중 하나인 슈타이어는 더블 액션 반자동 무기에도 유사한 소재들을 사용했다. 이 무기는 비공인 사용을 방지하기 위해 키락(잠금장치)을 내장한 최초의 권총이었다.

제원	
개발 국가 :	오스트리아
개발 연도 :	1999
구경 :	9mm
작동방식 :	쇼트 리코일, 로크트 브리치
무게 :	0.78kg
전체 길이 :	180mm
총열 길이 :	알려지지 않음
총구(포구) 속도 :	알려지지 않음
탄창 :	14발 탈부착식 상자형 탄창
사정거리 :	50m

슈타이어 M-A1

2004년 슈타이어 M시리즈 권총의 개량형 버전으로 생산되었다. 새로운 슈타이어 M-A1은 손잡이가 재설계됐고, 표면의 질감을 살렸으며, 다루기 쉽도록 인체공학적으로 미세하게 개조되었다.

제원	
개발 국가 :	오스트리아
개발 연도 :	2004
구경 :	9mm 파라벨룸
작동방식 :	쇼트 리코일, 로크트 브리치
무게 :	0.851kg
전체 길이 :	176mm
총열 길이 :	102mm
총구(포구) 속도 :	알려지지 않음
탄창 :	10발, 또는 12발 탈부착식 상자형 탄창
사정거리 :	50m

1999   2004

개인 방어용 무기들 Personal Defence Weapons

이름에서도 알 수 있듯이 PDWs는 비교적 새로운 개념으로 보병 전투용보다는 자기방어용으로 만들어졌다. 적당한 거리에서 높은 화력을 발휘하도록 최적화되었으며 대부분 고성능 소구경탄 을 사용한다.

FN P90

파이브-세븐 피스톨과 동일한 카트리지를 사용하는 P90은 탄들을 깨 끗한 플라스틱 카트리지 속에 넣어 휴대할 수 있는 독창적인 로딩 시스 템을 사용하는데, 이 시스템은 총열에 직각으로 놓여 있다. 배출은 속 이 비어 있는 손잡이를 통해 이뤄진다.

제원	
개발 국가 :	벨기에
개발 연도 :	1990
구경 :	5.7mm FN
작동방식 :	블로백
무게 :	2.8kg
전체 길이 :	400mm
총열 길이 :	263mm
총구(포구) 속도 :	850m/sec
탄창 :	50발 탈부착식 상자형 탄창
사정거리 :	200m+

H&K MP5K-PDW 개인방어용 무기

우수한 MP5K 기관단총의 새로운 형태인 MP5K-PDW는 개머리판을 접은 채 코트 속에 감추거나, 필요하지 않을 경우 개머리판을 제거해 개 머리캡(buttcap)으로 대체할 수 있다. 소음기도 고정시킬 수 있다.

제원	
개발 국가 :	독일
개발 연도 :	1991
구경 :	9mm 파라벨룸
작동방식 :	롤러-딜레이드 블로백, 클 로즈드 노리쇠
무게 :	2.1kg
전체 길이 :	325mm
총열 길이 :	115mm
총구(포구) 속도 :	375m/sec
탄창 :	15발 또는 30발 탈부착식 상자형 탄창
사정거리 :	70m

TIMELINE

1990　　　1991　　　2001

H&K MP7

MP7은 G36 돌격용 소총의 작동원리를 사용하며, 보통 기관단총에 장전되는 권총 구경의 탄으로 관통력이 뛰어나고 속도가 높은 4.6×30mm 카트리지를 장전한다. 접이식 앞손잡이는 사용자의 옵션이며, 이러한 옵션 중에는 한 손(one-handed) 자동발사 기능도 있다.

제원	
개발 국가 :	독일
개발 연도 :	2001
구경 :	4.6mm
작동방식 :	가스압, 쇼트 스트로크 피스톤, 회전 노리쇠
무게 :	1.9kg(탄창 제외)
전체 길이 :	638mm
총열 길이 :	180mm
총구(포구) 속도 :	c.725m/sec
탄창 :	20발, 30발, 40발 상자형 탄창
사정거리 :	200m

CZW 438 M9

소형 돌격용 소총을 닮은 M9은 PDW로 출시되었다. 전형적인 기관단총보다 원거리에서 효과적이지만, 돌격용 소총보다 가볍고 표준형 9mm 파라벨룸(Parabellum) 탄을 사용한다.

제원	
개발 국가 :	체코
개발 연도 :	2002
구경 :	9mm
작동방식 :	레버-딜레이드 블로백
무게 :	2.7kg
전체 길이 :	690mm
총열 길이 :	220mm
총구(포구) 속도 :	알려지지 않음
탄창 :	15발 또는 30발 탈부착식 상자형 탄창
사정거리 :	200m

ST 키네틱스 CPW

고분자 중합체와 가벼운 합금으로 만들어진 딜레이드 블로백 무기인 CPW는 보통 9mm 탄을 장전하나 다른 구경이 필요하면 총열과 볼트를 바꾸면 된다.

제원	
개발 국가 :	싱가포르
개발 연도 :	2007
구경 :	9mm
작동방식 :	레버-딜레이드 블로백
무게 :	1.5kg
전체 길이 :	500mm
총열 길이 :	180mm
총구(포구) 속도 :	알려지지 않음
탄창 :	30발 탈부착식 플라스틱 상자형 탄창
사정거리 :	100m

2002

2007

소형 개인방어용 무기

Smaller Personal Defence Weapon

개인방어용 무기(PDW) 개념에 대한 접근 방식은 카빈 형태부터 과도하게 긴 권총 형태까지 다양하다. 후자는 단거리에서만 효과적이지만 더 이상 무게를 더하지 않는다면 권총보다 화력이 훨씬 더 세다.

PM-63(Wz63)

'개인방어용 무기'라는 용어가 만들어지기 훨씬 전에, 총기 설계자들은 권총 크기의 무기에서 더 강력한 화력을 내기 위해 노력했다. PM-63은 아주 긴 피스톨이었으며, 내장 볼트 대신 슬라이드를 채택했다.

제원	
개발 국가 :	폴란드
개발 연도 :	1964
구경 :	9mm 마카로프
작동방식 :	스트레이트 블로백
무게 :	1.6kg
전체 길이 :	583mm
총열 길이 :	152mm
총구(포구) 속도 :	320m/sec
탄창 :	15발 또는 25발 탈부착식 상자형 탄창
사정거리 :	100-150m

루거 MP-9

우지엘 갈(Uziel Gal)이 설계했으므로, MP-9가 우지와 유사한 메커니즘을 사용한다는 것은 놀라운 일이 아니다. 폐쇄형 볼트에서 발사되지만 좀더 현대적인 소재로 만들어졌다.

제원	
개발 국가 :	미국
개발 연도 :	1995
구경 :	9mm 파라벨룸
작동방식 :	블로백
무게 :	3kg
전체 길이 :	556mm
총열 길이 :	알려지지 않음
총구(포구) 속도 :	알려지지 않음
탄창 :	32발 탈부착식 상자형 탄창
사정거리 :	100m

TIMELINE   1964   1995   1999

H&K UMP

H&K의 유니버설 머신 피스톨(UMP : Universal Machine Pistol)로 11.4mm .45 ACP, 10.16mm .40S&W 그리고 9mm 파라벨룸탄을 장전해 사용할 수 있다. 다양한 보조장치와 구성이 가능하며, 서로 다른 형태의 방아쇠 그룹은 다양한 버스트와 자동발사 옵션도 제공한다.

제원	
개발 국가 :	독일
개발 연도 :	1999
구경 :	11.4mm(.45 ACP), 10.16mm(.40 S&W), 9mm(파라벨룸)
작동방식 :	블로백, 클로즈드 노리쇠
무게 :	2.3kg
전체 길이 :	690mm
총열 길이 :	200mm
총구(포구) 속도 :	알려지지 않음
탄창 :	25발, 30발 탈부착식 상자형 탄창
사정거리 :	100m

슈타이어 TMP

슈타이어의 전술 기관총(TMP, Tactical Machine Pistol)은 짧은 반동으로 작동하는 초소형 기관단총이다. 자동발사시 잘 제어할 수 있으며, 많은 다른 소형 기관단총들보다 훨씬 정밀한 사격이 가능하다.

제원	
개발 국가 :	오스트리아
개발 연도 :	2000
구경 :	9mm 파라벨룸
작동방식 :	쇼트 리코일, 회전식 총열
무게 :	1.3kg
전체 길이 :	282mm
총열 길이 :	130mm
총구(포구) 속도 :	380m/sec
탄창 :	15발, 또는 30발 탈부착식 상자형 탄창
사정거리 :	100m

아그람 2000

비록 우지보다는 베레타에 기초를 두고 있지만 크로아티아의 아그람은 우지 탄창과 호환되며, 유사한 방식으로 형단조된 강철판으로 만들어졌다.

제원	
개발 국가 :	크로아티아
개발 연도 :	2000
구경 :	9mm 파라벨룸
작동방식 :	블로백
무게 :	1.8kg
전체 길이 :	482mm
총열 길이 :	200mm
총구(포구) 속도 :	알려지지 않음
탄창 :	15발, 22발, 32발 탈부착식 상자형 탄창
사정거리 :	100m

2000

콜트 9mm SMG   Colt 9mm SMG

돌격용 소총과 기관단총 사이에는 미세한 구분이 있으며, 발사된 탄의 유형만으로 항상 간단히 구분할 수 있는 것은 아니다. 일반적으로 피스톨 카트리지를 사용하는 소형 자동화기는 기관단총이며, 라이플 구경의 탄을 발사하는 것은 돌격용 소총이다.

개머리판
M4 카빈은 직경이 작아서 기관단총으로 개조하기 적합하다.

손잡이
손잡이와 조절판은 여전히 변하지 않고 남아 있으며, M16/M4 계통의 무기들에 대해 병력을 대상으로 실시되던 교육을 간소화시켰다.

제원	
개발 국가 :	미국
개발 연도 :	1980년대 후반
구경 :	9mm 파라벨룸
작동방식 :	블로백, 클로즈드 노리쇠
무게 :	2.6kg
전체 길이 :	730mm
총열 길이 :	267mm
총구(포구) 속도 :	396m/sec
탄창 :	32발 탈부착식 상자형 탄창
사정거리 :	300m

그러나 몇몇 제조업체들이 소총 구경의 무기를 기관단총으로 출시하면서 시장을 어지럽게 했으며, 최근 개발된 개인방어용 무기들도 그러한 문제들을 좀더 혼란스럽게 만들었다. 아마도 단 하나의 결정 요인은, 제조업체가 뭐라고 하든지, 무기 자체일 것이다.

콜트 9mm 기관단총은 짧은 총열과 기묘하게 크기를 줄인 탄창의 외관을 제
외하곤 모태(母胎)가 되는 M16 소총과 아주 비슷하다. 비록 M16 사용법을 익
힌 병력들은 9mm 버전으로 갈아타는 데 어려움이 없다는 이점이 있기는 하
지만, 이 같은 방식으로 소총을 개조하면 대부분의 주문 설계된 기관단총들보
다 크기가 더 크다.

총열
개조 과정에서 중요한 것은 총열과 약실을
교체하는 일이다. 가늠장치와 앞손잡이는
변경되지 않고 그대로 남아 있다.

손잡이
운반용 손잡이는 기관단총에서는 다소 불필요
하나 가늠장치를 보관하기 때문에 가늠장치를
제 위치에서 제거하면 무기가 아주 단순해진다.

탄창
탄창 구멍(magazine-well)은 더 협소한
9mm 탄창들이 적당히 제 위치에 자리잡는
것을 보장하기 위해 내부 개조가 요구된다.

돌격용 소총의 개발 Assault Rifle Development

현대 돌격용 소총 설계에서는 각기 다른 다양한 접근이 가능하다. 기존 설계를 새롭게 채택하거나 전혀 새로운 특징들을 선보이는 것들이 있는가 하면, 좀더 전통적인 것들도 있다. 불펍 대(對) 전통적인 설계에 관한 토론은 계속되고 있으며, 두 가지 설계 모두 장점과 단점이 있다.

라파 FA-03

1980년대 초반에 소량 생산된 FA-03은 주로 발사 준비 상태로 휴대 가능하나 비교적 안전한 더블 액션 방아쇠로 유명하다. 브라질의 몇몇 경찰 부서에서 사용된다.

제원	
개발 국가 :	브라질
개발 연도 :	1983
구경 :	5.56mm
작동방식 :	가스압, 회전 노리쇠
무게 :	3.5kg
전체 길이 :	738mm
총열 길이 :	490mm
총구(포구) 속도 :	975m/sec
탄창 :	20발 또는 30발 STANAG 또는 등록상표가 붙은 30발 탈부착식 플라스틱 상자형 탄창
사정거리 :	550m

지그 550

스위스 육군에 StG550이라는 명칭으로 채택된 지그550은 여러 면에서 전통적인 설계를 따르고 있으나 세심하게 설계돼 매우 유용하다. 짧은 총열의 카빈 버전을 포함해 다양한 계통의 변종 모델들이 있다.

제원	
개발 국가 :	스위스
개발 연도 :	1986
구경 :	5.56mm
작동방식 :	가스압, 회전 노리쇠
무게 :	4.1kg
전체 길이 :	998mm
총열 길이 :	528mm
총구(포구) 속도 :	911m/sec
탄창 :	5발, 20발, 또는 30발 탈부착식 상자형 탄창
사정거리 :	100-400m

TIMELINE

1983

1986

H&K G11

제원	
개발 국가 :	독일
개발 연도 :	1990
구경 :	4.7mm DM11 케이스 없음
작동방식 :	가스압
무게 :	3.8kg
전체 길이 :	752.5mm
총열 길이 :	537.5mm
총구(포구) 속도 :	930m/sec
탄창 :	50발 탈부착식 상자형 탄창
사정거리 :	500m+

매우 진보적인 무기인 G11은 케이스 없는 탄을 사용한다. 다시 말해 카트리지 케이스가 없으며, 발사체 블록만이 형성돼 있다. 이것은 배출할 것이 없음을 의미한다. 폭넓은 시험에도 불구하고, G11은 군사용으로 채택되지 않았다.

대우 K2

제원	
개발 국가 :	한국
개발 연도 :	1990
구경 :	5.56mm 나토
작동방식 :	가스압, 회전 노리쇠
무게 :	2.87kg
전체 길이 :	838mm(K1), 980mm(K2)
총열 길이 :	263mm(K1), 465mm(K2)
총구(포구) 속도 :	820m/sec
탄창 :	다양한 STANAG 탄창
사정거리 :	250m

라이선스를 얻어 생산하던 M16s의 대체모델을 찾던 한국은 K1 라이플과 K1에 토대를 둔 K2를 개발했다. K2는 버스트 발사는 물론 반자동 또는 전자동 사격이 가능하다. 한국군의 주력 제식소총으로 5.56 × 45mm 나토 탄을 사용하며, 40mm 수류탄 발사 장치를 설치할 수 있다.

*대우 K1 (기관단총)

라이선스를 얻어 생산하던 M16s의 대체모델을 찾던 한국은 K1 라이플과 K1에 토대를 둔 K2를 개발했다. K1은 소총탄인 .223 레밍턴을 사용하며 한국 육군 수색대원, 포병, 장갑병, 부사관, 해병대 등에 지급되어 왔다.

제원			
개발 국가 : 한국		개발 연도 : 1980	
구경 : 5.56mm		작동방식 : 가스압, 회전 노리쇠	
무게 : 2.87kg		전체 길이 : 838mm	
총열 길이 : 263mm		총구(포구) 속도 : 820m/sec	
탄창 : 다양한 STANAG 탄창			
사정거리 : 250m ~ 400m			

QBZ-03

제원	
개발 국가 :	중국
개발 연도 :	2003
구경 :	5.8mm(DBP87), 5.56mm(나토)
작동방식 :	가스압, 회전 노리쇠
무게 :	3.5kg
전체 길이 :	960mm(개머리판을 폈을 때), 710mm(개머리판을 접었을 때)
총열 길이 :	알려지지 않음
총구(포구) 속도 :	930m/sec
탄창 :	30발 탈부착식 상자형 탄창
사정거리 :	400m

QBZ-95에 실망한 중국 군대는 새로운 5.8×42mm 카트리지를 사용할 수 있는 좀더 전통적인 돌격용 소총을 원했다. 그 결과로 나온 QBZ-03은 신형 탄 시험을 위한 특수 프로젝트였던 87식 소총과 유사하다.

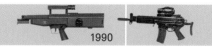

1990

2003

향상된 전통 돌격용 소총

Advanced Traditional Assault Rifles

불펍 형태가 비록 장점이 있다고 할지라도 널리 채택되지는 않았다. 많은 현대식 돌격용 소총들은 비록 이전 세대의 소총들과 항상 닮지는 않더라도, 탄창이 방아쇠 앞에 오는 전통적인 구조를 고수했다.

AK-103

AK-103은 AK-74를 개조하고 업데이트한 버전이면서도 그들의 전신인 AK-47에 사용됐던 7.62×39mm 카트리지를 다시 채택했다. 주로 수출용 시장을 겨냥한 것이었지만, 러시아 자국 내 여러 경찰 기관에서도 사용되었다.

제원	
개발 국가 :	러시아
개발 연도 :	1994
구경 :	7.62mm
작동방식 :	가스압
무게 :	3.4kg
전체 길이 :	943mm
총열 길이 :	415mm
총구(포구) 속도 :	735m/sec
탄창 :	30발 탈부착식 상자형 탄창
사정거리 :	300m+

AN-94

러시아 육군의 AK-74s 후속 모델로 설계된 AN-94는 초고속 2발 버스트 또는 저속 전자동발사가 가능한 복잡한 무기이다.

제원	
개발 국가 :	러시아
개발 연도 :	1994
구경 :	5.45mm
작동방식 :	가스압
무게 :	3.85kg
전체 길이 :	943mm
총열 길이 :	405mm
총구(포구) 속도 :	900m/sec
탄창 :	30발 또는 45발 AK-74 호환 상자형 탄창, 60발 캐스킷 탄창
사정거리 :	400m

TIMELINE  1994  1995

H&K G36

G36은 H&K의 유명한 롤러 잠금장치(Roller Locking System) 대신
가스압 액션을 사용한다. 돌격용 소총, 카빈 그리고 경지원 무기로 사용
가능하며 독일 육군이 채택해 왔다.

제원	
개발 국가 :	독일
개발 연도 :	1995
구경 :	5.56mm 나토
작동방식 :	가스압
무게 :	.4kg
전체 길이 :	999mm(개머리판을 폈을 때), 758mm(개머리판을 접었을 때)
총열 길이 :	480mm
총구(포구) 속도 :	920m/sec
탄창 :	30발 탈부착식 상자형 또는 100발 C-매그 원통형 탄창
사정거리 :	800m

INSAS 돌격용 소총

AK-47 액션의 개량형 버전인 INSAS(Indian National Small Arms
System) 소총은 가스압으로 작동하며, 3발 버스트 외에도 반자동 또
는 전자동 발사가 가능하다. LMG 버전도 생산된다.

제원	
개발 국가 :	인도
개발 연도 :	1999
구경 :	5.56mm 나토
작동방식 :	가스압, 자동장전
무게 :	3.2kg
전체 길이 :	990mm
총열 길이 :	464mm
총구(포구) 속도 :	985m/sec
탄창 :	20발 또는 30발 탈부착식 상자형 탄창
사정거리 :	800m

FX-05 슈코아틀

G36의 영향을 많이 받았지만 FX-05는 H&K로부터 특허 침해 소송을
피할 만큼 충분히 다르다. 풀사이즈 돌격용 소총, 카빈, 그리고 좀더 짧
은 카빈 같은 3개의 변종 모델이 있다.

제원	
개발 국가 :	멕시코
개발 연도 :	2008
구경 :	5.56mm 나토
작동방식 :	가스압, 회전 노리쇠
무게 :	3.89kg(돌격용 소총)
전체 길이 :	1087mm(개머리판을 펼쳤을 때), 887mm(개머리판을 접었을 때)
총열 길이 :	알려지지 않음
총구(포구) 속도 :	956m/sec
탄창 :	30발 탈부착식 상자형 탄창
사정거리 :	c.800m

1999

2008

베레타 SC70/90 Beretta SC70/90

SC70/90은 AR70/90 소총의 카빈 형태이다. 이 무기는 5.56mm 나토탄과 표준 M16형(STA-NAG) 탄창을 사용하는 새로운 돌격용 소총에 대한 이탈리아 육군의 요청에 맞춰 개발되었다. 1980년대 중반에 처음 생산되었으나 수년간 군대용으로 승인이 나지 않았다. 일단 사용된 후에는 SC70/90 카빈과 변종 모델들이 뒤따라 선보였다. SC 카빈은 고정식이 아닌 접이식 개머리판을 사용한다는 점에서 AR 소총과 다르다. 총열의 길이는 같다.

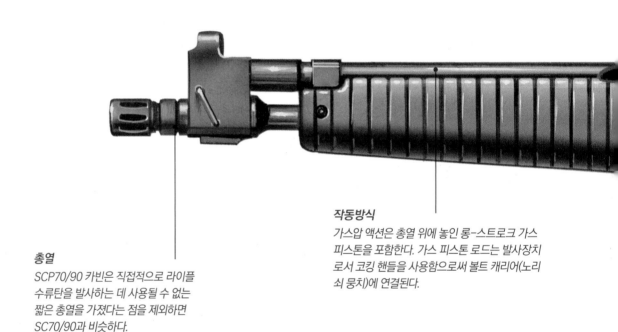

작동방식
가스압 액션은 총열 위에 놓인 롱-스트로크 가스 피스톤을 포함한다. 가스 피스톤 로드는 발사장치로서 코킹 핸들을 사용함으로써 볼트 캐리어(노리쇠 뭉치)에 연결된다.

총열
SCP70/90 카빈은 직접적으로 라이플 수류탄을 발사하는 데 사용될 수 없는 짧은 총열을 가졌다는 점을 제외하면 SC70/90과 비슷하다.

제원	
개발 국가 :	이탈리아
개발 연도 :	1990
구경 :	5.56mm 나토
작동방식 :	가스압
무게 :	3.79kg
전체 길이 :	876mm
총열 길이 :	369mm
총구(포구) 속도 :	알려지지 않음
탄창 :	30발 탈부착식 상자형 탄창
사정거리 :	100m

SC70/90의 변종 모델에는 더 짧은 총열을 사용하는 SCP70/90과 총열 밑에 수류탄 발사기를 장착할 수 있는 SCS70/90이 포함된다. 이 계통의 다른 무기들과 달리 SCP는 현 상태 그대로는 라이플 수류탄을 발사할 수 없지만, 어댑터를 이용하면 가능하다.

개머리판
모든 SC70/90 카빈은 개머리판이 접혔을 때 왼손이나 오른손으로 사격하는 것을 방해하지 않게 설계된 간단한 접이식 개머리판을 사용한다. 개머리판들은 플라스틱 코팅된 금속으로 만들어졌다.

탄창
탄은 등록상표가 붙은 30발 탄창에서 공급되는데, 탄창 분리 레버는 탄창과 방아쇠 울 사이에 놓여 있다.

불펍 돌격용 소총 Bullpup Assault Rifles

많은 총기 설계자들이 불펍 형태를 선택한다. 이 형태의 가장 큰 단점은 탄피 케이스가 사용자의 머리 쪽으로 배출되며, 총기를 왼쪽 어깨에 받쳐 사용할 수 없다는 점이다.

QBZ-95

새로운 5.8×42mm 카트리지를 중심으로 만들어진 QBZ-95는 카빈과 경지원 무기를 포함하고 있는 계통의 돌격용 소총이다. 이젝터 위치 때문에 왼손으로 사용할 수 없다.

제원	
개발 국가 :	중국
개발 연도 :	1997
구경 :	5.8mm DBP87
작동방식 :	가스압, 회전 노리쇠
무게 :	3.25kg
전체 길이 :	745mm 소총
총열 길이 :	463mm
총구(포구) 속도 :	930m/sec
탄창 :	30발 상자형 또는 75발 원통형 탄창
사정거리 :	400m

SAR-21

SAR-21은 표준규격으로 레이저 포인트를 장착한 소형 불펍 무기이다. 사용한 카트리지를 오른쪽으로 배출하며, 왼쪽으로 배출할 수 있게 개조할 수 없으며, 이 때문에 왼손잡이가 사용하기에는 문제가 많다.

제원	
개발 국가 :	싱가포르
개발 연도 :	1999
구경 :	5.56mm 나토
작동방식 :	가스압, 회전 노리쇠
무게 :	3.82kg
전체 길이 :	805mm
총열 길이 :	508mm
총구(포구) 속도 :	970m/sec
탄창 :	30발 상자형 탄창 ; 플라스틱 또는 STANAG 탄창
사정거리 :	460m

TIMELINE

1997

1999

FN F2000

F2000은 최초의 양손잡이용 전장축소형 돌격소총이었다. 비록 극도로 단순화된 디자인을 채택했지만 균형을 유지했고, 성능 보완을 위해 모듈 구조를 채택하여 액세서리 장착이 쉽도록 했다. 해당하는 액세서리로는 각기 다른 가늠장치, 수류탄 발사기 또는 덜 치명적인 무기 발사기 등이 있다.

제원	
개발 국가 :	벨기에
개발 연도 :	2001
구경 :	5.56mm 나토
작동방식 :	가스압, 회전 노리쇠
무게 :	3.6kg
전체 길이 :	694mm
총열 길이 :	400mm
총구(포구) 속도 :	900m/sec
탄창 :	30발 탈부착식 상자형 탄창
사정거리 :	500m

IMI 타보르 TAR 21

이스라엘 육군의 신형 무기로 개발된 TAR21은 분리된 총몸을 사용하지 않는다. 대신에 각 부품들은 플라스틱 하우징 속에 들어 있으며, 경첩 달린 개머리판을 끌어내려서 이용한다.

제원	
개발 국가 :	이스라엘
개발 연도 :	2001
구경 :	5.56mm
작동방식 :	가스압, 회전 노리쇠
무게 :	3.27kg
전체 길이 :	720mm
총열 길이 :	460mm
총구(포구) 속도 :	910m/sec
탄창 :	다양한 STANAG 탄창
사정거리 :	550m

카이바르 KH 2002

KH2002은 중국 CQ 소총의 개조품인 이란 S-5.56 소총을 불펍 형태로 개조해 만든 것이다. 카빈, 돌격용 소총으로도 사용 가능하며, 지정사격수가 사용할 수 있게 긴 총열을 장착할 수도 있다.

제원	
개발 국가 :	이란
개발 연도 :	2004
구경 :	5.56mm
작동방식 :	가스압, 회전 노리쇠
무게 :	3.7kg
전체 길이 :	730mm
총열 길이 :	알려지지 않음
총구(포구) 속도 :	900-950m/sec
탄창 :	다양한 STANAG 탄창
사정거리 :	450m

2001

2004

복합구경과 대구경 돌격용 소총

Multi- and Larger-Calibre Assault Rifles

최근 몇 년간 소총수에게 부가적인 능력을 주기 위해 하나의 구경보다는 다구경을 사용할 수 있는 복합 무기와 대구경 돌격용 소총에 대한 관심이 다시 새롭게 일고 있다. 그렇지만 기술적인 도전들은 중요한 문제다.

다목적 보병 전투용 무기/XM29

XM 29 OICW는 반자동 수류탄 발사기와 원래 20mm에서 나중에 25mm 그리고 5.56mm 돌격용 소총을 결합한 것이다. 무게와 부피의 문제를 여전히 해결해야 하며, 해당 프로젝트는 소총과 발사기 부품들로 나뉘어 진행돼 왔다.

제원	
개발 국가 :	미국
개발 연도 :	2003
구경 :	5.56mm 나토+20mm 또는 25mm
작동방식 :	가스압, 회전 노리쇠
무게 :	5.5kg
전체 길이 :	890mm
총열 길이 :	460mm
총구(포구) 속도 :	알려지지 않음
탄창 :	다양한 STANAG 탄창
사정거리 :	1000m

진화된 보병 전투용 무기

AICW 프로젝트는 오스트레일리아의 F88 라이플과 금속 스톰 40mm 수류탄 발사기를 결합하는 것이다. OICW 프로젝트와 함께 무기는 매우 유망했으나 널리 사용되기도 전에 심각한 기술적 장벽에 부딪힌다.

제원	
개발 국가 :	오스트레일리아
개발 연도 :	2005
구경 :	5.56mm 나토 + 40mm
작동방식 :	가스압, 회전 노리쇠+전기 발사 제어 및 수류탄 발사
무게 :	6.48kg
전체 길이 :	738mm
총열 길이 :	508mm
총구(포구) 속도 :	950m/sec
탄창 :	30발 탈부착식 탄창 + 3개 수류탄의 금속 스톰 특허 스택 발사 시스템
사정거리 :	500m

TIMELINE

2003

2005

2009

FN 스카

SCAR(Special Combat Assault Rifle)는 5.56mm(SCAR-L)와 7.62mm(SCAR-H) 탄을 장전하는 일련의 무기들이다. 공통의 총몸을 다양한 형태로 조립할 수 있다. 저격용, 근접전용, 다목적용 변종 모델들이 여기에 속한다.

제원	
개발 국가 :	미국
개발 연도 :	2009
구경 :	7.62mm(SCAR-H), 5.56mm(SCAR-L)
작동방식 :	가스압, 회전 노리쇠
무게 :	3.58kg(SCAR-H), 3.29kg(SCAR-L)
전체 길이 :	변종 모델에 따라 다양
총열 길이 :	400mm(SCAR-H), 351mm(SCAR-L)
총구(포구) 속도 :	870m/sec
탄창 :	20발 상자형 탄창(SCAR-H), 또는 STANAG 상자형 탄창(SCAR-L)
사정거리 :	600m

지그 716

지그 716은 M16 계통의 무기에 토대를 둔 것이나 대신 7.62mm 탄을 장전했다. '패트롤(patrol)' 버전은 꽤 짧은 총열을 사용하며, '프레시전(precision)' 버전은 긴 총열을 사용한다.

제원	
개발 국가 :	스위스
개발 연도 :	2011
구경 :	7.62mm
작동방식 :	가스압, 회전 노리쇠
무게 :	3.58kg
전체 길이 :	알려지지 않음
총열 길이 :	504mm
총구(포구) 속도 :	알려지지 않음
탄창 :	10발 또는 20발 탈부착식 상자형 탄창
사정거리 :	600m

XM25

본질적으로 XM29의 수류탄 발사기인 XM25는 다양한 형태의 25mm 수류탄을 발사할 수 있게 설계되었다. 사정거리는 레이저 레인지파인더에 의해 산출되며 엄호물 뒤의 적군도 정확한 공중폭발을 통해 공격할 수 있다.

제원	
개발 국가 :	미국
개발 연도 :	2011
구경 :	25mm
작동방식 :	가스압
무게 :	6.35kg
전체 길이 :	737mm
총열 길이 :	460mm
총구(포구) 속도 :	210m/sec
탄창 :	N/A
사정거리 :	500m

2011

금속 폭풍 Metal Storm

금속 폭풍 기술은 지원 무기들에 새로운 가능성을 제공한다. 이것은 탄창이나 탄띠에 탄을 보관하는 것이 아니라, 총열 속에 '쌓여 있는' 발사체를 사용하며, 전기적으로 발화된 뇌관에 의해 발사하는 방식이다.

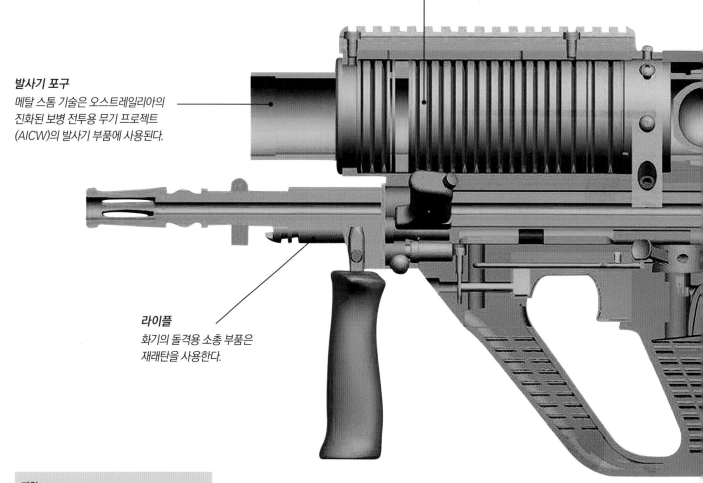

수류탄
수류탄들은 발사기 튜브 속에 하나씩 쌓여 있으며, 튜브는 포구(砲口)이자 탄창 역할을 한다.

발사기 포구
메탈 스톰 기술은 오스트레일리아의 진화된 보병 전투용 무기 프로젝트 (AICW)의 발사기 부품에 사용된다.

라이플
화기의 돌격용 소총 부품은 재래탄을 사용한다.

제원	
개발 국가 :	오스트레일리아
개발 연도 :	2006
구경 :	5.56mm(나토)+40mm
작동방식 :	가스압, 회전 노리쇠+전기 발사 제어와 수류탄 발사
무게 :	6.48kg
전체 길이 :	738mm
총열 길이 :	508mm
총구(포구) 속도 :	950m/sec
탄창 :	30발 탈부착식 탄창+3개 수류탄의 메탈 스톰 특허 스택 발사체 시스템
사정거리 :	500m

전기작용으로 제어되는 작동방식은 재래식 무기로는 사용할 수 없는 몇 가지 선택사항들을 가능케 한다. 몇몇 지원 무기들과 발사기들로 발사 패턴을 파악하며, 제어중인 랩톱에서 키를 눌러 포화공격을 가하는 일은 가능하다. 그러나 소형 무기의 맥락에서 볼 때 가장 큰 장점은 커다란 급탄 장치나 분리되어 운반되는 수류탄 없이도, 발사준비가 된 상태에서, 발사기 속에 몇 개의 수류탄을 넣어 운반할 수 있는 점이다.

금속 폭풍 무기는 정확히 말해 '기관총'이 아니며, 상당히 다른 방식으로 작동
한다. 이 기술을 사용하는 유탄발사기와 소구경의 지원 무기들은 그 발사속도
가 극도로 높다. 이 기술을 이용하면 보병은 발사기를 재장전하지 않고도 신속
하게 연속적으로 다량의 수류탄을 발사할 수 있다.

수류탄의 맨 아래 부분(베이스)
수류탄들은 전통적인 뇌관이 아니라
전기적으로 발화되며, 그 때문에 발사
전 점화실로 이동할 필요가 없다.

발사기
금곡 폭풍 발사기는 단발 유탄발사기
보다 훨씬 강력한 화력을 제공하며,
언제나 발사 준비를 갖추고 있다.

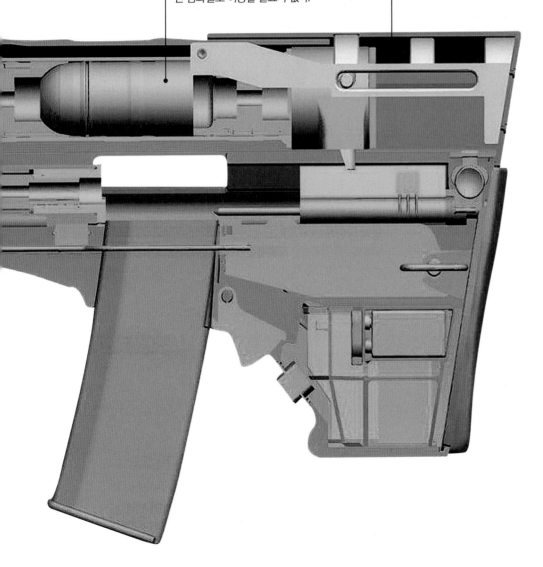

현대 저격용 소총 Modern Sniper Rifles

현대 저격용 소총은 대체로 표준 보병 무기들에 비해 엄청나게 비싸다. 그렇지만 비록 최고의 성능을 내지는 않더라도 아주 적은 비용으로 효과적인 저격용 소총을 조립하는 것이 가능하다.

헤클러 앤드 코흐 G3SG/1

G3의 많은 변종 모델들 중 하나인 G3SG/1은 방아쇠 부분을 개량했으며, 세심하게 선택된 총열을 사용한다. 양각대와 망원조준기를 추가하면 견고한 경찰용 저격용 무기가 된다.

제원	
개발 국가 :	독일
개발 연도 :	1990
구경 :	7.62mm 나토
작동방식 :	딜레이드 블로백
무게 :	4.4kg
전체 길이 :	1025mm
총열 길이 :	450mm
총구(포구) 속도 :	800m/sec
탄창 :	20발 탈부착식 상자형 탄창
사정거리 :	500m+

스토너 SR-25

비록 개조한 돌격용 소총처럼 보이지만, SR-25는 처음부터 저격용으로 설계되었다. 매우 정확하나 신뢰성 문제가 제기되는 걸 피하려면 세심한 관리가 필요하다.

제원	
개발 국가 :	미국
개발 연도 :	1990
구경 :	7.62mm 나토
작동방식 :	가스압, 회전 노리쇠
무게 :	4.88kg
전체 길이 :	1118mm
총열 길이 :	610mm
총구(포구) 속도 :	780m/sec
탄창 :	10발 또는 20발 탈부착식 상자형 탄창
사정거리 :	500m+

TIMELINE 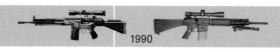 1990  1996

지그 SSG550 스나이퍼

다양한 법 집행 기관들과 함께 개발한 SSG550은 군대 저격용 소총과는 상당히 다르다. 저격용 무기들의 표준규격에 비추어 보아도, 상대적으로 가벼운 5.56mm .223레밍턴 탄을 장전하며, 매우 정밀하게 방아쇠를 당기게 되어 있다.

제원	
개발 국가 :	스위스
개발 연도 :	1996
구경 :	5.56mm .223레밍턴
작동방식 :	가스압, 반자동
무게 :	7.02kg
전체 길이 :	1130mm
총열 길이 :	650mm
총구(포구) 속도 :	911m/sec
탄창 :	5발, 20발, 또는 30발 탈부착식 상자형 탄창
사정거리 :	100-400m

M39 막스맨 라이플

오래된 모델인 M14를 모태로 한 M39는 800m 정도의 거리에서 사격할 필요가 있는 사수-반드시 저격병일 필요는 없다-를 겨냥한 것이다. 필요하다면 근거리에서 전투용 라이플로 사용할 수도 있다.

제원	
개발 국가 :	미국
개발 연도 :	2008
구경 :	7.62mm 나토
작동방식 :	가스압, 회전 노리쇠
무게 :	7.5kg
전체 길이 :	1120mm
총열 길이 :	560mm
총구(포구) 속도 :	865m/sec
탄창 :	20발 탈부착식 상자형 탄창
사정거리 :	780m

M110 반자동 스나이퍼 시스템

비록 저격용 소총의 표준에 따르면 가벼운 무기지만, M110은 아프가니스탄에서 그 성능을 증명했다. 목표물을 신속하게 공격할 능력을 지녔다는 점에서 반자동 무기들은 볼트 액션 소총보다 유리한 장점을 갖고 있다.

제원	
개발 국가 :	미국
개발 연도 :	2008
구경 :	7.62mm 나토
작동방식 :	가스압, 회전 노리쇠
무게 :	6.94kg
전체 길이 :	1029mm
총열 길이 :	508mm
총구(포구) 속도 :	783m/sec
탄창 :	10발 또는 20발 탈부착식 상자형 탄창
사정거리 :	800m

2008

변화하는 요구, 새로운 개발품들

Changing Needs, New Developments

저격용 소총들은 새로운 요구들을 수용하거나 새로운 기술을 사용하여 계속해서 개발되고 있다. 신속한 후속 발사능력 같은 다른 요소들이 설계에 영향을 미친다 하더라도, 정확한 사정거리를 늘리는 것은 언제나 바람직한 일이다.

애큐러시 인터내셔널 사의 L96A1

1980년대 이래 영국 육군에서 사용하고 있는 L96A1은 보통 7.62× 51mm 탄을 장전하나 다른 구경도 사용 가능하다. 무음 버전과 단발의 원거리 변종 모델도 출시돼 있다.

제원	
개발 국가 :	영국
개발 연도 :	1985
구경 :	7.62mm 나토 등
작동방식 :	볼트 액션
무게 :	6.2kg
전체 길이 :	1163mm
총열 길이 :	654mm
총구(포구) 속도 :	840m/sec
탄창 :	10발 탈부착식 상자형 탄창
사정거리 :	1000m

L115A3 / AWM

L115A3 또는 아크틱 워페어 매그넘은 7.62mm(.300 윈체스터 매그넘) 또는 전문가용 원거리 8.58mm(.338 라푸아 매그넘) 탄을 장전할 수 있다. 현재의 원거리 저격 기록은 2009년 이 무기로 수립된 것이다.

제원	
개발 국가 :	영국
개발 연도 :	1997
구경 :	7.62mm(.300 윈체스터 매그넘), 8.58mm(.338 라푸아 매그넘)
작동방식 :	볼트 액션
무게 :	6.8kg
전체 길이 :	1300mm
총열 길이 :	686mm
총구(포구) 속도 :	c. 850m/sec
탄창 :	5발 탈부착식 상자형 탄창
사정거리 :	1100m(.300 윈체스터), 1500m(.338 라푸아)

TIMELINE 1985 1997 1999

사코 TRG 22

7.62mm .338 윈체스터 탄을 장전하는 볼트 액션 무기인 TRG 22는 방아쇠 당김 정도, 개머리판과 양각대 높이 따위를 전면적으로 조정할 수 있다. 사용자의 요구에 정밀하게 맞출 수 있는 것이다.

제원	
개발 국가 :	핀란드
개발 연도 :	1999
구경 :	7.62mm .308 윈체스터
작동방식 :	볼트 액션
무게 :	4.9kg
전체 길이 :	1150mm
총열 길이 :	660mm
총구(포구) 속도 :	C. 850m/sec
탄창 :	5발, 7발, 또는 10발 탈부착식 상자형 탄창
사정거리 :	1100m

지그 SSG3000

SSG3000은 개조된 마우저형 볼트를 사용하며, 일단 또는 이단 방아쇠를 제공한다. 모듈 구성으로 돼 있어 다른 구경으로 개조할 수 있는데, 예를 들어 훈련 목적으로 5.6mm(.22 림파이어) 구경을 사용할 수 있다.

제원	
개발 국가 :	스위스
개발 연도 :	2005
구경 :	7.62mm 나토
작동방식 :	볼트 액션
무게 :	5.4kg
전체 길이 :	1180mm
총열 길이 :	610mm
총구(포구) 속도 :	830m/sec
탄창 :	5발 상자형 탄창
사정거리 :	1000m

L129A1 샤프슈터 라이플

L129A1는 아프가니스탄 전쟁 경험을 바탕으로 영국 육군의 명사수용으로 채택되었다. 이러한 병력은 표준적인 저격 훈련을 받지 않더라도 돌격용 소총을 사용하는 평범한 보병들의 교전 범위를 넘어서는 원거리 조준 사격을 감당할 수 있다.

제원	
개발 국가 :	영국
개발 연도 :	2010
구경 :	7.62mm 나토
작동방식 :	가스압, 반자동
무게 :	4.5kg
전체 길이 :	990mm
총열 길이 :	406mm
총구(포구) 속도 :	알려지지 않음
탄창 :	20발 탈부착식 상자형 탄창
사정거리 :	800m

2005

2010

중(重) 저격용 소총 Heavy Sniper Rifles

대구경 저격용 무기들은 보통 차량 그리고 통신설비 공격에 사용되기 때문에 대물(對物) 라이플로 거론된다. 그러나 원거리 대인(對人) 저격용으로도 사용될 수 있다.

바레트 M82A1 '라이트 피프티'

광범위한 인기를 끈 최초의 대구경 저격용 무기인 M82A1은 단주퇴 방식을 사용하며, 반동을 줄이기 위한 커다란 소염기가 있다. 원래 브라우닝 M2HB 기관총을 위해 개발된 12.7×99mm 카트리지를 사용한다.

제원	
개발 국가 :	미국
개발 연도 :	1983
구경 :	12.7mm .50 BMG
작동방식 :	쇼트 리코일, 반자동
무게 :	14.7kg
전체 길이 :	1549mm
총열 길이 :	838mm
총구(포구) 속도 :	843m/sec
탄창 :	11발 탈부착식 상자형 탄창
사정거리 :	1000m+

해리스(맥밀런) M87R

M87R는 초기 맥밀런 M87의 탄창 급탄 버전이다. 제조회사는 1995년에 해리스 건웍스 사에 팔렸으며, 이로 인해 이름이 바뀌었다. 무기는 그대로 생산되었고 설계도 변경되지 않았다.

제원	
개발 국가 :	미국
개발 연도 :	1987
구경 :	12.7mm
작동방식 :	볼트 액션
무게 :	0.53kg
전체 길이 :	1346mm
총열 길이 :	736mm
총구(포구) 속도 :	853m/sec
탄창 :	5발 탈부착식 상자형 탄창
사정거리 :	1000m+

TIMELINE   1983   1987   1993

PGM 헤카테 II

1990년대 이후로 프랑스 육군에서 사용된 헤카테 II는 골격(skeleton) 형 구조로 되어 있다. 총열에는 발사중 카트리지가 파열될 경우를 대비해 총기 사용자를 보호하기 위한 분출구들이 있으며, 반동감을 줄이기 위해 커다란 소음기를 장착했다.

제원	
개발 국가 :	프랑스
개발 연도 :	1993
구경 :	12.7mm .50BMG
작동방식 :	볼트 액션
무게 :	13.8kg
전체 길이 :	1380mm
총열 길이 :	700mm
총구(포구) 속도 :	825m/sec
탄창 :	7발 탈부착식 상자형 탄창
사정거리 :	2000m+

맥밀런 TAC-50

캐나다 군대의 표준 원거리 저격용 무기인 TAC-50은 2003년에 사용되어 당시로서는 최장 저격 기록을 세웠다. 이 기록은 얼마 지나지 않아 같은 소총에 의해 깨어졌다.

제원	
개발 국가 :	미국
개발 연도 :	2000
구경 :	12.7mm
작동방식 :	수동 작동의 회전 볼트 액션
무게 :	11.8kg
전체 길이 :	1448mm
총열 길이 :	736mm
총구(포구) 속도 :	823m/sec
탄창 :	5발 탈부착식 상자형 탄창
사정거리 :	1600m

애큐러시 인터내셔널 사의 AS50

반자동 12.7mm 라이플인 AS50은 소염기와 반동을 흡수하기 위해 쿠션이 들어간 개머리판 패드를 사용하며, 이로 인해 필요할 경우 신속한 후속 사격이 가능하다.

제원	
개발 국가 :	영국
개발 연도 :	2006
구경 :	12.7mm
작동방식 :	가스압(직접 충격)
무게 :	12.2kg
전체 길이 :	1369mm
총열 길이 :	692mm
총구(포구) 속도 :	알려지지 않음
탄창 :	5발 또는 10발 탈부착식 상자형 탄창
사정거리 :	1500m

2000

대물(對物) 소총 Anti-Materiel Rifles

대물(對物) 소총은 분명한 군사적 쓰임새가 있지만 법 집행을 위해 의심쩍은 차량이나 보트의 엔진을 파괴하는 데도 사용된다. 12.7mm 탄은 엔진 블록 정도는 쉽게 박살낸다.

RAI 모델 500

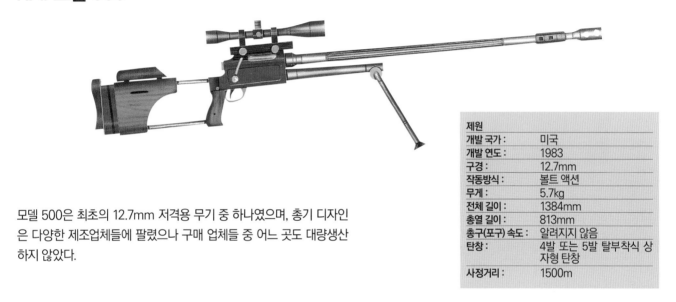

모델 500은 최초의 12.7mm 저격용 무기 중 하나였으며, 총기 디자인은 다양한 제조업체들에 팔렸으나 구매 업체들 중 어느 곳도 대량생산하지 않았다.

제원	
개발 국가:	미국
개발 연도:	1983
구경:	12.7mm
작동방식:	볼트 액션
무게:	5.7kg
전체 길이:	1384mm
총열 길이:	813mm
총구(포구) 속도:	알려지지 않음
탄창:	4발 또는 5발 탈부착식 상자형 탄창
사정거리:	1500m

게파드 M1

단발의 게파드 M1은 나토 12.7×99mm 탄에서 러시아의 12.7×107mm 탄 장전용으로 신속히 개조될 수 있다. 대포식 반동 시스템, 동시 반동하는 총열과 발사 메커니즘을 사용한다.

제원	
개발 국가:	헝가리
개발 연도:	1990
구경:	12.7mm 나토&러시아
작동방식:	볼트 액션
무게:	17.5kg
전체 길이:	1570mm
총열 길이:	1100mm
총구(포구) 속도:	860m/sec
탄창:	단발
사정거리:	2000m

TIMELINE 1983 1990

게파드 M3

게파드 소총의 반자동 버전인 M3는 14.5mm 탄을 장전한다. 공중 기동 부대에서 사용하는 단신 총열 버전과 불펍 구조를 지닌 M5 등 다른 변종 모델들도 나와 있다.

제원	
개발 국가 :	헝가리
개발 연도 :	1990
구경 :	14.5mm
작동방식 :	반자동
무게 :	17.5kg
전체 길이 :	1570mm
총열 길이 :	1100mm
총구(포구) 속도 :	860m/sec
탄창 :	5발 탄창
사정거리 :	2000m

게파드 M6

M6은 게파드 계통의 소총으로는 마지막 모델이다. M3처럼 14.5mm 탄을 사용하지만, 부품이 튼튼하고 망원경 성능이 향상되었다. M16은 정확히 대물 라이플(헬리콥터, APCs 그리고 벙커들을 공격하기 위해 사용된다)이며, 1000m 이상의 사정거리에서는 14.5mm 탄의 명중률이 급격히 떨어진다.

제원	
개발 국가 :	헝가리
개발 연도 :	1995
구경 :	14.5mm
작동방식 :	반자동
무게 :	11.4kg
전체 길이 :	1125mm
총열 길이 :	730mm
총구(포구) 속도 :	780m/sec
탄창 :	5발 탄창
사정거리 :	600-1000m

슈타이어 HS .50

슈타이어 HS .50은 12.7mm 단발의 볼트 액션 저격용 소총이다. 탄창이 없기 때문에 각각의 탄은 배출구로 바로 장전돼 볼트에 의해 약실로 밀어넣어져야 한다. 홈이 나 있는 총열은 1500m까지의 유효 사정거리에서는 높은 명중률을 제공한다. 조절 가능한 양각대가 딸려 있다.

제원	
개발 국가 :	오스트리아
개발 연도 :	2004
구경 :	12.7mm 50BMG
작동방식 :	볼트 액션
무게 :	12.4kg
전체 길이 :	1370mm
총열 길이 :	833mm
총구(포구) 속도 :	알려지지 않음
탄창 :	단발
사정거리 :	1500m

1995   2004

경(輕)지원 무기들 Light Support Weapons

현대 총기들이 동일한 본체에 기초하여 돌격용 소총, 카빈, 경지원 무기를 한 계통으로 설계하는 것은 이상한 일이 아니다. 그렇지만 전용 지원 무기 역시 계속해서 등장하고 있다.

갈릴 ARM

갈릴 AR(Assault Rifle)은 양각대와 50발들이 탄창을 덧붙여 ARM (Assault Rifle/Machine gun)으로 개조된다. 작동방식도 변경되지 않아, 소총수는 누구라도 지원 사수의 역할을 맡을 수 있다.

제원	
개발 국가 :	이스라엘
개발 연도 :	1972
구경 :	5.56mm 나토
작동방식 :	가스압, 자동장전
무게 :	4.35kg
전체 길이 :	979mm
총열 길이 :	460mm
총구(포구) 속도 :	990m/sec
탄창 :	35발, 또는 50발 탈부착식 상자형 탄창
사정거리 :	800m+

베레타 AS70/90

AR 70/90 소총의 지원 무기 버전인 AS70/90은 신뢰성의 문제를 안고 있었다. 원래 이 총기의 사용자로 내정되었던 이탈리아 육군은 탄창 급탄식 총기가 제공할 수 있는 것보다 탄(彈) 성능이 더 좋기를 원했다. 이 프로젝트는 성공하지 못했다.

제원	
개발 국가 :	이탈리아
개발 연도 :	1990
구경 :	5.56mm 나토
작동방식 :	가스압
무게 :	5.34kg
전체 길이 :	1000mm
총열 길이 :	465mm
총구(포구) 속도 :	980m/sec
탄창 :	30발 탈부착식 상자형 탄창
사정거리 :	500m+

TIMELINE 1972 1990 1997

H&K MG36

MG36은 무거운 총열과 양각대를 끼운 단순한 G36 소총이었으며, 100발들이 원통형 탄창을 사용했다. 독일 육군의 G36을 보완하기 위해 만들어졌으나 채택되지 않았다.

제원	
개발 국가 :	독일
개발 연도 :	1997
구경 :	5.56mm 나토
작동방식 :	가스압, 회전 노리쇠
무게 :	3.83kg
전체 길이 :	999mm
총열 길이 :	480mm
총구(포구) 속도 :	920m/sec
탄창 :	30발 탈부착식 상자형 탄창, 또는 100발 C-Mag 원통형 탄창
사정거리 :	800m

인사스

인사스 돌격용 소총의 지원 버전은 총열이 더 무겁다는 점이 다르며, 원거리 성능을 향상시키기 위해 다른 강선을 갖고 있다. 또 마모와 열에 견딜 수 있도록 크롬 도금을 했다.

제원	
개발 국가 :	인도
개발 연도 :	1998
구경 :	5.56mm 나토
작동방식 :	가스압, 회전 노리쇠
무게 :	4.25kg
전체 길이 :	960mm
총열 길이 :	464mm
총구(포구) 속도 :	900m/sec
탄창 :	20발 또는 30발 탈부착식 상자형 탄창
사정거리 :	450m

H&K MG4

MG3의 대체물로 개발된 MG4는 7.62mm 탄 대신에 5.56mm 탄을 장전한다. 프로젝트는 H&K 사에 의해 MG43으로 명명되었으며, 그러한 이름으로 종종 언급된다.

제원	
개발 국가 :	독일
개발 연도 :	2005
구경 :	5.56mm 나토
작동방식 :	가스압, 회전 노리쇠
무게 :	8.15kg
전체 길이 :	1030mm
총열 길이 :	482mm
총구(포구) 속도 :	920m/sec
탄창 :	분해할 수 없는 링크로 된 탄띠
사정거리 :	c.1000m

1998　　　　　2005

펌프-액션 산탄총 Pump-Action Shotguns

산탄총들은 비록 유효 사정거리가 한정돼 있더라도 우수한 타격 능력을 제공하며, 발사체들의 관통력도 지나치지 않아, 보안 및 가정 방어용으로 이상적이다. 탄도 널리 퍼져나가기 때문에 명중률을 높여준다.

이타카 모델 37 M과 P

이타카 37의 기원은 제2차 세계 대전 전으로 거슬러 올라가며, 그 이후로 줄곧 수많은 변종 모델들이 생산돼 왔다. M 그리고 P(Military and Police) 모델은 470mm와 508mm 총열을 사용한다.

제원	
개발 국가 :	미국
개발 연도 :	1937
구경 :	12구경
작동방식 :	펌프 액션
무게 :	2.94kg 또는 3.06kg
전체 길이 :	1016mm(508mm 총열)
총열 길이 :	470mm 또는 508mm
총구(포구) 속도 :	탄의 유형에 따라 다양
탄창 :	5발 또는 8발 내장식 튜브형 탄창
사정거리 :	100m

모스버그 ATPS 500

모스버그 500은 50년 동안 시장에 나와 있었음에도 불구하고 사냥총과 가정 보안총으로 여전히 인기를 누리고 있다. ATPS는 총검 자루가 있는 군사용 버전이며, 부품들은 고품질의 스틸을 기계가공한 것들이다.

제원	
개발 국가 :	미국
개발 연도 :	1961
구경 :	12구경
작동방식 :	펌프 액션
무게 :	3.3kg
전체 길이 :	1070mm
총열 길이 :	510mm
총구(포구) 속도 :	탄의 유형에 따라 다양
탄창 :	6발 내장식 튜브형 탄창
사정거리 :	100m

TIMELINE
1937
1961
1966

레밍턴 M879

산탄총 M870 시리즈는 군사 및 경찰용으로 전세계에서 광범위하게 사용되어 왔다. 펌프 연사식 무기들의 신뢰성은 반자동 무기와는 대조적이어서 미 해병대는 다양한 활용을 위해 M870을 채택했다.

제원	
개발 국가 :	미국
개발 연도 :	1966
구경 :	12구경
작동방식 :	펌프 액션
무게 :	3.6kg
전체 길이 :	1060mm
총열 길이 :	533mm
총구(포구) 속도 :	탄의 유형에 따라 다양
탄창 :	7발 내장식 튜브형 탄창
사정거리 :	100m

이타카 스테이크아웃

경찰용 시장을 겨냥한 스테이크아웃은 라이플형 개머리판 대신에 권총 손잡이가 있다. 기본 액션은 1915년 존 모지스 브라우닝이 얻은 특허에 토대를 두고 있다.

제원	
개발 국가 :	미국
개발 연도 :	1970
구경 :	12, 16, 20 또는 28구경
작동방식 :	펌프 액션
무게 :	다양
전체 길이 :	다양
총열 길이 :	330-762mm
총구(포구) 속도 :	탄의 유형에 따라 다양
탄창 :	4발 내장식 튜브형 탄창
사정거리 :	100m

베레타 RS200

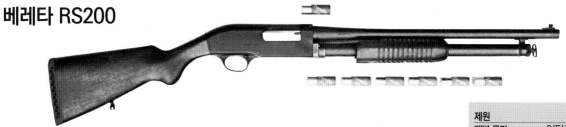

RS200은 경찰 및 군사용 무기로 다양한 크기의 산탄뿐만 아니라 고형탄과 최루 가스 등 전문적인 용도의 발사체를 부착할 수 있다.

제원	
개발 국가 :	이탈리아
개발 연도 :	1970
구경 :	12구경
작동방식 :	펌프 액션
무게 :	3.26kg
전체 길이 :	알려지지 않음
총열 길이 :	520mm
총구(포구) 속도 :	다양
탄창 :	6발 튜브형 탄창
사정거리 :	100m

1970

윈체스터 모델 12 디펜더

Winchester Model 12 Defender

모델 12는 제2차 세계 대전 시기에 사용되었으며, 몇몇 버전을 통해 발전해왔다. 모델 12는 고전 모델이지만 오늘날에도 경찰 및 군사용으로 사용된다. 기본 제원을 보면 여러 산탄들을 발사하기 위해 다양한 형태로 돼 있으며, 총열 밑에 6발 또는 7발들이 탄창이 있다.

개머리판
디펜더는 개머리판이 없이 피스톨 손잡이 또는 재래식 개머리판을 사용한다.

제원	
개발 국가 :	미국
개발 연도 :	1990
구경 :	12, 16 또는 20구경
작동방식 :	펌프 액션
무게 :	2.9kg
전체 길이 :	1003-1245mm
총열 길이 :	457-711mm
총구(포구) 속도 :	다양
탄창 :	2-6발 내장식 튜브형 탄창
사정거리 :	100m

디펜더는 고전적인 '전투용 산탄총'으로 여전히 군사용, 법 집행 또는 자기방어용으로 사용된다. 이 총으로는 상대를 저지하는 것이 직접 사격을 가하는 것보다 일반적으로 더 나은 선택으로 여겨진다. 이러한 유형의 산탄총은 매우 위협적인데, 이는 총기소유자가 종종 발사할 필요가 없을 것임을 의미한다.

디펜더는 고정된 초크(choke)와 매우 견고한 펌프 연사 능력을 갖고 있다. 이
무기는 문제가 생길 일이 거의 없으며, 원체스터 1200s는 수렵용으로 만들어
졌고 다양한 초크를 사용할 수 있지만, 신뢰성은 거의 같다.

포어-엔드/펌프
*원래의 디펜더는 다양한 12, 20구경 산탄
총의 근간이 되었으며, 이러한 산탄총들은
모두 동일한 기본 메커니즘을 사용한다.*

총열 / 총구
*디펜더의 민간인 및 법 집행 버전은
총검 손잡이 또는 멜빵 고리들이 없
지만 그 외에는 거의 비슷하다.*

탄창
*탄창 크기는 다양하지만 4발, 또는 6발은
기본적으로 장전 가능하다.*

전투용 산탄총들 Combat Shotguns

펌프 연사식 산탄총들은 신뢰성과 견고한 구조로 인정을 받는다. 그러나 발사속도가 낮고 장탄 능력이 한정돼 있다. 이러한 결점들에 대처하기 위해 다양한 시도들이 이루어졌으며, 펌프 연사식 총은 주요 보안용 무기로 사용된다.

브라우닝 자동 산탄총 / 오토 5

반자동 산탄총은 새로운 것이 아니다. 브라우닝 오토 5는 1900년에 특허를 받았으며, 거의 100년간 생산돼 왔다. 반동으로 작동하며 총몸의 꼭대기를 통해 배출되고 아래쪽으로부터 재장전되었다.

제원	
개발 국가 :	미국
개발 연도 :	1900
구경 :	12, 16, 20구경
작동방식 :	롱 리코일, 반자동
무게 :	다양
전체 길이 :	다양
총열 길이 :	508mm
총구(포구) 속도 :	다양
탄창 :	3발 또는 5발 내장식 튜브 탄창
사정거리 :	100m

베레타 RS202-MI

RS200에 기초한 RS202-MI는 성공적인 RS202P 12구경 산탄총의 접이식 개머리판 버전이다. 접이식 개머리판이 있어 차량 뒤쪽과 같은 한정된 공간에 보관하기가 훨씬 더 쉽다.

제원	
개발 국가 :	이탈리아
개발 연도 :	1973
구경 :	12구경
작동방식 :	펌프 액션
무게 :	3.20kg
전체 길이 :	1020mm
총열 길이 :	520mm
총구(포구) 속도 :	다양
탄창 :	6발 내장식 튜브형 탄창
사정거리 :	100m

TIMELINE  1900  1973  1979

프랑키 SPAS 12

SPAS 12는 자의적으로 펌프 연사 모드와 반자동 모드를 변환시킬 수 있으며, 필요할 때 전문 탄을 장전할 수 있다. 어깨 개머리판은 한 손 사격을 위해 팔꿈치 걸이로 사용할 수 있다.

제원	
개발 국가 :	이탈리아
개발 연도 :	1979
구경 :	12구경
작동방식 :	펌프 액션 / 가스압
무게 :	4.2kg
전체 길이 :	930mm
총열 길이 :	460mm
총구(포구) 속도 :	다양
탄창 :	7발 내장식 튜브형 탄창
사정거리 :	100m

스트라이커

스트라이커 산탄총은 관례적으로 사용되는 총열 밑 탄창 대신 12발 원통형을 사용한다. 그 결과 다소 부피가 크지만 신뢰성을 갖게 됐으며, 화력은 재래식 산탄총의 2배나 된다.

제원	
개발 국가 :	남아프리카
개발 연도 :	1985
구경 :	12구경
작동방식 :	회전 실린더
무게 :	4.2kg
전체 길이 :	792mm
총열 길이 :	304mm 또는 457mm
총구(포구) 속도 :	다양
탄창 :	12발 또는 20발 회전식 탄창
사정거리 :	100m

베넬리 M4/M1014

M4는 덜 치명적인 고무탄 등 다양한 탄을 발사할 수 있는 군사용 산탄총이며 재래식 개머리판과 피스톨 손잡이 또는 텔레스코핑 개머리판을 사용할 수 있다. M1014처럼 미 해병대에 채택되었다.

제원	
개발 국가 :	이탈리아
개발 연도 :	1998
구경 :	12구경
작동방식 :	가스압, 반자동
무게 :	3.8kg
전체 길이 :	1010mm
총열 길이 :	470mm
총구(포구) 속도 :	다양
탄창 :	6발 총열 밑 내장식 튜브형 탄창
사정거리 :	100m

1985

1998

펌프 연사식 보안용 산탄총들

Pump-Action Security Shotguns

하나의 시장을 겨냥한 무기들이 있는 반면, 많은 산탄총들은 스포츠 사격이나 가정 방어용에 똑같이 적합하다. 펌프 연사식 산탄총의 단순하고 견고한 메커니즘은 비전문 사수들에게 매력적이다.

윈체스터 모델 1300

진화된 펌프 연사식 설계를 갖춘 모델 1300은 액션의 작동을 돕기 위해 반동을 이용하며, 매우 신속한 사격이 가능하다. 윈체스터 디펜더를 포함, 많은 변종 모델들과 개량형 모델들이 생산되었다.

제원	
개발 국가 :	미국
개발 연도 :	1978
구경 :	12구경
작동방식 :	펌프 액션
무게 :	3.06-3.18kg
전체 길이 :	1003-1245mm
총열 길이 :	457-711mm
총구(포구) 속도 :	다양
탄창 :	4발, 5발 또는 7발 내장식 튜브형 탄창
사정거리 :	100m

암스코어 M30R6

암스코어 사의 M30 범위는 다양한 변종 모델들을 포함한다. M30R6은 보안 담당자들을 위해 특별히 설계되었다. 탄창을 확대하고, 스포팅 모델들의 목재 부품보다는 고분자 중합체 구조를 많이 사용한다.

제원	
개발 국가 :	미국
개발 연도 :	2000
구경 :	12구경
작동방식 :	펌프 액션
무게 :	3.22kg
전체 길이 :	1009mm
총열 길이 :	508mm
총구(포구) 속도 :	다양
탄창 :	5발 내장식 튜브형 탄창
사정거리 :	100m

TIMELINE 1978 2000

암스코어 M30DI

애초 사격 경기의 선수들을 겨냥한 DI는 M30의 범주에 들어가며 확실한 방어용 무기이다. 탄창은 4×76.2mm 또는 5×63.5mm 12구경 탄을 장전할 수 있으며, 약실에도 하나를 장전할 수 있다.

제원	
개발 국가 :	필리핀
개발 연도 :	2000
구경 :	12구경
작동방식 :	펌프 액션
무게 :	3.51-3.63kg
전체 길이 :	1159-1210mm
총열 길이 :	660-710mm
총구(포구) 속도 :	다양
탄창 :	4발, 5발 내장식 튜브형 탄창
사정거리 :	150m

모스버그 835 울티-매그

모스버그의 울티-매그는 88.9mm(3.5in 매그넘) 12구경 탄을 중심으로 만들어졌다. 길고 강력한 탄을 발사하려면 견고한 무기가 필요하다. 총열은 반동감을 줄이기 위해 이식(porting)되었다.

제원	
개발 국가 :	미국
개발 연도 :	2004
구경 :	12구경
작동방식 :	펌프 액션
무게 :	최대 3.5kg
전체 길이 :	다양
총열 길이 :	최대 710mm
총구(포구) 속도 :	다양
탄창 :	4+1발 내장식 튜브형 탄창
사정거리 :	150m

모스버그 535 올 터레인 산탄총

다양한 목표물들과 맞붙기 위해 설계된 535는 69.85mm, 76.2mm 또는 88.9mm 12구경 탄을 사용할 수 있으며, 사용자가 용도에 적합한 탄을 즉시 선택할 수 있다.

제원	
개발 국가 :	미국
개발 연도 :	2005
구경 :	12구경
작동방식 :	펌프 액션
무게 :	최대 3.2kg
전체 길이 :	다양
총열 길이 :	최대 710mm
총구(포구) 속도 :	다양
탄창 :	4+1 또는 5+1발 내장식 튜브형 탄창
사정거리 :	150m

2004
2005

자동 산탄총들 Automatic Shotguns

전자동 산탄총은 무시무시한 화력을 상징하나, 큰 사이즈의 12구경 탄을 사용한다는 것은 그로 인해 커다란 탄창이 필요하거나 탄 장전능력의 제한을 감수해야 함을 의미한다. 자동 산탄총은 반동도 심하다.

애치슨 돌격용 산탄총

7발 상자형이나 부피가 큰 20발 원통형 탄창을 사용하는 가스압의 전 자동 12구경 산탄총인 애치슨 돌격용 산탄총은 군사용으로 설계되었 다. 라이플 수류탄을 발사할 수 있으며, 창검 받침대가 있다.

제원	
개발 국가 :	미국
개발 연도 :	1972
구경 :	12구경
작동방식 :	가스 블로백, 선택 발사
무게 :	7.3kg
전체 길이 :	991mm
총열 길이 :	457mm
총구(포구) 속도 :	350m/sec
탄창 :	7발 탈부착식 또는 20발 원통형 탄창
사정거리 :	100m

판코르 잭해머

잭해머는 전자동 불펍 무기로 10발 원통형 탄창으로부터 급탄되었으 며, 사용한 케이스들은 배출되지 않고 보관되었다. 이러한 아이디어는 분명히 유망해 보였음에도 판매를 이끌어내는 데 실패한 채 단지 진기 한 무기로만 남았다.

제원	
개발 국가 :	미국
개발 연도 :	1985
구경 :	12구경
작동방식 :	가스압
무게 :	4.57kg(장전시)
전체 길이 :	762mm
총열 길이 :	457mm
총구(포구) 속도 :	탄의 유형에 따라 다양
탄창 :	10발 탈부착식 사전장전 형 회전 카세트
사정거리 :	200m+

TIMELINE  1972  1985

프랑키 SPAS 15

SPAS 12의 개량형인 SPAS 15는 반자동 또는 펌프 연사식 사격이 가능하다. 전자동 발사를 가능하게 만들려는 계획이 있었으나, 그러한 계획은 비실용적임이 드러났다. 탄창을 교체하기가 재래식 산탄총을 재장전하기보다 훨씬 더 빠르다.

제원	
개발 국가 :	이탈리아
개발 연도 :	1985
구경 :	12구경
작동방식 :	펌프 액션, 가스압
무게 :	3.9kg 또는 4.1kg
전체 길이 :	980mm 또는 1000mm
총열 길이 :	450mm
총구(포구) 속도 :	탄의 유형에 따라 다양
탄창 :	10발 탈부착식 상자형 탄창
사정거리 :	100m

USAS-12 자동 산탄총

초기 애치슨 돌격용 산탄총과 크게 유사한 USAS-12는 좀더 현대적인 소재를 사용했으며, 1990년대에 생산에 들어갔다. 비록 반자동 민간용 변종 모델이 그리 성공을 거두지 못했지만, 전자동 군사용 버전은 몇몇 국가에 팔렸다.

제원	
개발 국가 :	한국
개발 연도 :	1992
구경 :	12구경
작동방식 :	가스압
무게 :	5.5kg
전체 길이 :	960mm
총열 길이 :	460mm
총구(포구) 속도 :	400m/sec
탄창 :	10발 상자형 또는 20발 탈부착식 원통형 탄창
사정거리 :	200m

AA-12/ 자동 돌격 12

몇 년간에 걸쳐 애치슨 돌격용 산탄총을 개량한 AA-12는 공중폭발용 등 다양한 탄을 발사할 수 있다. 8발 상자형, 20발 또는 32발 원통형 탄창도 장착할 수 있다.

제원	
개발 국가 :	미국
개발 연도 :	2005
구경 :	12구경
작동방식 :	가스 블로백, 선택 발사
무게 :	5.7kg
전체 길이 :	966mm
총열 길이 :	330mm
총구(포구) 속도 :	350m/sec
탄창 :	8발 상자형, 20발 또는 32발 원통형 탄창
사정거리 :	200m(FRAG-12탄)

1992

2005

폭동 진압용 무기들 Riot Control Weapons

가능하면 어디서든지, 덜 치명적인 무기들이 폭동을 진압하기 위해 사용된다. '덜 치명적인'이라는 용어는 어떤 무기든 정당한 상황에서도 사망자를 생기게 할 수 있기 때문에 '비(非) 치명적인'이라는 용어를 대신해 사용된다.

페더럴 라이엇 건

브레이크-오픈 싱글샷 방식의 페더럴 라이엇 건은 기본적이기는 하지만 전 세계의 경찰, 군대, 보안부대가 사용하는 효과적인 무기이다. 다양한 업데이트 모델들이 수년간에 걸쳐 등장해 왔으나 작동방식은 모두 근본적으로 비슷하다.

제원	
개발 국가 :	미국
개발 연도 :	1960
구경 :	37mm
작동방식 :	후장식, 싱글 샷
무게 :	N/A
전체 길이 :	737mm
총열 길이 :	알려지지 않음
총구(포구) 속도 :	알려지지 않음
탄창 :	고무탄, 연기탄, 화염탄, 최루탄
사정거리 :	100m(고무탄)

스미스 앤드 웨슨 No 210 숄더 가스총

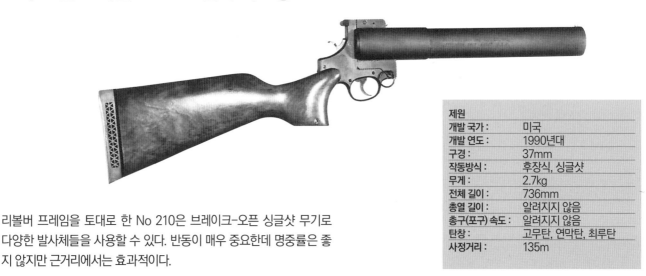

리볼버 프레임을 토대로 한 No 210은 브레이크-오픈 싱글샷 무기로 다양한 발사체들을 사용할 수 있다. 반동이 매우 중요한데 명중률은 좋지 않지만 근거리에서는 효과적이다.

제원	
개발 국가 :	미국
개발 연도 :	1990년대
구경 :	37mm
작동방식 :	후장식, 싱글샷
무게 :	2.7kg
전체 길이 :	736mm
총열 길이 :	알려지지 않음
총구(포구) 속도 :	알려지지 않음
탄창 :	고무탄, 연막탄, 최루탄
사정거리 :	135m

TIMELINE 1960 1960s

스미스 앤드 웨슨 No 209 가스 피스톨

No 210과 흡사하지만 총열이 짧고 피스톨 손잡이를 사용한다. 약간 큰
버전이 No 209이며 원래 최루 가스탄을 사용하도록 돼 있어 명중률은
그리 중요하지 않다.

제원	
개발 국가 :	미국
개발 연도 :	1960년대
구경 :	37mm
작동방식 :	후장식, 싱글샷
무게 :	N/A
전체 길이 :	N/A
총열 길이 :	N/A
총구(포구) 속도 :	N/A
탄창 :	고무탄, 최루탄
사정거리 :	9-30m

아르웬

폭동 진압용 무기 아르웬(ARWEN : The Anti-Riot Weapon Enfield)
은 폭동진압부대나 경찰들에게 재장전 없이 연사할 수 있는 능력을 제
공하기 위해 개발되었다. 변종 모델로 개머리판 없는 짧은 버전과 차량
영구 장착용 버전 등이 있다.

제원	
개발 국가 :	영국
개발 연도 :	1970
구경 :	37mm, 12구경
작동방식 :	후장식, 회전 원통
무게 :	3.8kg(장전시)
전체 길이 :	840mm
총열 길이 :	760mm
총구(포구) 속도 :	N/A
탄창 :	5발 회전식 탄창
사정거리 :	100m(고무탄)

셔뮬리 폭동 진압용 총

폭동 진압에 나서는 경찰이나 군인들에게는 균형을 잡아야 할 많은 문
제가 있다. 대원들과 무고한 행인들은 반드시 보호해야 하지만, 가능한
한 어디서든지 물리력은 최소한으로 사용해야 한다. 유연하게 사용할
수 있는 무기는 그러한 상황에서 좋은 선택이다.

제원	
개발 국가 :	영국
개발 연도 :	1970년대
구경 :	37mm, 12구경
작동방식 :	후장식, 싱글샷
무게 :	3.18kg
전체 길이 :	828mm
총열 길이 :	알려지지 않음
총구(포구) 속도 :	N/A
탄창 :	고무탄, 연막탄, 최루탄, 자극성 작용제
사정거리 :	150m

1970   1970s

FN303   FN303

독립적으로 사용하거나 소총에 고정시킬 수 있는 FN303은 압축 공기로 12구경 발사체를 쏠 수 있다. 조명탄뿐만 아니라 약물제나 다른 발사체들의 위치를 보여주며, 가스탄 발사도 가능하다. 또한 M16 같은 돌격용 소총에 끼어 맞출 수 있게 설계돼 있다.

개머리판
개머리판은 재래식 라이플에 장착할 수 있게 떼어낼 수 있다.

탄창
원통형 탄창은 15발들이로 전통적인 싱글샷 무기들보다 강력한 화력을 제공한다.

제원	
개발 국가 :	벨기에
개발 연도 :	2003
구경 :	18mm
작동방식 :	압축 공기
무게 :	2.3kg
전체 길이 :	740mm
총열 길이 :	250mm
총구(포구) 속도 :	85m/sec
탄창 :	15발 탈부착식 원통형 탄창
사정거리 :	70m

FN303은 많은 폭동 진압용 무기들의 주요 문제, 반복 사격의 결여에 대처하기 위한 것이다. 이 무기는 필요할 경우 신속한 다발 사격이 가능하며, 이 무기를 이용해 폭동 진압대원은 폭도들로부터 자신들을 보호하고 사람들을 해산시킬 수 있다.

FN303은 각기 다른 종류의 무기들을 지급하지 않더라도 보안 요원들이 융통
성 있게 활용할 수 있으며, 다양한 탄들을 사용할 수 있는 장점이 있다.

톱 레일
레일을 이용해 택티컬 라이트와 레
이저 포인터 등 다양한 액세서리를
장착할 수 있다.

가스 실린더
가스 실린더는 재장전하기 전에 110발을
발사할 수 있다. 실린더의 유효 사용 기간
내에 수백 발을 재장전할 수 있다.

총열 밑 장착
FN303은 많은 유탄발사기와 동일한 방식으로
라이플의 탄창을 손잡이로 사용한다.

휴대형 유탄발사기 Man-Portable Grenade Launchers

유탄발사기들은 보병대원이 포병 지원 무기를 휴대할 수 있게 한다. 잘 훈련된 수류탄 투척병은 창문이나 엄호물 너머로 수류탄을 던져 직접적인 총격으로부터 보호받고 있는 적군을 제거할 수 있다.

M79 유탄발사기

종종 '섬프 건(Thump gun)'으로도 언급되는 M79는 보병대의 화력을 높이기 위해 베트남 전쟁 시기에 개발되었다. 무겁고 부피가 커 수류탄 투척병이 총까지 함께 휴대하기는 불가능했다.

제원	
개발 국가 :	미국
개발 연도 :	1961
구경 :	40mm
작동방식 :	후장식
무게 :	2.95kg(장전시)
전체 길이 :	783mm
총열 길이 :	알려지지 않음
총구(포구) 속도 :	75m/sec
탄창 :	싱글샷
사정거리 :	150m

HK69A1 그레나트피스톨레

원래 총열 밑 소총용 장착 무기로 개발된 HK69는 공격용 수류탄 외에 조명탄과 신호탄을 발사할 수 있는 수동 격철식 싱글 액션 무기이다.

제원	
개발 국가 :	서독
개발 연도 :	1969
구경 :	40mm
작동방식 :	후장식
무게 :	2.3kg
전체 길이 :	683mm
총열 길이 :	알려지지 않음
총구(포구) 속도 :	75m/sec
탄창 :	싱글샷
사정거리 :	350m

TIMELINE 1961 1969

M203 유탄발사기

돌격용 소총의 총열 아래에 고정되는 M203은 개머리판의 대부분이 필요 없다. 그 때문에 수류탄 투척병은 소총수가 될 수 있다. M79보다 재장전 시간이 길다.

제원	
개발 국가 :	미국
개발 연도 :	1969
구경 :	40mm
작동방식 :	후장식
무게 :	1.63kg(장전시)
전체 길이 :	380mm
총열 길이 :	305mm
총구(포구) 속도 :	75m/sec
탄창 :	싱글샷
사정거리 :	400m

CIS 40GL

구 CIS(Chartered Industries Singapore, 현 ST 키네틱스)가 출시한 CIS 40GL은 다양한 소총에 끼어 맞추거나, 독립적으로 고정된 개머리판과 함께 사용될 수 있다. 전세계적으로 경찰과 군대에 판매돼 왔다.

제원	
개발 국가 :	싱가포르
개발 연도 :	1989
구경 :	40mm
작동방식 :	후장식
무게 :	2.05kg
전체 길이 :	655mm(개머리판 포함)
총열 길이 :	305mm
총구(포구) 속도 :	76m/sec
탄창 :	싱글샷
사정거리 :	400m

AG 유탄발사기

헤클러 앤드 코흐 사의 유탄발사기는 H&K G36과 영국 SA80 등 다양한 나토 돌격용 소총에 끼어 맞출 수 있게 설계되었다. 브레이크 액션 스틸 총열의 싱글샷 무기이다.

제원	
개발 국가 :	독일
개발 연도 :	2003
구경 :	40mm
작동방식 :	반자동
무게 :	1.5kg
전체 길이 :	350mm
총열 길이 :	280mm
총구(포구) 속도 :	76m/sec
탄창 :	수동 장전
사정거리 :	200m

1989

2003

유탄발사기 Grenade Launchers

무거운 유탄발사기들은 종종 탄띠로 급탄되며, 보병 지원을 위해 차량에 장착하거나 삼각대를 이용해 발사된다. 정밀하지 않지만 지역 사격이나 적군 진압용으로 자주 쓰인다. 많은 발사기들이 소총 장착 발사기들과 동일한 수류탄을 사용한다.

MK 19

미 해군이 1960년대에 개발한 Mk19은 원래 하천의 초계정(哨戒艇)을 무장하기 위한 것이었지만 곧 헬리콥터와 차량 군비 등 다른 쓰임새로 다양하게 채택되었다.

제원	
개발 국가 :	미국
개발 연도 :	1966
구경 :	40mm
작동방식 :	어드밴스트 프라이머 이그니션, 블로백
무게 :	32.9kg
전체 길이 :	1090mm
총열 길이 :	413mm
총구(포구) 속도 :	185m/sec
탄창 :	탄띠 급탄
사정거리 :	1400m

AGS-17

러시아의 AGS-17 또는 플라야('불꽃')는 30발 박스형 탄띠를 사용하는 데 작동방식은 기관총과 유사하며 블로백을 이용해 다음 탄을 장전한다.

제원	
개발 국가 :	USSR
개발 연도 :	1970
구경 :	30mm
작동방식 :	블로백
무게 :	31kg
전체 길이 :	840mm
총열 길이 :	알려지지 않음
총구(포구) 속도 :	185m/sec
탄창 :	30발 상자형 탄띠
사정거리 :	1700m

TIMELINE  1966  1970  1977

브런즈윅 RAW

RAW(The Rifle's Assaut Weapon)는 소총용 수류탄 개념을 채택한 것으로 2000m까지 날아갈 수 있지만 정확성은 200-300m에서만 유지된다. 원래 역할은 적군이 사용하는 견고한 엄호물을 파괴하는 것이다.

제원	
개발 국가 :	미국
개발 연도 :	1977
구경 :	140mm
작동방식 :	소총 발사
무게 :	3.8kg
전체 길이 :	305mm
총열 길이 :	N/A
총구(포구) 속도 :	180m/sec
탄창 :	단발
사정거리 :	200m+

밀코르 MGL

밀코르의 MGL(Multipe Grenade Launcher)은 신속히 화력을 제공하기 위해 고정식 6발 리볼버형 실린더를 사용한다. 실린더는 스프링 메커니즘을 사용해 회전하며, 재장전되기 전에 스프링이 감겨 있어야 한다.

제원	
개발 국가 :	남아프리카
개발 연도 :	1983
구경 :	40mm
작동방식 :	더블 액션
무게 :	5.3kg
전체 길이 :	778mm
총열 길이 :	300mm
총구(포구) 속도 :	76m/sec
탄창 :	6발 스윙 아웃형 실린더
사정거리 :	400m

H&K GMG

H&K의 유탄 기관총은 민간의 벤처사업으로 개발되었으며, 1990년대에 독일 육군에 채택되었다. 블로백 작동방식을 사용하는 GMG는 어드밴스트 프라이머 발화 시스템을 사용해 반동감을 줄였다.

제원	
개발 국가 :	독일
개발 연도 :	1995
구경 :	40mm
작동방식 :	리코일 작동의 블로백
무게 :	28.8kg
전체 길이 :	1090mm
총열 길이 :	415mm
총구(포구) 속도 :	241m/sec
탄창 :	32발 해체 가능 또는 폐링크 탄띠
사정거리 :	1500m

1983

1995

스포츠용 총

'스포츠용 총(엽총을 포함)'이란 용어는 오락이나 스포츠 또는 사냥 용도로 목표물을 사격하는 다양한 소형 무기에 적용될 수 있다. 전형적인 사냥꾼은 한두 번 정밀 사격을 할 뿐이며 대구경 반자동 무기 따위를 필요로 하지 않는다.

스포츠용 총들은 군사용 무기들과 달리 거의 남용되지 않으나 종종 거칠게 다뤄진다. 사냥에 나서 이동중이거나 비탈에 정지하고도 정확성을 유지할 수 있어야 하며, 그 때문에 견고함의 정도는 매우 중요하다.

사진 한 사냥꾼이 윈체스터 모델 1300으로 조준하고 있다. 모델 1300은 펌프 연사 속도가 높기로 유명하다.

이중 총열 스포츠용 산탄총들

Double-Barrelled Sporting Shotguns

이중 총열의 산탄총에는 상하배열식(over-under)과 좌우병렬식(side-by-side) 두 가지 형태가 있다. 둘 다 후장식(breech-loading)이지만 다른 특징들도 있는데, 신속한 사격에는 상하배열식 총열이 적합하다.

브라우닝 B125

1920년대에 처음 생산된 B125는 안전장치와 실렉터 겸용 스위치를 사용해 선택한 총열 순서에 따라 차례로 발사된다. 기본 무기를 기반으로 일련의 변종 모델과 업그레이드 모델들이 출시되었다.

제원	
개발 국가 :	미국
구경 :	12구경
작동방식 :	후장식
무게 :	3.2kg
총열 길이 :	760mm
이젝터 유형 :	자동

브라우닝 B425

B125를 현대적 감각으로 개량한 B425의 몇몇 변종 모델들이 나와 있다. 모델마다 클레이 사격 또는 물새 사냥 등 특수 용도에 최적화되어 있으며, 12구경과 20구경이 사용 가능하다.

제원	
개발 국가 :	미국
구경 :	12구경 또는 20구경
작동방식 :	후장식
무게 :	3.5kg
총열 길이 :	710mm
이젝터 유형 :	자동

파브암 베타

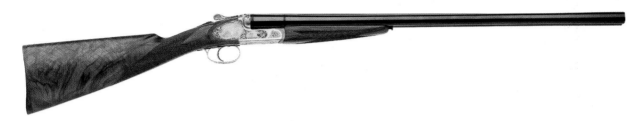

전통적인 좌우병렬식 총열의 산탄총을 현대화한 베타 시리즈에는 몇 개의 변종 모델이 있다. 그 모두는 주로 견고하고 신뢰성 있는 총을 요구하는 거친 경기용 시장을 겨냥하고 있다.

제원	
개발 국가 :	이탈리아
구경 :	12구경
작동방식 :	후장식
무게 :	3.3kg
총열 길이 :	660mm, 710mm
이젝터 유형 :	자동

미로쿠 MK70 스포터 그레이드 1

고품질의 조준 반경을 제공하는 미로쿠는 브라우닝 B125 메커니즘에 토대를 둔 상대적으로 고가인 무기이다. 게임용 변종 모델은 고정 초크를, 스포츠 버전은 가변 초크를 사용한다.

제원	
개발 국가 :	일본
구경 :	12구경, 20구경 또는 28구경
작동방식 :	후장식
무게 :	3.5kg
총열 길이 :	710mm, 760mm, 810mm
이젝터 유형 :	자동

파우스티 스타일 ST

12-32구경 그리고 .410구경을 사용할 수 있는 스타일 ST는 광범위한 초보 사용자들을 겨냥한 무기이다. 대부분 69.85mm 탄을 사용하나, 76.2mm와 88.9mm 버전도 나와 있다.

제원	
개발 국가 :	이탈리아
구경 :	12구경, 16구경, 20구경, 24구경, 28구경 또는 32구경, .410
작동방식 :	후장식
무게 :	3.4kg
총열 길이 :	600mm, 630mm, 650mm, 680mm, 710mm, 770mm
이젝터 유형 :	자동

마로키 모델 99 Marocchi Model 99

가장 대중적인 산탄총 구경은 12구경(게이지)이다. 이 측정단위는 무기의 총열과 동일한 직경의 단단한 납탄 무게에서 파생되었다. 12구경은 탄 12개의 무게가 1파운드(.454kg)임을 뜻하며, 20구경은 각각의 탄 무게가 1파운드의 20분의 1(.05)임(.023kg)을 나타낸다.

개머리판
호두나무(월넛)는 산탄총 총몸에 일반적으로 사용되는 소재로, 쉽게 마모되지 않고 외관도 보기 좋다.

방아쇠
모델 99는 신속하게 잠글 수 있게 만들어져 방아쇠를 잡아당기고 발사되기까지의 지연시간이 최소화되었다.

12구경은 다양한 쓰임새에 맞게 다른 유형의 탄들을 사용할 수 있고, 제어가
능하며, 화력의 균형을 잘 잡을 수 있어 산탄총 사격에 가장 적합한 올-라운드
구경으로 널리 인식된다.

형태
오버-언더 형태가 사이드-바이-사이
드의 배열보다 좀더 일관된 조준이 가
능한 것으로 널리 여겨지고 있다.

총열
많은 현대의 산탄총들처럼 모델 99는
좀더 전통적인 탄(리드) 외에 무독성
의 스틸 탄(샷)을 사용할 수 있다.

제원	
개발 국가 :	이탈리아
구경 :	12
작동방식 :	후장식
무게 :	3.5kg
총열 길이 :	710mm, 760mm, 810mm
이젝터 유형 :	자동

상하배열식 산탄총 Over-Under Shotguns

상하배열식 산탄총은 좌우병렬식 산탄총과 조준시 나타나는 상(像)이 약간 다르다. 사수는 총열 사이의 가늠쇠가 아닌, 총열 위의 강화 조준용 이랑을 따라 조준한다. 비록 그 차이가 하찮은 것으로 보일지라도, 많은 사수들은 이러한 배치를 선호한다.

FAIR 주빌리 프레스티지

명칭에서 알 수 있듯이, 고급 시장을 겨냥하고 있으며, 전체적으로 고품질의 소재를 사용한다. 많은 스포츠용 총들처럼 구경과 총열 길이도 다양하다.

제원	
개발 국가 :	이탈리아
구경 :	12구경, 16구경, 20구경, 28구경 또는 36구경
작동방식 :	후장식
무게 :	3.2kg
총열 길이 :	660mm, 710mm, 760mm
이젝터 유형 :	자동

FAIR 프리미어

프리미어는 스포츠용 시장을 겨냥하고 있으며, 발사시 사용자의 요구에 맞춰 탄을 분산시킬 수 있도록 다양한 멀티초크들이 딸려 있다.

제원	
개발 국가 :	이탈리아
구경 :	12구경, 16구경, 20구경, 또는 28구경 ; .410
작동방식 :	후장식
무게 :	3.4kg
총열 길이 :	710mm
이젝터 유형 :	자동

바이칼 IZH-27/ 레밍턴 SPR-310

레밍턴 사에서 라이선스를 얻어 생산한 저렴한 러시아산 무기인 SPR-310은 .410에서 12구경까지 다양한 구경을 사용할 수 있다. 수렵지 이외에서 사냥할 때나 야생동물을 통제하기에 적합하며 어느 경우나 총기는 험하게 다루어진다.

제원	
개발 국가 :	미국, 러시아
구경 :	12구경, 16구경, 20구경 또는 28구경 ; .410
작동방식 :	후장식
무게 :	3.4kg
총열 길이 :	660mm, 710mm
이젝터 유형 :	자동

루거 레드 라벨

다른 스포츠용 산탄총들처럼, 루거 레드 라벨은 제각기 다른 사용자와 쓰임새와 맞추기 위해 660mm-760mm 총열을 사용할 수 있다. 사냥과 스포츠 등 다목적용으로 만들어졌다.

제원	
개발 국가 :	미국
구경 :	12구경, 20구경 또는 28구경
작동방식 :	후장식
무게 :	3.6kg
총열 길이 :	660mm, 710mm, 760mm
이젝터 유형 :	자동

랜버 딜럭스 스포터

가격이 저렴하고 재래식 설계로 되어 있지만 가격대비 성능은 좋다. 스포츠용 및 야외 사격용 시장을 겨냥하고 있으며 멀티초크 세트가 딸려 있다.

제원	
개발 국가 :	스페인
구경 :	12구경
작동방식 :	후장식
무게 :	3.5kg
총열 길이 :	710mm, 760mm
이젝터 유형 :	자동

파브암 액시스 20M Fabarm Axis 20M

20구경 산탄총들은 12구경보다 상당히 가벼우며, 이는 많은 사수의 관심을 끈다. 무거운 총만큼 멀리 발사할 수는 없지만, 정확하게만 설치되면 20구경 산탄총이라도 야외에서 사용하기에 좋다. 일반적으로 야외 사격용 총은 클레이 피전 사격(점토를 구워 만든 원반을 허공에 던져 쏘는 사격) 용 총에 비해 총열이 짧다. 거기에다 작고 가벼운 20구경 산탄총을 사용한다면 하루종일 들고 다녀도 문제가 없을 것이다.

개머리판의 목
안전장치와 총열 실렉터가 개머리판 목에 있는 하나의 스위치로 함께 사용된다.

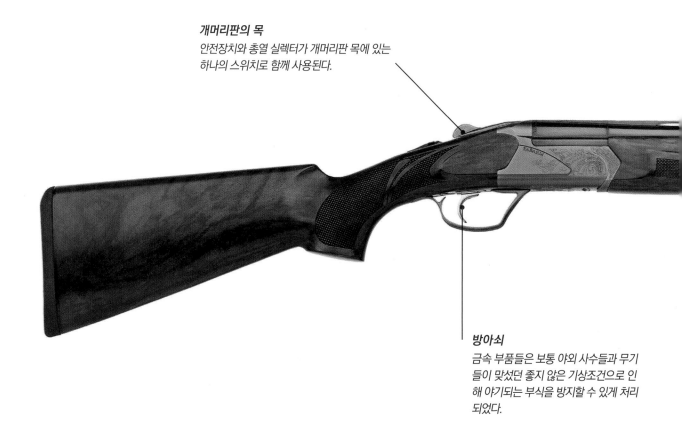

방아쇠
금속 부품들은 보통 야외 사수들과 무기들이 맞섰던 좋지 않은 기상조건으로 인해 야기되는 부식을 방지할 수 있게 처리되었다.

제원	
개발 국가 :	이탈리아
구경 :	20구경
작동방식 :	후장식
무게 :	3.6kg
총열 길이 :	610mm, 660mm, 710mm, 760mm
이젝터 유형 :	자동

종종 상태에 맞춰 정교하게 조정할 수 있는 스포츠용 무기들과 달리 대체로 야외에서 사용하는 총들은 일반적으로 고정 초크를 사용한다. '초크'는 총열을 좁혀 발사시 탄의 분산을 조정할 수 있다. 액시스 20M은 가변 초크를 갖고 있으며, 사용자가 초크를 바꾸기 위해 총열 속에 튜브를 끼울 수 있다.

어느 정도 능숙한 사수라면 초크 변경은 처음에만 문제될 뿐인데, 자칫하면 탄의 분산에 지나치게 관심을 가질 수 있다. 가변 초크들은 부식과 발사체 부착물 따위에 다소 취약하지만, 숙련된 사용자들은 이 초크를 이용해 무기 성능을 최적화할 수 있다.

총열
가변식 초크는 사용자의 선호 여부에 따라 탄의 분산을 조정할 수 있다. 총열 사이와 그 위의 이랑들은 화력을 증가시킨다. 이랑은 총열 냉각을 위해 환기구를 두고 있다.

총대
액시스 20M은 꽤 짧고 가벼운 총으로 야외 사격에 적합하다. 클레이 사수는 종종 안정적인 스윙을 위해 무거운 총을 선호한다,

전문가용 산탄총 Specialist Shotguns

많은 무기들이 일반 사용자를 겨냥하고 있지만, 특수한 기능이나 용도에 최적화된 것도 있다. 일부 사용자들은 명중률을 높이고 무게를 줄이며 특정 분야에서 고성능을 발휘하기 위해 기꺼이 높은 비용을 지불한다.

팔코 SO27A

SO27A는 소구경이어서 매우 가볍다. 아주 꽉 조인 초크를 사용해 .410 산탄총으로 좋은 결과를 가져올 수 있지만 이 경우 사격술이 뛰어나야 한다.

제원	
개발 국가 :	이탈리아
구경 :	.410
작동방식 :	후장식
무게 :	2.7kg
총열 길이 :	700mm
이젝터 유형 :	익스트랙터(추출기)

베레타 682

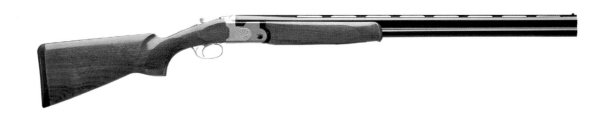

클레이 피전 사격 시장을 겨냥해 특별히 개발된 682는 사용자에게 완벽하게 맞추기 위해 다양한 직경으로 조절 가능하다. 트랩 사격(사출물 사격. 공중으로 표적을 쏘아올려 맞추는 사격)과 스키트 사격(여러 개의 사대(射臺)를 이동하면서 좌우의 클레이 방출기에서 방출되는 표적을 쏘아 맞추는 사격)에 최적화된 변종 모델들이 나와 있다.

제원	
개발 국가 :	이탈리아
구경 :	12구경
작동방식 :	후장식
무게 :	3.45kg
총열 길이 :	710mm, 760mm, 810mm
이젝터 유형 :	자동

베레타 울트라라이트

베레타 울트라라이트는 12구경 산탄총을 어느 정도까지 가볍게 만들 수 있는지, 그 한계를 보여준다. 다만 움직이는 목표물을 쫓는 동안 안정된 스윙을 유지하려면 어느 정도의 총열 무게는 필요하다.

제원	
개발 국가 :	이탈리아
구경 :	12구경
작동방식 :	후장식
무게 :	2.7kg
총열 길이 :	710mm
이젝터 유형 :	자동

살비넬리 L1

L1은 스포츠용 계통 살비넬리 총에서 사용가능한 모델들 중 하나이다. 매우 일관된 사격 패턴을 위해 긴 멀티 초크와 강선 시작부(약실과 총열 사이의 단계)를 함께 사용한다.

제원	
개발 국가 :	이탈리아
구경 :	12구경
작동방식 :	후장식
무게 :	3.5kg
총열 길이 :	700mm, 720mm, 760mm
이젝터 유형 :	자동

웨더비 SBS 아테나 딜럭스

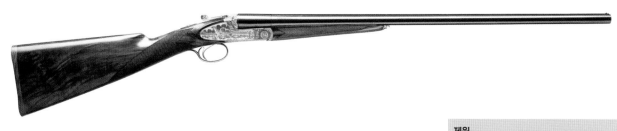

이 총은 비록 디자인은 고전적이지만 현대적 사고로부터 이익을 얻고 있다. 탄의 변형을 줄이기 위해 강선 시작부를 늘였는데, 이로 인해 사격 패턴이 평탄하고 예측 가능하며 사정거리도 더 향상되었다.

제원	
개발 국가 :	이탈리아
구경 :	12구경 또는 20구경
작동방식 :	후장식
무게 :	최대 3.3kg(12구경)
총열 길이 :	660mm, 710mm
이젝터 유형 :	자동

브라우닝 시너지 Browning Cynergy

후장식 산탄총의 기본 액션은 꽤 단순하지만, 무기의 구조는 별 볼일 없는 무기와 우수한 무기를 구분 짓는다. 산탄총 같은 고전적 형태에 현대적 소재와 기술을 적용하면 무기 성능을 더욱 더 개선할 수 있다.

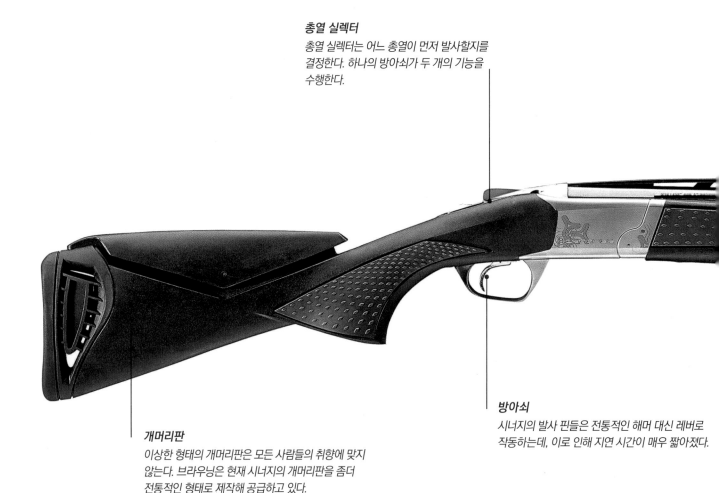

총열 실렉터
총열 실렉터는 어느 총열이 먼저 발사할지를 결정한다. *하나의 방아쇠가 두 개의 기능을 수행한다.*

개머리판
이상한 형태의 개머리판은 모든 사람들의 취향에 맞지 않는다. 브라우닝은 현재 시너지의 개머리판을 좀더 전통적인 형태로 제작해 공급하고 있다.

방아쇠
시너지의 발사 핀들은 전통적인 해머 대신 레버로 작동하는데, 이로 인해 지연 시간이 매우 짧아졌다.

제원	
개발 국가 :	미국
구경 :	12구경
작동방식 :	후장식
무게 :	3.4kg
총열 길이 :	710mm, 760mm, 810mm
이젝터 유형 :	자동

브라우닝 시너지는 이식된 총열을 사용하며 총구가 들려올라가는 것에 대응해 압축가스를 빼낸다. 총열도 뒤쪽에 구멍이 뚫려(back-bore) 있는데 이는 꽤 현대적인 기술이며, 총열은 일반적으로 사용되는 구경보다 더 큰 직경으로 뚫려 있다. 백-보어링은 총열 밖으로 빠져나오는 동안 탄의 왜곡 정도를 줄이고, 한층 일관되게 탄을 분산시키며, 원거리 성능을 향상시킨다.

이 무기의 또다른 혁신적인 요소는 새로운 스트라이커 시스템으로, 이는 사용자가 발사를 결정한 순간부터 탄이 총구를 떠나기까지 지연시간을 최소화하고 방아쇠를 당길 때 산뜻한 감촉을 준다. 지연시간이 단축될수록 탄이 사수가 원하는 곳으로 갈 확률은 더 크다. 이것은 흔히 말하는 그런 명중률을 높이기 위한 것이 아니라, 사격자의 발사 실수로 인한 부작용을 줄이기 위한 것이다.

총열
총열의 내부는 부식을 막지하기 위해 크롬 처리되었으며 스틸 탄을 제어할 수 있다.

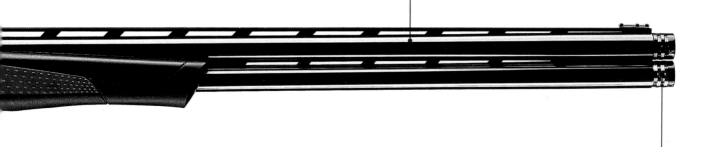

총구
초크 튜브는 총열에서 약간 튀어나와 있다. 컬러 코딩 시스템은 선택된 초크를 쉽게 식별할 수 있게 한다.

펌프 연사용 대 반자동 스포츠용 산탄총들

Pump-Action vs Semi-Automatic Sporting Shotguns

펌프 연사 또는 반자동 산탄총은 빗맞거나 목표물이 다수일 경우 신속하게 후속 사격을 할 수 있다. 이것은 클레이 피전 사격이나 사냥을 할 때 똑같이 유용하다.

브라우닝 BPS

BPS는 총열 길이가 여러 개 있고 구경이 다양한 계통의 무기이다. 28구경 버전은 69.85mm 탄을 사용하는 데 비해 다른 구경은 이 탄이나 76.2mm 탄, 심지어 88.9mm 탄을 사용할 수 있다. 무거운 총알을 발사하는 소총 버전도 나와 있다.

제원	
개발 국가 :	미국
구경 :	12구경, 20구경, 또는 28구경; .410
작동방식 :	펌프 액션
무게 :	최대 3.7kg
총열 길이 :	560-710mm(모델에 따라)
이젝터 유형 :	보텀

베넬리 노바 펌프

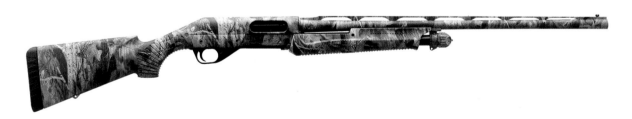

노바 펌프는 현대적 폴리머(고분자 중합체) 구조로 되어 있으며, 탄창 컷오프 스위치가 있다. 이로 인해 다음 탄을 장전하지 않은 채 장전된 탄을 배출할 수 있다. 12구경이나 20구경 버전도 나와 있다.

제원	
개발 국가 :	이탈리아
구경 :	12구경, 또는 20구경
작동방식 :	펌프 액션
무게 :	최대 3.68kg
총열 길이 :	610mm, 660mm, 710mm
이젝터 유형 :	보텀

베넬리 슈퍼 블랙 이글 II

블랙 이글은 재장전하기 위해 노리쇠에 의해 관성 스프링(an inertia spring)까지 전달된 힘을 필요로 한다. 88.9mm 탄에서 나오는 반동을 줄이기 위해 개량된 구조를 채택했으며, 더 짧고 더 가벼운 카트리지를 사용한다.

제원	
개발 국가 :	이탈리아
구경 :	12구경
작동방식 :	관성에 의한 작동
무게 :	3.3kg(710mm 총열)
총열 길이 :	610mm, 660mm, 710mm
이젝터 유형 :	사이드

베넬리 슈퍼스포츠

관성으로 작동하는 또다른 무기인 슈퍼스포츠는 사냥보다는 경기용 클레이 피전 사격에 더 잘 어울린다. 총열은 총구가 들려 올리는 것을 줄이기 위해 이식되었으며, 이는 다수의 목표물을 쫓을 때 중요하다.

제원	
개발 국가 :	이탈리아
구경 :	12구경
작동방식 :	관성에 의한 작동
무게 :	3.3kg(760mm 총열)
총열 길이 :	710mm, 760mm
이젝터 유형 :	사이드

프랑키 I-12

펌프 연사식 총기 사용자들이 수동으로 액션을 작동시켜야 할 때는 불가피하게 무기를 목표물에서 거두었다가 그것을 재조준할 시간이 필요하다. 프랑키 I-12처럼 관성으로 작동하는 무기는 재장전 중에도 계속해서 목표물을 추적할 수 있다.

제원	
개발 국가 :	이탈리아
구경 :	12구경
작동방식 :	관성에 의한 작동
무게 :	최대 3.5kg
총열 길이 :	610mm, 660mm, 710mm
이젝터 유형 :	사이드

베레타 SO9 Beretta SO9

화기 중에는 단순한 사냥이나 스포츠 도구 이상의 것들이 있으며, 이들은 거의 예술 작품과 같이 높은 가치를 지닌다. 이 말이 주로 산탄총들에 적용되는 이유는 아마도 지배계급 사이에서 오랫동안 전해져 온 사냥 전통 때문일 것이다. 고품질의 정교한 총들이 수십 년 동안 품격 있는 선물로 여겨져 왔으며, 그러한 전통은 오늘날에도 여전히 남아 있다.

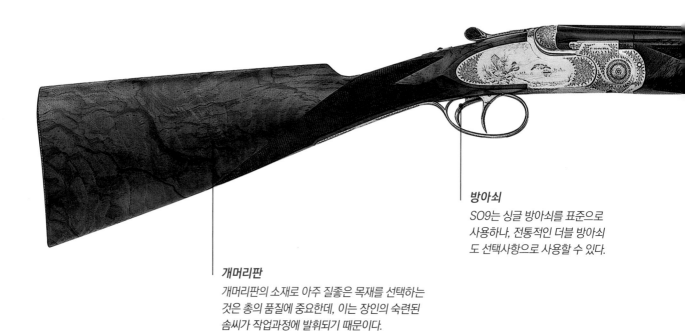

방아쇠
SO9는 싱글 방아쇠를 표준으로 사용하나, 전통적인 더블 방아쇠도 선택사항으로 사용할 수 있다.

개머리판
개머리판의 소재로 아주 질좋은 목재를 선택하는 것은 총의 품질에 중요한데, 이는 장인의 숙련된 솜씨가 작업과정에 발휘되기 때문이다.

제원	
개발 국가 :	이탈리아
구경 :	12구경, 20구경 또는 28구경; .410
작동방식 :	후장식
무게 :	3.25kg(12구경)
총열 길이 :	660mm, 710mm, 760mm
이젝터 유형 :	자동

베레타의 SO 시리즈는 그 자체로 '권위 있는' 무기이다. 올림픽과 세계대회의 최고 사수들이 사용해 왔으며, 순전히 총기로서 그 탁월한 가치 때문에 가격이 높다. 게다가 원래의 도구적 가치에 미학적 가치가 더해져 전체 가치를 더욱 높인다.

극히 고품질의 소재로 만들어지고 제조 명장들에 의해 수공예로 새겨진 옆판이 특징인 이런 총들은 단순히 효과적인 스포츠나 사냥용 총을 만들 경우 필요한 것들의 경계를 초월한다. 이처럼 아름다운 총들이 여전히 제 기능을 하며 그것도 정말로 아주 잘 수행한다는 사실은 의심할 여지가 없다.

사이드플레이트(옆판)
이 산탄총의 옆판은 직접 손으로 조각된 것으로, 우수한 스포츠용 무기로서의 가치에다 정교한 장식품으로서의 가치를 더해 준다.

총열
SO9는 총열이 가벼워 무게중심이 다소 뒤로 움직이며, 균형이 잘 잡혀 있어 스윙이 더 빨리 이루어진다.

가스압 반자동 산탄총들

Gas-Operated Semi-Automatic Shotguns

가스압 반자동 산탄총들은 관성으로 작동하는 모델들보다 총의 폭을 더 넓혀 가스 피스톤을 사용한다. 그러나 가스압 작동방식은 견고하고 잘 증명된 기술로 수년 동안 사용자들로부터 인기를 끌어왔다.

브라우닝 골드 헌터

브라우닝 골드는 무거운 산탄과 소구경 탄을 사용하는 소총 변종 모델이 포함된 무기 계통으로, 젊은 사용자들을 겨냥해 크기를 줄인 모델이다. 가스 시스템은 다른 종류의 탄에 맞춰 조절할 수 있다.

제원	
개발 국가 :	미국
구경 :	12구경 또는 20구경
작동방식 :	가스압
무게 :	최대 3.5kg
총열 길이 :	660mm, 710mm

파브암 H35 아주르

다목적용 총이기는 하지만, 아주르는 저조도(빛이 적은 상태) 사격시 성능을 높이기 위한 야광 가늠장치가 있다. 이 가늠장치는 종종 새벽이나 해질녘에 사격을 하게 되는 야생조류 사냥꾼들에게 매우 중요하다. 아주르는 가장 가벼운 반자동 산탄총들 하나이다.

제원	
개발 국가 :	이탈리아
구경 :	12구경
작동방식 :	가스압
무게 :	최대 3kg
총열 길이 :	610mm, 660mm, 710mm, 760mm

파브암 라이온 H38 헌터

개선된 가스압 시스템을 사용하는 파브암의 라이온 시리즈는 다른 탄에 맞춰 조정할 필요가 없으며, 전형적인 가스압 산탄총보다 다소 빠르게 회전한다. 반동감은 어떤 탄을 사용하든지 간에 거의 차이가 없다.

제원	
개발 국가 :	이탈리아
구경 :	12구경
작동방식 :	가스압
무게 :	2.8kg, 3.05kg
총열 길이 :	610mm, 660mm, 710mm, 760mm

베레타 AL391 테크니스

개선된 가스압 반자동 무기인 테크니스는 88.9mm 매그넘탄을 사용할 수 있다. 반자동 메커니즘은 무기의 반동을 일부 흡수하는데, 반동 감소 장치(기본적으로는 스프링에 얹은 덩어리)도 원하면 내부에 끼어넣을 수 있다.

제원	
개발 국가 :	이탈리아
구경 :	12구경, 또는 20구경
작동방식 :	가스압
무게 :	3kg
총열 길이 :	610mm, 660mm, 710mm, 760mm

베레타 AL391 유리카

유리카는 본질적으로 테크니스의 가벼운 버전으로 반동감소기가 표준 규격으로 딸려 있다. 일반적인 용도로 제조되었으나 88.9mm 카트리지를 장전할 수 없다.

제원	
개발 국가 :	이탈리아
구경 :	12구경 또는 20구경
작동방식 :	가스압
무게 :	최대 3.3kg
총열 길이 :	560mm, 610mm, 660mm, 710mm, 760mm

브르노 800 시리즈 BRNO 800 Series

안에 강선이 없는 활강(산탄총) 총열 그리고 라이플 총열을 가진 이중 총열 무기는 진짜 소총이나 산탄총들과 비교해 흔한 총기는 아니지만, 다음 사격 목표물이 무엇이 될지 모르는 거친 사냥꾼 들에게는 아주 유용한 것이다. 장전된 소총과 산탄총을 둘다 항상 효과적으로 소지한다는 것은 사냥꾼에게 대단한 융통성을 제공한다.

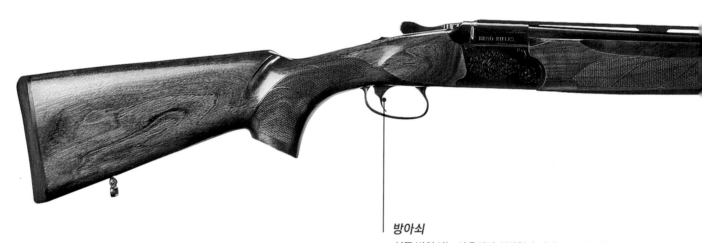

방아쇠
싱글 방아쇠는 사용자가 선택한 순서대로 두 개의 총열을 작동시킨다. 총열들을 교환하는 것은 꽤 단순한 과정이지만 일반적으로 야외에서는 행해지지 않는다.

제원	
개발 국가 :	체코
구경 :	12구경 그리고/또는 9.3mm, 8mm JRS, 7.62mm .308 윈체스터 또는 .30-06, 7mm R
작동방식 :	후장식
무게 :	3.65kg
총열 길이 :	600mm
이젝터 유형 :	자동

브르노 800은 혼합된 개념을 적용하고 있다. 다른 총열들을 선택함으로써 이중 총열 소총, 또는 산탄총, 아니면 소총과 산탄총 조합 중 어느 형태를 갖출 수 있다. 산탄총 총열은 고정 초크를 사용하며, 다른 초크를 갖추려면 총열 구매 시 주문하면 된다.

브르노 800은 경기용 클레이 피전 사격에서 거친 사냥에 이르기까지 어떤 용도로든 사용할 수 있게 조립돼 있다. 그러나 약간 무거우며, 오래 사냥하려면 멜빵이 필요할 것이다.

총열
사격시 커다란 총들을 휴대하기란 사실상 어렵다. 소총/산탄총의 혼합총은 무기를 교체하지 않고도 다양한 목표물들을 향해 사격을 가할 수 있다.

실렉터
총열 실렉터를 이용해 목표물이 보이는 짧은 시간에 장전할 탄들을 선택할 수 있다.

슬링 스위블(팔걸이 회전고리)
슬링 스위블은 경기용보다는 야외용 총임을 보여준다. 팔걸이 없이 하루종일 무거운 총을 갖고 다니는 것은 쓸데없이 피곤한 일이다.

볼트 액션 스포츠용 소총

Bolt-Action Sporting Rifles

볼트 액션 소총은 군사용으로는 수십년 전에 대체되었으나, 사냥꾼들이나 사격선수들에게 여전히 사랑받는 무기이다. 소형 무기 소지 규정 때문에 인해 반자동 소총보다 볼트 액션 무기를 구하기가 훨씬 쉽다.

cz 527 바민트 케블러

'바민트(말썽꾸러기) 총'이라는 용어는 조그만 골칫거리 동물이나 새들을 사냥하는 데 쓰이는 총임을 나타내고 있다. CZ 527 계통에는 케블러 합성 개머리판을 지닌 소구경 무기인 바민트 케블러가 포함돼 있다.

제원	
개발 국가 :	체코
구경 :	5.2mm(.204 루거), 5.66mm(.223Rem)
작동방식 :	볼트 액션
무게 :	최대 3.4kg
총열 길이 :	610mm
메커니즘 :	탄창 급탄
가늠장치 :	스코프

다코타 모델 76

5.6mm에서 10.36mm .416레밍턴 매그넘탄까지 사용 가능한 모델 76은 온갖 종류의 게임 사냥꾼들을 겨냥하고 있다.

제원	
개발 국가 :	미국
구경 :	5.6mm(.22-250)에서 10.36mm(.416 Rem) 까지 20구경 이상
작동방식 :	볼트 액션
무게 :	3.4kg(평균)
총열 길이 :	533-584mm
메커니즘 :	탄창 급탄
가늠장치 :	스코프

애큐러시 인터내셔널 사의 바민트

바민트 총은 일반적으로 소구경을 사용하지만, 애큐러시 인터내셔널 바민트는 좀더 일반적인 5.66mm구경뿐만 아니라 7.8mm 구경도 장전할 수 있다. 8발들이 탄창도 사용하는데, 이는 이런 유형의 무기에 전형적으로 사용되는 탄창보다는 큰 것이다.

제원	
개발 국가	영국
구경:	5.66-7.8mm
작동방식:	볼트 액션
무게:	최대 6kg
총열 길이:	660mm
메커니즘:	탄창 급탄
가늠장치:	스코프

만리허 프로 헌터

다양한 구경의 탄을 장전하는 프로 헌터는 단단한 합성 소재로 만들어졌다. 이런 환경 탓에 구조물이 뒤틀릴 수 있는데 이는 총기의 정확성에 영향을 미칠 수 있다. 합성 소재는 전통적인 목재보다 이러한 뒤틀림 경향이 덜하다.

제원	
개발 국가:	오스트리아
구경:	5.6mm(.222 Rem)에서 7.62mm(.300 윈체스터 매그넘)까지 14구경
작동방식:	볼트 액션
무게:	최대 3.7kg
총열 길이:	600mm, 650mm
메커니즘:	탄창 급탄
가늠장치:	스코프

발터 KK300

정밀한 스포츠용 도구인 KK300은 알루미늄 개머리판이나 다소 전통적인 외양을 띠는 너도밤나무 소재 개머리판을 사용한다. 두 버전 모두 어떤 사수라도 목표물을 명중시킬 수 있게끔 다양한 방식으로 재구성할 수 있다.

제원	
개발 국가:	독일
구경:	5.6mm .22LR
작동방식:	볼트 액션
무게:	5.9kg
총열 길이:	650mm
메커니즘:	싱글샷
가늠장치:	어퍼처 리어 사이트와 프런트 포스트(뒷구멍과 앞기둥)

대구경 소총 Larger-Calibre Rifles

대구경은 일반적으로 원거리에서나 큰 동물을 향해 총을 쏠 때 사용된다. 원거리 동물 사격시에는 한 발에 명중시켜 죽이는 것이 중요하다. 상처입은 동물이 멀리 도망치는 바람에 잃어버릴 수 있고, 빗맞은 경우 지나치게 고통받으며 죽어가기 때문이다.

마우저 98

출시된 지 오래된 마우저 98는 5.6mm 구경에서 맹수사냥용 대구경까지 광범위한 영역의 탄을 장전할 수 있다. 1세기 이상 사용돼 왔음에도 불구하고 여전히 사냥용이나 목표물 사격용 소총으로 그 우수성을 인정받고 있다.

제원	
개발 국가:	독일
구경:	5.6mm(.22-250Rem)에서 9.3mm까지 다(多)구경
작동방식:	볼트 액션
무게:	3.5kg
총열 길이:	600mm
메커니즘:	탄창 급탄
가늠장치:	스코프 장착 위해 구멍 뚫음

브라우닝 유로노리쇠

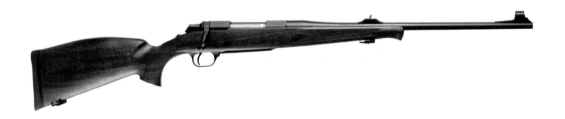

유럽형 개머리판 때문에 명명된 유로노리쇠는 사슴 사냥이나 그와 유사한 용도로 제작된 것이다. 7.62mm(.30-06) 버전은 탄창 속에 4발을 장전할 수 있다(약실에 추가 1발). 6.2mm 변종 모델은 3발+1발을 장전한다.

제원	
개발 국가:	미국
구경:	6.2mm(.243WSSM), 6.85mm(.270 WSM), 7.62mm(.300 WSM 그리고 .30-06) 포함해 다구경
작동방식:	볼트 액션
무게:	c. 3kg
총열 길이:	560mm
메커니즘:	탄창 급탄
가늠장치:	스코프 장착 위해 구멍 뚫음

헨리 빅 보이

레버 액션 소총으로 광범위한 사수들을 겨냥해 '올드 웨스트(옛 서부)'
형의 독특한 외관으로 되어 있다. 그러나 빅보이는 초단거리 사냥용 무
기이기도 하다. 다양하고도 강력한 피스톨 카트리지를 장전한다.

제원	
개발 국가 :	미국
구경 :	9.1mm(.357 매그넘), 11.2mm(.44 매그넘), 11.4mm(.45 콜트)
작동방식 :	레버 액션
무게 :	3.9kg
총열 길이 :	510mm
메커니즘 :	탄창 급탄
가늠장치 :	개방

로바 프리시전 헌터

프리시전 헌터는 어떤 구경이라도 사용할 수 있는 주문 제작 무기이며,
머즐 브레이크를 끼어 맞추면 12.7mm(.50 BMG) 같은 대형 카트리지
도 사용할 수 있다.

제원	
개발 국가 :	미국
구경 :	주문에 따라
작동방식 :	볼트 액션
무게 :	주문에 따라
총열 길이 :	주문에 따라
메커니즘 :	싱글샷
가늠장치 :	스코프

웨더비 Mk V

다양한 매그넘 카트리지를 장전할 수 있는 Mk V는 반세기 동안 현장에
서 증명된 사용감에 토대를 두고 있다. 보통 가벼운 탄을 장전하는, 개
머리판 없는 양손용 피스톨 등 다양한 변종 모델들이 나와 있다.

제원	
개발 국가 :	미국
구경 :	6.5mm(.257 Wby Mag)에서 11.7mm(.460 Wby Mag)까지 8가지 매그넘 구경
작동방식 :	볼트 액션
무게 :	3.8-4.5kg
총열 길이 :	660mm, 710mm
메커니즘 :	탄창 급탄
가늠장치 :	스코프

소구경 소총 Small-Calibre Rifles

소구경은 타깃 슈터들과 작은 사냥감을 노리는 사냥꾼들에게 인기 있다. 5.66mm(.223) 탄은 작은 사슴은 사냥할 수 있지만, 그 이상 큰 동물은 더 강력한 탄 그리고 그 탄을 발사할 더 무거운 무기가 필요하다.

레밍턴 XR-100 레인지마스터

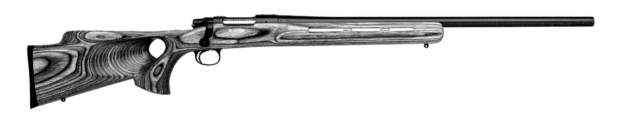

레밍턴의 XR-100 레인지마스터는 타깃 슈터나 작고 빠른 동물을 잡으려는 사냥꾼을 위한 총이다. 총의 메커니즘은 레밍턴의 XP-100 타깃 피스톨을 근간으로 하며 전통적인 소총 작동 방식이 아니다.

제원	
개발 국가 :	미국
구경 :	6.2mm(.243Win), 6.85mm(.270Win), 7mm(Rem Mag), 9.5mm(.375 H&H Mag), 11.6mm(.458 Win Mag) 등 다양
작동방식 :	볼트 액션
무게 :	3.18kg(평균)
총열 길이 :	560mm, 610mm, 660mm
메커니즘 :	탄창 급탄
가늠장치 :	리시버에 구멍을 뚫고 홈을 파서 연결한 스코프

암스코어 M1700

암스코어 M1700은 4.5mm .17 호네이디 매그넘 림파이어 카트리지를 발사하는 재래식 볼트 액션 소총이다. 야외의 100m 이내 범위에 있는 작은 유해동물을 사격할 때나 표적 사격용으로 적당하다.

제원	
개발 국가 :	남아프리카
구경 :	4.5mm .17HMR
작동방식 :	볼트 액션
무게 :	2.7kg
총열 길이 :	560mm
메커니즘 :	탄창 급탄
가늠장치 :	앞뒤 조정 가능한 광섬유

사코 쿼드

사코 쿼드라는 이름은 가장 인기있는 소구경 림파이어 카트리지들을 4개 사용할 수 있는 데서 유래한다. 이 카트리지들은 케이스 헤드 직경이 모두 동일하며, 구경은 신속 교체가 가능한 총열을 교환함으로써 바꿀 수 있다.

제원	
개발 국가 :	핀란드
구경 :	4.5mm(.17HMR 또는 .17 마하7), 5.6mm (.22LR 또는 .22WMR)
작동방식 :	볼트 액션
무게 :	2.6kg
총열 길이 :	560mm
메커니즘 :	탄창 급탄
가늠장치 :	스코프

브라우닝 BL-22

매우 가벼운 탄을 발사하는 쇼트 레버 액션 무기인 BL-22는 젊은 사수들에게 적합하며, 가벼운 사냥총으로도 사용된다. 탄창은 탄에 따라 15-22발을 장전할 수 있다.

제원	
개발 국가 :	미국
구경 :	5.6mm(.22S, .22L, .22LR)
작동방식 :	레버 액션
무게 :	최대 2.27kg
총열 길이 :	510mm
메커니즘 :	탄창 급탄
가늠장치 :	후방 접이식 덮개, 전방 구슬 모양

자우어 S90

6.35mm(.25-06)에서 9.5mm(.375 H&H 매그넘)까지 다양한 구경의 탄을 사용할 수 있는 S90은 최소 회전 노리쇠를 중심으로 설계돼 목표물을 정확하게 더 잘 조준할 수 있다.

제원	
개발 국가 :	독일
구경 :	6.35mm(.25-06Rem)에서 9.5mm(.375 H&H Mag)까지 17가지 구경
작동방식 :	볼트 액션
무게 :	최대 3.9kg
총열 길이 :	600mm, 650mm
메커니즘 :	탄창 급탄
가늠장치 :	조정 가능한 앞뒤 스코프 장착

군사적 영향 Military Influences

많은 화승식 소총이나 최고의 엽총들은 군대 저격용 소총으로 개조되거나 그로부터 개조한 것이다. 다른 군사용 무기들은 군대에서 사용이 중단된 지 한참 뒤 스포츠용 또는 '오락용' 총으로 전환돼 사용되기도 한다.

티카 T3 헌터

티카 T3은 군대 저격용 소총 등 많은 변종 모델이 있으며 다양한 구경의 탄들을 장전한다. 선택적 싱글 세트 방아쇠가 있는데, 그로 인해 가볍게 당기려면 방아쇠를 앞쪽으로 밀어야 한다.

제원	
개발 국가 :	핀란드
구경 :	5.6mm(.222 Rem)에서 8.58mm(.338 Win Mag)까지 19가지 구경
작동방식 :	볼트 액션
무게 :	최대 3.2kg
총열 길이 :	520mm, 620mm
메커니즘 :	탄창 급탄
가늠장치 :	조정 가능, 개방

CZ 511

CZ 511 버전은 소음기 장착을 위해 스레디드(나삿니가 있는) 총구를 이용할 수 있으며, 아주 조용한 서브소닉 탄을 사용할 수 있다. 다른 목표물들을 겁먹게 해 쫓아내는 일 없이 작은 동물들을 사냥할 때 유용하다.

제원	
개발 국가 :	체코
구경 :	5.6mm(.22 LR)
작동방식 :	블로백
무게 :	2.6kg
총열 길이 :	530mm
메커니즘 :	탄창 급탄
가늠장치 :	조정 가능, 개방

베넬리 R1

베넬리 R1 소총은 M1014 반자동 산탄총에서 증명된 자동 조정 가스압 시스템을 사용한다. 이는 8.58mm(.338 윈체스터 매그넘) 탄 같은 강력한 탄에서 나오는 반동을 줄이는 데 도움이 된다.

제원	
개발 국가:	이탈리아
구경:	6.85mm(.270 WSM), 7.62mm(.30-06 스프링필드, 300WSM, .300 Win Mag), 7.8mm(.308 Win)
작동방식:	가스압
무게:	최대 3.3kg
총열 길이:	510mm, 560mm, 610mm
메커니즘:	탄창 급탄
가늠장치:	리시버에 구멍을 뚫고 홈을 파서 연결한 스코프

콜트 매치 타깃 HBAR

HBAR(Heavy Barrel AR-15)의 군사적 혈통은 한눈에도 확실하지만 실은 경기용 사격을 위해 제작된 스포츠 총이다. 짧은 총열과 군대식 개머리판을 가진 M14 버전도 나와 있다.

제원	
개발 국가:	미국
구경:	5.66mm(.223 Rem)
작동방식:	가스압
무게:	3.6kg
총열 길이:	510mm
메커니즘:	탄창 급탄
가늠장치:	플랫 리시버에 스코프 장착

레밍턴 M750

제원	
개발 국가:	미국
구경:	6.2mm(.243 Win), 6.85mm(.270Win), 7.62mm(.30-06 스프링필드 및 카빈), 7.8mm(.308Win 및 카빈), 9mm(.35 Whelen 및 카빈)
작동방식:	가스압
무게:	최대 3.4kg
총열 길이:	560mm
메커니즘:	탄창 급탄
가늠장치:	리시버에 구멍을 뚫고 홈을 파서 연결한 스코프

M750은 크고 화력이 센 구경탄을 장전할 수 있다. 가스압 반자동 액션은 재장전시 반동을 어느 정도 흡수하기 때문에 필요하면 신속하고 정확하게 사격할 수 있다.

브라우닝 바(BAR) Browning BAR

전통적으로 사냥꾼들은 볼트 액션 소총을 선호하는 경향이 있지만, 반자동 무기가 효과적인 사냥총이 되지 말라는 법은 없다. 반자동 액션은 내부의 움직임을 포함하며, 이러한 내부 움직임은 탄이 총열 속을 날아가는 동안 조준점이 교란될 수 있다. 반면에 볼트 액션 무기의 경우 발사 동작시 불가피하게 무기를 움직이기 때문에, 새로운 목표물을 조준하거나 동일한 목표물을 재겨냥할 때 시간 지연이 생긴다.

총몸
바(BAR)는 탄이 총열 밑을 통과할 때 조준점을 교란시키는 내부 움직임을 줄이는 진보적인 반동-보상 기술을 채택, 정확성이 높은 소총이다.

개머리판
바(BAR)는 온도 변화나 눅눅한 상태로 인해 야기되는 뒤틀림을 방지하는 합성물질로 된 개머리판을 사용한다.

제원	
개발 국가 :	미국
구경 :	6.85mm(.270 Win), 7mm(Rem Mag), 7.62mm(.30-06 스프링필드), 7.62mm(.300 Win Mag)
작동방식 :	가스압
무게 :	최대 3.4kg
총열 길이 :	560mm
메커니즘 :	탄창 급탄
가늠장치 :	리시버에 구멍을 뚫고 홈을 파서 연결한 스코프

노리쇠 방식 또는 반자동 방식 중 어느 것이 더 나은가라는 질문은 주로 개인의 선호도에 달린 문제이지만, 신속하게 두 번째 탄을 장전할 수 있는 능력은 의심할 나위 없이 유용하다. 멧돼지 같은 위험한 동물들을 사냥할 때, 오발하거나 덜 치명적인 상처를 입혔을 경우 신속한 재장전 능력의 중요성은 달리 설명할 필요가 없다.

사냥업계에서 평판이 자자한 브라우닝 바는, 비록 이름을 공유하고 있기는 하지만 M1918 브라우닝 자동 소총과 아무런 연관이 없다. 이 총은 군장비에서 개조된 것이 아니라 사슴이나 엘크(북미주에서는 무스) 같은 대형 사냥감에 맞게 특별히 개발된 것이다. 롱 액션이나 쇼트 액션을 이용할 수 있고, 달리 총구 브레이크와 중량물로 구성된 BOSS(Ballistic Optimized Shooting System)라는 반동 제어 시스템을 갖춘 사파리 버전도 있다.

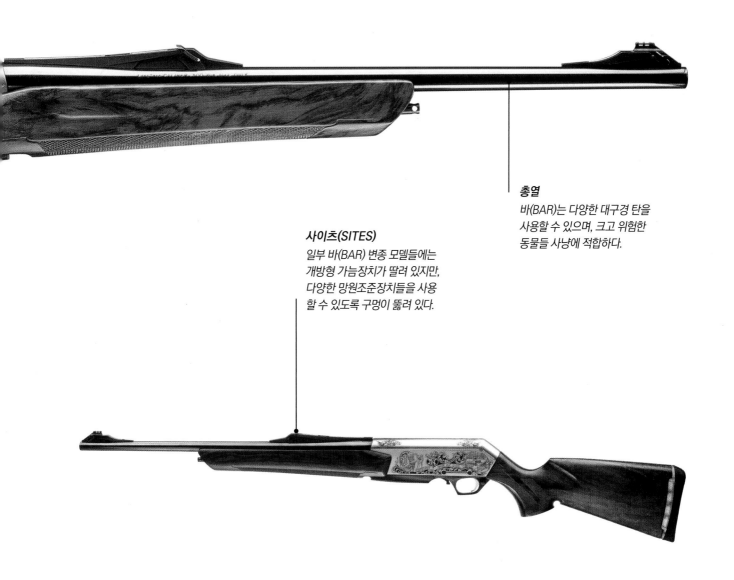

총열
바(BAR)는 다양한 대구경 탄을 사용할 수 있으며, 크고 위험한 동물들 사냥에 적합하다.

사이츠(SITES)
일부 바(BAR) 변종 모델들에는 개방형 가늠장치가 딸려 있지만, 다양한 망원조준장치들을 사용할 수 있도록 구멍이 뚫려 있다.

용어 해설

Bolt 노리쇠. 총기의 핵심 부품으로 보통 발사핀 또는 스트라이커가 들어 있으며, 발사준비가 된 브리치(breech)를 닫는다.

Blowback 노리쇠가 약실에 고정되지 않고 발사시 브리치의 압력에 의해 뒤로 밀려나며 총을 회전시키는 작동 시스템.

Breech 총열의 뒷부분.

Breech-block 일반적으로 원통형 노리쇠가 아닌 단단한 직사각형 블록으로 약실 뒷부분을 막는 하나의 방법.

Bullpup 총몸(리시버)이 사실상 방아쇠 뭉치 뒤의 개머리판 속에 들어 있어 전장(全長) 총열이 가능함을 나타내는 용어.

Carbine 상대적으로 짧은 특정 돌격용 소총.

Chamber 약실. 발사 준비가 된 카트리지를 받아 얹어 놓는 총열 끝 부분.

Closed bolt 방아쇠가 당겨지기 전에 노리쇠가 카트리지로 바짝 다가가는 역학 시스템. 발사시 부품들의 전방 이동을 줄여 총의 안정성을 높인다.

Compensator 컴펜세이터. 무기에서 팽창된 가스의 방향을 제어해 총구가 들려 올라가는 것을 억제하고, 자동 발사되는 동안 회전을 돕는다.

Delayed blowback 지연 블로백. 기계적으로 지연현상이 일어나 브리치가 열리기 전에 브리치 내의 압력으로 인해 안전 레벨이 떨어지는 블로백 시스템.

Double action 더블 액션. 권총이나 소총에서 싱글 액션과 비교되는 격발 방식으로 방아쇠를 한번에 길게 잡아당김으로써 해머를 당기고 발사까지 하는 방식.

Flechette 플레셰트 탄. 총의 구경보다 작은 고속 발사체로 이것을 총열에 맞추려면 축사용 송탄통(sabot)이 필요하다.

Gas operation 가스 작동 시스템. 총열에서 배출된 가스로 총기를 순환시키며, 피스톤이나 노리쇠에 충격을 가해 노리쇠를 후진시켜 다음 탄을 장전한다.

GPMG General Purpose Machine Gun(다목적 기관총)의 약자. 다양한 역할을 수행하는 다목적 경기관총.

LMG Light Machine Gun(경기관총)의 약자.

Locking 잠금. 발사 준비가 된 약실 뒤에서 노리쇠나 브리치 블록을 잠가 두는 다양한 방법.

Long recoil 장주퇴(長駐退) 방식. 탄환이 배출되고 장전되는 동안 총열과 노리쇠의 반동이 카트리지 길이보다 더 길게 일어나는 작동 방식.

Muzzle brake 총구 폭발을 옆쪽으로 방향을 바꾸게 하여 전체 반동을 줄이는 총구 부가장치.

Open bolt 방아쇠가 당겨지기 전에 노리쇠와 카트리지의 거리를 유지시켜 주는 역학 시스템. 발사와 발사 사이에 무기의 열기를 더 잘 식혀준다.

PDW 호신용 무기. Personal Defence Weapon의 약자. 정규 돌격용 소총보다는 작으나 권총보다는 화력이 더 센 소형 무기로, 개인 방어 용도로 제작되었다.

Receiver 총몸 또는 본체. 무기의 주용 작동부들이 자리잡고 있는 총의 몸체.

Recoil 반동. 총기가 격발될 때 발사체의 폭발력으로 인해 총 뒤쪽으로 치닫는 힘.

Recoil operated 탄이 발사될 때 총열과 노리쇠에 반동력이 가해지는 작동 시스템. 총열이 멈추기 전까지 총열과 노리쇠가 함께 일정 거리 뒤로 후진하며, 이 때 노리쇠는 후퇴하는 동안 재장전과 약실재조정을 마친다.

SAW 분대자동화기. Squad Automatic Weapon의 약자.

Self-loading 탄 격발시 발생하는 에너지를 이용해 방아쇠를 한 번 당겨 발사와 재장전까지 마치는 작동 시스템.

Shaped Charge 대 장갑탄약의 일종. 원통형으로 과열된 가스의 초점을 맞춤으로써 폭발력이 극대화된 탄두를 목표물의 임계점에 집중하도록 설계한다.

Short recoil 단주퇴(短駐退) 방식. 격발시 분리된 노리쇠 뭉치가 재장전 및 약실 재조정을 위해 후진할 때 총열과 노리쇠가 카트리지 길이보다 덜 움직이는 반동 작동방식, 또는 그러한 방식의 압축 버전.

총기 색인

8. 현대　THE MODERN ERA　341